KB169071

대한민국의 5차 산업혁명

대한민국의 5차 산업혁명

초판인쇄 · 2017년 3월 20일
초판발행 · 2017년 3월 28일
재판발행 · 2017년 9월 15일

지은이 | 이학렬
펴낸이 | 서영애
펴낸곳 | 대양미디어

출판등록 2004년 11월 제 2-4058호
04559 서울시 중구 퇴계로45길 22-6(일호빌딩) 602호
전화 | (02)2276-0078
팩스 | (02)2267-7888

ISBN 979-11-6072-006-8 03520
값 13,000원

이 도서의 국립중앙도서관 출판예정도서목록(CIP)은 서지정보유통지원시스템 홈페이지(http://seoji.nl.go.kr)와 국가자료공동목록시스템(http://www.nl.go.kr/kolisnet)에서 이용하실 수 있습니다.(CIP제어번호 : CIP2017006859)

The Fifth Industrial Revolution

이학렬 자음

대한민국의 5차 산업혁명

일자리는 더 많이 사라지고 사회 양극화는 더욱 심화될 것이다.
모두 한목소리로 4차 산업혁명을 부르짖기 때문이다. 이에

공룡군수 이학렬이 5차 산업혁명을 긴급 제안한다.

대양미디어

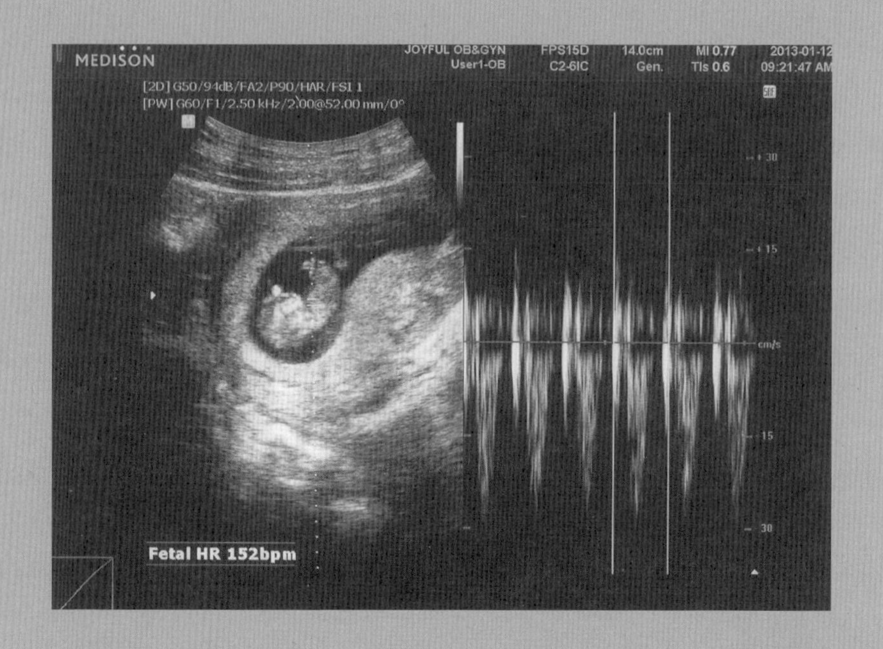

아직 태어나지 않은 세대에 이 책을 바친다.

농약을 농업에 사용한다는 것은 상상조차 할 수 없는 대한민국을 만들어 주길…

사람의 일과 사람의 자리를 기계에 넘겨주면서 인간성을 상실해 버린다는 것은 상상조차 할 수 없는 대한민국을 만들어 주길…

머리말

대한민국을 위한 5차 산업혁명

지금 우리 사회는 IT에 완전히 매료되어 있으며, IT가 우리의 모든 것을 해결해 줄 것처럼 생각하고 있다. ICT, AI, IoT가 우리 사회의 유행어가 되어버렸다. 그러나 이제 IT는 그 정점에 이르렀다. 아니 이르러야 한다. IT산업은 우리에게서 일자리를 빼앗아 기계에 넘겨주었으며 우리가 앉아 있어야 할 자리마저 빼앗아 그 자리에 기계를 앉혀 놓았기 때문이다. 심지어 우리에게서 인간성마저 앗아가고 있기 때문이다.

그런데 정부, 정치권, 언론이 모두 한목소리로 4차 산업혁명을 강조하고 있으니 마음이 몹시 불안하다. 4차 산업혁명이 일어난다고 하면 이러한 현상은 한층 더 가속화될 것이기 때문이다. 그래서 어쩔 수 없이 IT에게 보내는 메시지가 바로 'IT야, 좀 천천히 가자'이다.

미래 주력산업이 될 LT(Life Technology : 생명산업)에게 이제 때가 이르렀으니 우리한테 와 달라는 메시지가 'LT야, 어서 우리에게 와 다오'이다.

우리가 기계에 빼앗겼던 일자리도 돌려달라는 뜻이며, 우리가 있어야 할 자리에 다시 있고 싶다는 메시지이다. 사라져 가고 있는 우리의 인간성도 회복해야겠다는 소망의 외침이다.

대기업이 농업 진출을 희망하고 있으며, 정부도 이를 권유하고 있다. 그러나 농민들은 대기업의 농업 진출을 강력하게 반대하고 있다. 우리 농업의 미래를 위해서 어떻게 해야 할 것인가? 도저히 답이 보이지 않는 것처럼 보인다. 그러나 우리 기업이 '완전히 새롭게' 태어나서 기업의 목표를 '이윤 창출'에서 '윤리 창출'로 바꾸게 되면 이 문제가 해결될 수 있다. 이를 위한 '기업윤리청'의 신설을 제안한다.

만일 이 답이 제대로 작동하지 않는다고 하면 어떻게 할 것인가? 그 경우, 대통령이 결단을 내려 '생명환경농업공사'를 설립하여 농업을 우리 시대의 '신산업'으로 만들 것을 제안한다.

지금 우리는 산업의 구조 개혁을 이루어내야 할 대단히 중요한 시점에 와 있다. 그 구조 개혁은 사람의 일자리를 더 많이 없애고 사람이 있어야 할 자리를 계속 컴퓨터에 넘겨주고 인간성마저 훨씬 더 앗아가는 4차 산업혁명을 일으키는 것이 전부여서는 안 된다. 생명환경농업을 시작으로 하여 우리 인류의 미래 주력산업이 되어야 할 LT시대로 과감하게 진입하는 것이 동시에 진행되어야 한다. 이를 나는 5차 산업혁명이라 일컫고 싶다.

LT산업에 의한 5차 산업혁명은 우리에게 상상을 초월하는 많은 일자리를 제공해 줄 것이며, 우리 사회의 문제점인 양극화를 해소시키고 저성장을 탈피하도록 해 줄 것이다. 경제 민주화의 꿈도 이루어줄 것이다. 그리하여 '국민이 다 함께 행복한 대한민국'을 건설하기 위한 LT강국을 만들 수 있도록 할 것이다. 이를 실현하기 위한 '생명산업부'의 설립을 제안한다.

2008년 8월 15일 이명박 대통령은 광복절 경축사에서 녹색성장을 선포했다. 녹색은 환경 보호를 의미하며 성장은 발전을 의미하는 것이므로 녹색성장은 환경친화적인 발전을 의미한다.

이 대통령이 녹색성장을 선포하기 7개월 전인 2008년 1월 4일 나는 경남 고성군수로서 생명환경농업을 선포했다. 생명환경농업은 친환경농업의 문제점인 '고비용 저수확'을 '저비용 다수확'으로 바꾸어 우리 농업의 경쟁력을 높이고, 우리 환경을 살리고, 우리의 건강을 지키는 우리 농업의 혁명이다. 따라서 녹색성장과 생명환경농업은 추구하는 방향이 똑같다고 할 수 있다. 그런데 이 대통령의 녹색성장에는 환경 문제에서 가장 중요한 농업이 쏙 빠져버렸다. 물 분야와 생물 분야도 포함되지 않았다. 그래서 나는 이 대통령의 녹색성장을 앙꼬 없는 찐빵이라 부른다.

창조경제는 박근혜 대통령의 주요 정책 중에서도 가장 핵심 정책이다. 박 대통령의 창조경제는 ICT를 각 산업에 접목하는 것을 강조하고 있었다. 그런데 아이러니하게도 이로 인해서 창조경제는 그 목표를 위반하고 말았다. ICT를 각 산업에 접목하는 것을 목표로 하게 되면 ICT 분야의 일자리는 증가하겠지만 사회 전반적인 일자리는 감소할 수밖에 없으며, 이는 창조경제의 궁극적 목표를 크게 훼손하고 있기 때문이다. 넓은 의미에서 박 대통령의 창조경제는 문화 융성과 문화창조라고 하는 잘못된 방향을 설정했으며 그 결과 진짜 창조경제를 바라보지 못했다. 아니 바라볼 수 없었다.

내가 시도하여 성공한 생명환경농업은 우리 농업을 매력 있는 산업으로 탈바꿈시켜 새로운 일자리를 창출하는 진짜 창조경제이다. 그뿐만 아니라 미래 주력산업인 LT산업(생명산업)으로 가는 길을 열어 줄 수 있다. 생명환경농업을 바라보지 못한 창조경제는 일자리 대박을 놓쳐 버렸다.

플라톤의 심정으로 이 책을 쓴다

지금 생각하면 참으로 후회스럽고 부끄럽기까지 하다. 농림축산식품부 장관이 되겠다는 생각을 했으니 말이다. 이제 마음을 정리하고 차분한 심정으로 왜 내가 그 자리에 가기를 원했는지 그 이유를 말하려고 한다. 분명히 말하지만, 장관 한자리하겠다는 일종의 공명심은 절대 아니었다. 내가 그 자리에 가기를 원했던 이유를 나는 이렇게 말하고 싶다.

"우리나라 농업에 일대 혁명을 일으키고자 하는, 그래서 대한민국 농업을 국제 경쟁력 있는 '신산업新産業'으로 만들고자 하는 꿈이 있었기 때문이다."

또 다른 이유도 있었다.

"농업에 사용하는 농약(화학비료, 합성농약, 제초제)으로 인해서 발생하는 심각한 환경 파괴를 더 이상 내버려 둬서는 안 된다는 절박한 마음 때문이었다. 농업에 사용하는 농약으로 인해서 수천 명의 무고한 농민들이 해마다 목숨을 잃는 일을 계속 내버려 둘 수 없었으며, 농약이 포함된 음식이 우리 국민 건강에 미치는 악영향을 더 이상 두고 볼 수 없었기 때문이다."

나는 이 책을 쓰지 않을 수도 있다. 그리하여 내가 온 정성을 쏟았던 이 혁신적인 농업에 대해서 침묵할 수 있으며, 화학농업과 친환경농업의 문제점에 대해서 입을 다물어버릴 수도 있다. 그러나 나는 기원전 400년 아테네 법정의 500인회 앞에서 당당하게 자신의 주장을 변론한 소크라테스를 떠올리면서, 진실을 외면한 채 침묵해서는 안 되겠다는 생각을 했다.

만일 소크라테스가 자신의 주장을 말하지 않고 용서를 구했다고 하면 자기 목숨을 구할 수 있었을 것이다. 소크라테스도 한 인간으로서 어찌 죽음이 두렵지 않았겠는가? 그러나 소크라테스는 살기 위해서 자기가 그토록 중요하다고 생각했던 원칙을 버리고 싶지 않았다. 결국, 그는 불의와 타협하지 않고 최소한의 양심을 지키기 위해서 자신의 목숨까지도 버려야 했다. 그렇게 하는 것이 영원히 사는 것이라고 생각했기 때문이다.

나는 이 책을 쓰면서 소크라테스처럼 죽음을 생각할 정도로 비장한 각오까지는 하지 않아도 된다. 그러나 소크라테스의 참된 용기가 나에게 이 책을 쓸 수 있도록 큰 힘을 준 것만은 사실이다. 중국 명나라 말기 홍자성은 그가 저술한 '채근담'에서 이렇게 말했다.

"한때의 외로움을 취할지언정 영원한 적막함을 취하지 말라."

이 말 또한 내게 큰 용기를 주었다. 화학농업과 친환경농업을 비판하고 전혀 새로운 형태의 농업을 주장함으로써, 내가 지금은 여러 사람으로부터 비난과 조롱을 받고, 때로는 견디기 힘든 협박을 받을지도 모른다. 그러나 이 책을 쓰지 않으면 나는 영원한 적막함에서 결코 헤어나지 못할 것 같다는 생각이 들었다.

소크라테스의 제자였던 플라톤은 원래 정치를 꿈꾸었던 사람이다. 그러나 스승인 소크라테스가 말도 안 되는 죄목으로 사형에 처해지는 것을 보면서 일단 정치를 단념했다. 한참 후 시라쿠사의 참주에게 실망하면서 현실 정치를 단념하고 집필과 연구에 전념하게 되었다. 나는 지금 플라톤의 그때 그 심정으로 이 책을 쓴다.

경남 고성군수로 재직 시 나는 아무도 시도하지 않았던 새로운 농업을 시도했다. 내가 시도한 이 새로운 농업은 오늘날 친환경농업이 가지고 있는 문제점을 해결한 아주 획기적인 농업이다. 나는 5년 동안 농업 현장을 직접 체험하면서, 이 농업이 '우리 농업의 혁명이며 대한민국의 희망이 될 수 있다'는 확신을 하게 되었다. 내가 시도하여 성공한 이 새로운 농업(축산업 포함)이 우리 농업에서 어떤 역할을 할 수 있는지 한 마디로 표현하면 이렇다.

"우리 농업에서 발생하는 모든 문제점을 일시에 해결할 수 있는 요술 방망이다."

말도 안 되는 소리라면서 이렇게 내게 핀잔을 줄지도 모른다.

"농업에 그런 게 어디 있어? 솔직히 말해서 농업에는 희망이 없어. '미래는 농업이다'라는 말은 농민들을 위로하기 위해서 하는 구호일 뿐이야. 농업에 요술 방망이 같은 것은 없어."

이 얼마나 무서운 고정관념인가? 오늘날 농업의 위상이 바닥으로 떨어진 이유가 바로 이 무서운 고정관념 때문이다. 만일 내가 하는 말이 거짓이라고 하면 나는 제일 먼저 고성군 농민들로부터 돌팔매질을 당할 것이다. 그리고 우리 국민에게서 사기꾼으로 매도될 것이다.

'플라스틱 바다'를 저술한 찰스 무어는 플라스틱으로 인한 해양 오염 문제를 세계적으로 환기시킨 '태평양 거대 쓰레기 지대'의 최초 발견자다. 태평양 한가운데의 플라스틱양이 무게로 따졌을 때 동물성 플랑크톤보다 6배나 많다는 사실을 발견해 미국 사회를 충격에 빠뜨린 사람이다. 바닷속 플라스틱의 독성 화학 물질이 해양 먹이사슬을 오염시키고 있다는 사실을 전 세계에 알린 사람이기도 하다. 그는 해양 오염 문제가 해결되지 못하는 이유를 이렇게 말했다.

"처음에는 인간이 만든 환경 위기를 고통스러울 만큼 자세하게 해부한다. 그다음에는 심사숙고한 해결책 목록이 나온다. 그것들을 실행하면 세상은 다시 올바르게 될 것이다. 하지만 좋은 아이디어가 결실을 보는 경우는 아주 드물다. 그 이유가 무엇이냐고 묻는가? 변화는 어렵고 권력을 가진 사람과 기관은 현 상태에서 이득을 얻고 있기 때문이다. 플라스틱에는 많은 것이 걸려 있고, 플라스틱 세상을 지휘하는 사람들은 결코 게임의 주도권을 놓으려 하지 않을 것이기 때문이다."

농약(화학비료, 합성농약, 제초제) 문제가 해결되지 못하는 이유를 나는 이렇게 말하고 싶다.

"처음에는 농약이 우리의 건강을 어떻게 해치는지, 우리의 환경을 어떻게 파괴하는지 고통스러울 만큼 자세하게 분석한다. 농약을 사용하지 않으면 우리의 건강은 좋아질 것이며, 우리의 환경은 다시 살아날 것이다. 개천과 강과 바다에서 사라졌던 많은 생물이 다시 나타날 것이다. 하지만 이것은 쉽게 이루어지지 않을 것이다. 그 이유가 무엇이냐고 묻는가? 농민들은 변화를 싫어하고, 권력을 가진 사람과 기관은 현 상태에서 이득을 얻고 있기 때문이다. 농약에는 많은 것이 걸려 있고, 농약 세상을 지휘하는 사람들은 결코 게임의 주도권을 놓으려 하지 않을 것이기 때문이다."

'플라스틱 바다'의 공동저자인 찰스 무어와 커샌드라 필립스는 책의 첫 페이지에 이렇게 적어 놓았다.

"아직 태어나지 않은 세대에 이 책을 바친다.

플라스틱 오염이라는 것은 상상조차 할 수 없는 세상을 만들어 주길."

나는 이 책의 첫 페이지에 이렇게 적어 놓았다.

"아직 태어나지 않은 세대에 이 책을 바친다.

농약을 농업에 사용한다는 것은 상상조차 할 수 없는 대한민국을 만들어 주길…."

'국민이 다 함께 행복한 대한민국'을 만들 수 있기를 간절히 바라는 마음으로 이 책을 쓰게 되었다. 대한민국의 미래를 걱정하는 자랑스러운 국민으로서 이 책을 읽고 마음을 함께 해 주기 바란다!

당항만을 바라보며

이 학 렬

농업변화와 환경회복이 새 시대의 화두

대한민국이 2008년 국제람사르협약 제10차 총회를 경남에서 개최한 지도 10년이 된다. 물새를 비롯한 뭇 생명들의 삶터인 늪과 갯벌 그리고 선조들의 지혜가 담긴 인공습지인 논과 둠벙 등은 사람과 자연이 공생한 곳이었다. 이런 습지를 잘 보전하고 현명하게 이용하여 풍부한 생물다양성을 지키고 가꾸면서 인간 삶의 질을 높이는 방안을 모색하는 국제회의였다. 특히 경남에서 열린 이 회의가 중요했던 것은 논을 생물다양성이 풍부한 습지로 인정하는 결의안을 통과시켰기 때문이다. 논은 쌀을 생산하는 곳에 더하여 다양한 생물들이 살아가는 중요한 공간이라는 것이다. 이를테면 지금은 멸종위기에 처한 뜸부기도 모내기가 끝나고 벼가 무럭무럭 자랄 때, 이곳에 둥지를 트고 새끼들을 길렀다. 이렇게 한일 민간환경단체들이 한일 양국 정부를 움직이고 160여 개나라의 정부 대표들을 설득하여 아시아적 삶의 터전인 논을 생물들이 살아가는 중요한 공간이라는 것을 국제협약 속에 담았다.

이후 이 책의 저자인 당시 이학렬 고성군수를 2010년 나고야 생물다양성 국제협약총회에서 만나 농업과 환경을 살리는 일에 힘을 모으자고 한 약속이 지금도 깊은 인연으로 자리 잡은 셈이다. 그러나 현실적으로 농민들은 "내년에도 농사짓자"라는 절박한 구호로 살아가고 있다. 한때는 쌀 개방 등과 맞물려 정부가 내놓았던 친환경농업 육성 정책도 쌀값 폭락으로 무농약, 유기 재배하는 쌀 농가도 타격을 입으면서 관행농업으로 전환하는 사태까지 이르렀다.

인간의 지혜가 담긴 논은 중요한 습지이다. 서양에서는 논의 가치를 이해하는 사람이 거의 없지만, 동남아시아를 비롯한 한국과 일본 등은 쌀 문화로 삶의 터전을 일구어왔다. 때로는 늪과 갯벌을 매립, 간척하여 논으로 사용하여 인간과 야생동식물이 공생하는 공간이 되어왔다. 모내기한 논을 살펴보면 많은 백로와 물오리가 먹이를 구하고 있고, 가을에 추수가 끝나면 낙곡을 찾아 두루미들과 기러기들이 논에서 겨울을 지내기도 한다. 이렇듯 자연과 사람이 수 천 년 동안 서로 공생하며 살아온 삶의 방식을 우리나라는 불과 40~50년 동안에 잃어버렸다. 그러나 유럽 여러 나라들과 일본에서는 이러한 삶의 방식으로는 눈에 띄게 변화하는 생물다양성 감소와 기후변화로 인해 미래 세대의 삶의 질을 보장하기 어렵다는 각성을 하기에 이르렀다. 그래서 이명박정부가 4대강 사업을 벌일 때, 독일을 비롯한 영국, 프랑스 등은 강을 원상 복구시키고, 강 배후에 훼손한 습지를 다시 복원하는 일에 매진했다. 나는 직접 영국과 독일, 프랑스 등 여러 나라에서 과거 제방을 높인 곳과 강에 댐을 설치했던 곳을 원상 복구하는 과정을 직접 볼 수 있었다.

농업과 자연을 살리면서 사라진 황새 복원으로 유명한 일본 토요오카에서 열린 국제회의에서 아베 총리 부인이 강조했던 "농업변화와 자연회복만이 일본의 미래이다"라는 말을 곱씹어 볼 때이다. 일본도 농업을 버리고 산업화의 길로 들어서면서 농약살포와 화학비료에 의존하여 쌀을 생산한 결과에 대한 반성을 우리보다 일찍 시작하여 기후변화와 생물다양성 감소에 대한 나고야선언을 한 것은 의미 있는 일이 되고 있다.

사실 대한민국도 '잘살아보세'라는 구호로 시작된 새마을 운동이 처음에는 농촌의 삶의 질을 높이고, 도시화, 공업화라는 양 날개를 균형 있게 사용하자는 정책목표가 있었지만, 결과적으로는 농업정책과 전통적인 삶의 문화를 유지하는 데는 실패하고 말았다. 이제 우리나라는 선조들의 전통지식을 바탕으로 저자의 주장대로 5차 산업혁명을 통해 "IT 시대를 넘어, 생명환경농업과 함께 LT시대로 진입"해야 할 때다. 4차 산업혁명에서는 일부 집단에게만 부가 축적되어 경제공동체는 더욱 어려워질 것이라면서 이 책의 저자는 이렇게 주장하고 있다.

"4차 산업혁명에는 일자리도, 기회의 균등도, 우리의 먹거리도, 경제 민주화도 없다. 결국 4차 산업혁명은 실업 문제를 더욱 심각하게 만들고, 사회 양극화도 심화시키며, 심지어 우리에게서 인간성마저 앗아갈 것이다. 그런데 정부, 정치권, 언론이 모두 한목소리로 4차 산업혁명을 부르짖고 있어 걱정이다."

저자는 농업의 생태적 가치와 사회적 가치를 무시하고, 농업을 경쟁력 없는 산업이라고 인식하고 있는 우리 사회를 향해 생명환경농업이라는 대안을 제시하면서 반박하고 있다.

저자는 만일 우리가 텔레비전, 냉장고, 세탁기 등을 만드는 전자산업에만 만족하고, 더 나아가 IT 산업으로 진출하지 않았다면 오늘의 IT 강국 대한민국은 없었을 것이라고 말하면서, 이제 LT산업(생명산업)을 우리의 주력산업으로 하는 5차 산업혁명을 통해 국민 모두가 행복하고 우리 사회의 심각한 문제점인 일자리 창출을 이루어내자고 주장한다. 시골 3선 군수이자, 학자였던 그의 주장을 환경운동가인 나는 귀담아듣고 싶다. 부디 문재인정부는 대한민국의 5차 산업혁명의 길을 법제도화하여 미래세대가 행복해지는 대한민국을 만들어주기를 소원한다.

우포따오기자연학교장 **이 인 식**(습지보전운동가)

CONTENTS

머리말 · 005

◇ 추천의 글

농업변화와 환경회복이 새 시대의 화두 – 이인식 · 013

Chapter 1 LT산업이 왜 5차 산업혁명인가?

01 농민들은 대기업의 농업 진출을 왜 반대하는가? · 023

농민들은 대기업의 농업 진출을 왜 반대하는가? · 023

기업의 목적이 바뀌어야 한다 – 기업윤리청 신설 · 028

우리 앞에 놓인 선택 · 035

정부 차원의 선택 – 생명환경농업공사 · 043

02 LT산업이 왜 5차 산업혁명인가? · 049

LT강국 대한민국을 위하여 – 생명산업부 신설 · 049

LT산업이 왜 5차 산업혁명인가? · 057

생명환경농업이 왜 LT산업의 중심인가? · 066

빌리 브란트의 용기가 필요하다 · 078

Chapter 2 성스러운 소와 트로이 목마

01 성스러운 소와 트로이 목마 · 089
성스러운 소를 죽여야 한다 · 089
생명환경농업은 대한민국의 트로이 목마 · 096
현실적이고 합리적인 법 개정과 제정 · 105

02 공멸의 자유가 아닌 공존의 자유 · 113
황토를 살포하여 바다를 죽이는 공유지의 비극 · 113
공멸의 자유가 아닌 공존위 자유 – 규제 · 121
규제는 현실적이고 합리적이어야 한다 · 129

03 사우스웨스트 항공에서 배운다 · 135
농민들 사이의 보이지 않는 갈등 · 135
훨씬 더 환경친화적이고 생태적인 농업 · 142
사우스웨스트 항공에서 배운다 · 149

04 노벨상을 받으셔야죠 · 159
노벨상을 받으셔야죠 · 159
군수님, 겁나지 않습니까? · 167
갑자기 사라진 KBS 환경스페셜 · 174

Chapter 3 두 전직 대통령이 남긴 교훈

01 녹색운동가의 길을 놓쳐버린 이명박 대통령 · 183
앙꼬 없는 찐빵이 되어버린 이명박 대통령의 녹색성장 · 183
녹색 운동가의 길을 놓쳐버린 이명박 대통령 · 189
녹색성장과 생명환경농업이 만났다고 하면 · 194

02 일자리 대박을 놓친 박근혜 대통령의 창조경제 · 203
일자리 창출을 위한 산업의 구조 개혁 · 203
창조경제의 중심은 생명환경농업이 되어야 했다 · 210
일자리 대박을 놓친 박근혜 대통령의 창조경제 · 217

Chapter4 우리의 행복과 건강을 위하여

01 생명환경농업에서 샘솟는 행복 · 227
IT 산업은 우리를 불행하게 만들고 말았다 · 227
화학농업은 우리의 행복을 빼앗아가 버렸다 · 235
친환경농업이 가져오지 못한 행복 · 241
화학농업에 대한 저항 – 자연농법 · 246
생명환경농업에서 샘솟는 행복 · 252
우리가 나아가야 할 방향 – 고르게 부유하게 · 258

02 우리의 건강과 생명을 보호하기 위하여 · 264
우리의 건강과 생명을 보호하기 위하여 · 264

우리나라를 세계 최고급 농산물 생산국으로 · 270
생명환경농업은 우리 농업의 혁명 – 친환경농업의 문제점 해결 · 278

03 우리나라는 물 부족 국가가 아니다 · 285
샘과 둠병의 나라 대한민국 · 285
우리나라는 물 부족 국가가 아니다 · 293

맺음말 · 302

LT산업이 왜 5차 산업혁명인가?

01

농민들은 대기업의 농업 진출을 왜 반대하는가?

농민들은 대기업의 농업 진출을 왜 반대하는가?

경남 교육청의 교원 종합복지관이 고성에 건축될 것이라는 소식을 듣고 고성군 숙박업소 대표들이 군수실을 항의 방문했다.

"어떻게 이럴 수 있습니까? 지금 우리 고성군 숙박업소들이 어렵다는 것을 잘 알지 않습니까? 그런데 왜 교원 종합복지관을 고성에 유치하여 우리를 더 어렵게 만들려 합니까?"

교원 종합복지관은 경남의 모든 교직원과 그 가족들이 사용할 수 있는 호텔급 숙박시설로서 경남의 다른 시, 군과의 치열한 경쟁을 통해 유치에 성공했다. 그 교원 종합복지관이 고성에 들어오면 기존 숙박업소들이 피해를 본다는 것이 항의 내용이었다. 이들의 항의 내용을 들으면서 나는 생각했다.

"기존 숙박업소 때문에 고성에는 호텔급 숙박시설이 들어와서는 안 된다는 말인가? 고성에는 항상 모텔급 숙박업소만 있어야 한단 말인가?"

더 발전하고 더 나아가기 위해서는 끊임없는 노력이 필요하며 그 노력은 '건전한 경쟁'을 통해서 결실을 맺을 수 있어야 한다. 한쪽이 다른 한쪽에 피해를 주는 소위 '갑'과 '을'의 관계에서는 진정한 발전을 기대할 수 없기 때문이다. 함께 발전하고 더불어 번영하는 '공생(共生)과 공존(共存)'의 관계여야 진정한 발전을 기대할 수 있다는 말이다.

공생과 공존을 바탕으로 하는 건전한 경쟁만 이루어진다고 하면 우리 사회의 각 분야는 세계 최고의 경쟁력을 가질 수 있을 것이라고 확신한다. 그런데 우리나라는 공생과 공존의 정신이 대단히 부족한 나라라는 생각을 지울 수 없다. 대리점에 대한 본사의 횡포는 어제오늘의 이야기가 아니다. 사장이 운전기사를 폭행하는 일을 예사로 생각하고 있다. 이런 일들이 언론에 자주 보도되다 보니, 우리는 을에 대한 갑의 횡포에 대해서 거의 무감각해질 정도가 되어버렸다. 그리고 우리도 모르게 모든 현상을 갑과 을로서 구분해 버리기 시작했다. 고성 지역 숙박업소 대표들이 항의 방문을 한 이유도 바로 여기에 있었다. 그들은 이렇게 생각했을 것이다.

"교원 종합복지관이 들어오면 갑이 되어 을인 우리에게 큰 피해를 주게 될 거야. 이 못된 갑이 우리 지역에 들어오는 것을 반드시 막아야 해."

건전한 경쟁 관계는 '갑과 을'의 관계 대신 '파트너'의 관계로 발전될 수 있다. 만일 파트너의 관계가 우리 사회에 정착되었다고 하면 고성지역 숙박업소 대표들은 내게 이렇게 말했을 것이다.

"교원 종합복지관을 유치해 주셔서 고맙습니다. 교원 종합복지관과 기존 숙박업소들이 함께 발전할 수 있도록 행정에서도 도와주시기 바랍니다. 이제 우리 고성의 숙박업소가 한 단계 더 발전할 수 있을 것 같습니다."

그런데 안타깝게도 앞서 언급한 것처럼 지금 우리 사회는 갑과 을의 관계가 마치 전염병처럼 널리 퍼져 있다. 우리 사회에 뿌리 깊이 자리하고 있는 이 갑과 을의 문화를 어떻게 하면 파트너의 문화로 바꿀 수 있을까? 갑과 을의 문화가 사라지고 파트너의 문화가 뿌리내리기 위해서는 을이 아닌 갑이 바뀌어야 한다. 대리점이 아닌 본사가 바뀌어야 하며, 운전기사가 아닌 사장이 바뀌어야 하고, 국민이 아닌 지도자가 바뀌어야 한다는 말이다.

"낭떠러지 끝에 한 어린이가 매달려 있었다. 잠시 아버지가 자리를 비운 사이에 그만 발을 헛디디어 미끄러졌고, 천만다행으로 낭떠러지 끝에 있는 돌부리를 잡고 매달려 있을 수 있었다. 사람들이 손을 내밀어 어린이를 구해주려고 했지만, 어린이는 누구의 손도 잡으려 하지 않았다. 얼마 후 아버지가 도착했다. 기진맥진하여 손에 힘이 풀려가던 어린이는 아버지가 내미는 손을 주저하지 않고 잡았다."

여기서 '다른 사람의 손'과 '아버지의 손'은 어떤 차이가 있을까? 그것은 믿음과 신뢰이다. 낭떠러지에 매달려 있던 어린이는 다른 사람은 믿을 수 없었지만, 아버지는 믿을 수 있었다. 즉, 아버지는 어떤 상황에서도 자기의 손을 절대 놓지 않을 것이라고 하는 믿음과 신뢰를 가지고 있었다.

갑과 을의 관계로서 굳어진 우리 사회를 파트너의 관계로 만들기 위해서는 갑의 위치에 있는 사람이 을의 위치에 있는 사람으로부터 아버지의 손과 같은 믿음과 신뢰를 얻을 수 있어야 한다. 어떤 상황에서도 자기의 손을 절대 놓지 않을 것이라고 하는 믿음과 신뢰 말이다.

지금 우리 사회에서 기업을 국민이 믿고 신뢰하는가? 불법 비자금을 당연히 만드는 것이 우리나라 기업이라고 국민은 생각하고 있다. 그리고 정권에 잘못 보이면 그 불법 비자금이 문제가 되어 처벌을 받는다고 생각하고 있다. 기업이 정권에 잘못 보이지 않으려고 비선 실세가 주도하는 재단에 수백억 원을 출연한 사건이 최순실 게이트의 한 부분 아닌가? 여기에 무슨 믿음과 신뢰가 있을 것인가?

장관을 비롯한 고위 공무원을 국민이 믿고 신뢰하는가? 일반 국민과는 도덕적으로 거리가 먼 사람이 장관이라면, 국민을 위해 일하지 않고 비선 실세의 이권을 위해 일하는 사람이 장관이라면, 그런 장관을 국민이 어떻게 믿고 신뢰할 수 있겠는가?

국회의원을 국민이 믿고 신뢰하는가? 국가공무원인 보좌관 월급을 불법으로 돌려받아 사무실 경비로 쓰는 국회의원이 있다면, 그런 국회의원을 국민이 어떻게 믿고 신뢰할 수 있겠는가?

믿음과 신뢰가 없는 곳에는 갑과 을의 관계가 저절로 형성된다. 불법 비자금을 만들 수 있는 기업은 갑이고, 그렇지 못한 근로자들과 일반 국민은 을이다. 위법, 탈법 행위를 하고 비선실세를 위해 일하는 장관은 갑이고, 위법, 탈법 행위를 하지 않고 비선실세와 관계 없는 일반 국민은 을이다. 보좌관 월급을 착취하는 국회의원은 갑이고, 착취당한 보좌관과 일반 국민은 을이다.

기업이 국민으로부터 믿음과 신뢰를 얻을 수는 없을까? 우리 기업에서 불법 비자금이 완전히 사라진다고 하면 국민은 기업을 믿고 신뢰할 수 있을 것이다. 장관을 비롯한 고위 공직자가 국민으로부터 믿음과 신뢰를 얻을 수는 없을까? 비선실세가 근처에 얼씬도 할 수 없는 사람이 장관이라고 하면, 그런 장관은 국민으로부터 믿음과 신뢰를 얻을 수 있을 것이다. 국회의원이 국민으로부터 믿음과 신뢰를 얻을 수는 없을까? 보좌관 월급 착취라는 단어가 완전히 사라진다고 하면 국회의원은 국민으로부터 믿음과 신뢰를 얻을 수 있을 것이다.

이런 사회가 우리가 바라는 사회이다. 이런 사회에서는 갑과 을의 관계가 사라지고 파트너의 관계가 형성될 수 있다. 파트너의 관계에서는 믿음과 신뢰가 존재하며 공생과 공존의 토대 위에서 건전한 경쟁이 이루어질 수 있다.

지금 우리나라 농업에는 눈에 보이지 않는 충돌이 일어나고 있다. 즉 농업에 진출하려는 대기업과 이를 저지하려는 농민들 사이에 팽팽한 긴장감이 돌고 있다. 대기업의 농업 진출을 반대하는 농민들의 울분에 찬 목소리를 들어보자.

"최근 정부와 새누리당은 '기업규제 프리존 특별법'까지 발의하면서 대기업의 새만금 진출을 노골적으로 지원하고 있다. 정부, 국회, 재벌의 유착 상태를 극명하게 보여주고 있다."

"이제 대기업의 농업 진출 문제는 한국 농업의 근간을 흔들고 있고 식량 주권과 생태농업 자체를 위협하고 있다."

농민들이 대기업의 농업 진출을 이처럼 결사항전의 자세로 반대하는 이유는 무엇인가? 갑의 위치에 있는 대기업이 을의 위치에 있는 농민들에게 큰 피해를 줄 것이라고 생각하기 때문이다. 파트너는 믿음과 신뢰의 아버지 손을 가지고 있으며 따라서 상생과 공존을 바탕으로 한다. 그러나 농민들은 불법 비자금을 만들고 비선 실세가 주도하는 재단에 엄청난 돈을 출연하는 기업을 절대로 아버지의 손을 가진 파트너라고 생각하지 않는다.

비자금을 만들며 비선 실세 앞에 쩔쩔 매는 기업은 국민에게 갑이 될 수밖에 없다. 대기업은 갑 중에서도 '슈퍼 갑'이다. 어느 농민이 그런 슈퍼 갑이 농업에 진출하는 것을 반대하지 않겠는가?

기업의 목적이 바뀌어야 한다 – 기업윤리청 신설

세계 최고의 부자이며 마이크로 소프트사의 창립자인 빌 게이츠는 2,000년 빌 & 멀린다 재단을 설립했다. 국제적 보건의료 확대와 빈곤 퇴치, 그리고 미국 내 교육 기회 확대와 정보 기술에 대한 접근성 확대를 위한 것이 설립 목적이었다. 빌 게이츠는 이 재단에 42조 원이라고 하는 천문학적인 돈을 기부했다. 정작 자기 자식들에게는 독립심을 길러준다는 이유로 달랑 100억 원의 유산만을 물려주면서 이렇게 엄청난 돈을 재단에 기부한 것이다.

불법 비자금 만들기에 혈안이 되어 있고, 자식들에게 불법, 편법 재산 상속을 위해 물불 가리지 않는 우리나라 대기업 회장들을 생각하면 너무 대조적이지 않은가? 그런 우리나라 대기업들이 그동안 농업 진출을 시도한 짧은 역사를 살펴보자.

"2012년 동부그룹 계열사인 동부팜한농이 경기도 화성시 화옹간척지에 467억 원을 투입하여 아시아 최대 규모의 유리온실을 짓고 수출용 토마토를 생산할 계획을 세웠으나 농민들의 반대로 사업을 접었다."

"2016년 경상북도와 상주시는 글로벌 시설채소 생산 · 유통회사인 네덜란드의 레바트와 농업회사법인 새봄과 함께 고품질 토마토 생산을 위한 10ha 규모의 첨단 유리온실 설립에 대한 업무 협약을 체결했으나 농민들의 반대에 부딪혀 있는 상태이다."

"2016년 LG CNS는 새만금 76ha 면적에 3,800억 원을 투자하여 스마트 바이오파크를 조성하고 토마토, 파프리카 등을 생산할 계획을 세우다가 농민들의 반대에 부딪혀 있는 상태이다."

이처럼 대기업의 농업 진출 시도는 농민들의 거센 반발에 부딪혀 포기했거나 정지되어 있는 상태이다. 왜 농민들은 대기업의 농업 진출을 이토록 강력하게 반대하는가? 앞서 설명했듯이, 대기업이 슈퍼 갑이 되어 농민들을 을로 만들어 큰 피해를 줄 것이라고 생각하기 때문이다.

우리 국민은 그동안 대기업의 잘못된 '갑질' 행태를 수없이 보아왔다. 문어발식 경영을 통해 작은 기업들을 인정사정없이 잡아먹으면서 슈퍼 갑의 위력을 마음껏 과시한 것이 우리나라 대기업이다. 골목상권까지 침투하여 대한민국 경제를 모조리 자기들의 손아귀에 넣어 '슈퍼 슈퍼 갑'이 되려고 하는 것이 우리나라 대기업의 행태이다.

불법 비자금을 만들어 개인의 욕심을 채우고, 온갖 부당한 방법을 동원하여 재산을 자식들에게 상속함으로써 부의 세습을 꾀하는 것이 우리나라 대기업 회장들이다. 비선 실세가 주도하는 재단에 수백억 원의 기부금을 출연하여 국정 농단 사건의 중심에 서 있는 것이 우리나라 대기업의 윤리 수준이다.

'기업 윤리'라는 단어를 꺼내기도 부끄러운 것이 오늘의 우리나라 대기업 아닌가? 그런 대기업을 농민들이 어떻게 믿을 수 있겠는가? 만일 한 대기업이 농업에 진출하면 너도나도 농업 진출을 시도할 것이고, 농민들은 농업에서 찬밥 신세가 되고 말 것이다. 오늘날 시장에서 영세상인들이 찬밥 신세가 되어 버렸듯이 말이다.

대기업이 농업에 진출하기 위해서는 대기업과 농민들이 갑과 을의 관계를 벗어나 파트너의 관계를 형성하는 '대혁명'이 일어나야 한다. 지금과 같은 갑과 을의 관계가 존재하는 한 불신은 계속될 것이며, 농민들은 대기업의 농업 진출을 강력하게 반대할 것이기 때문이다. 대기업과 농민들 사이에 형성된 이 갑과 을의 관계를 어떻게 파트너의 관계로 바꿀 수 있을까? 아무리 생각해도 묘안이 없는 것 같다. 그래서 여기 그 답을 제시한다.

"우리나라 기업이 '완전히 새롭게' 태어나야 한다."

그런데 오랫동안 갑질에 익숙해져 있는 지금의 우리나라 대기업이 어떻게 완전히 새롭게 태어날 수 있단 말인가? 도저히 불가능한 것처럼 생각된다. 여기에 대한 대답은 오직 한 가지이다.

"기업이 기업의 목적을 바꾸어야 한다."

지금까지는 '이윤 창출'이 기업의 목적이었다. 그러나 완전히 새롭게 태어나는 기업의 목적은 '윤리 창출'이어야 한다. 이윤 창출은 윤리 창출의 결과 저절로 만들어지는 것이어야 한다.

이윤 창출이 기업의 목적일 때 기업 회장은 검찰에 소환되면서 국민의 손가락질을 받는 장면을 계속 반복하게 될 것이다. 국회 청문회에 불려 나가 전국적으로 창피와 망신을 당하는 일도 반복해서 발생할 수밖에 없다. 그러나 윤리 창출이 기업의 목적일 때 기업 회장은 국민으로부터 존경받는 기업가가 될 수 있을 것이다. 빌 게이트처럼 자녀에게 소액의 재산만 유산으로 물려주고 많은 돈을 국민 모두를 위한 재단에 기부하면서 우리 국민으로부터 추앙받는 지도자가 될 수 있을 것이다. 불법, 편법 재산 상속이란 단어는 우리 사회에서 사라지게 될 것이다. 우리 귀에 익숙한 불법 비자금은 생소한 단어가 될 것이다. 청와대 수석이 기업에 전화하여 비선 실세가 주도하는 재단에 기부금을 강요하는 일은 상상도 할 수 없는 일이 될 것이다. 여기서 대부분의 사람은 이런 반응을 보일 것이다.

"기업의 목적은 본질적으로 이윤 창출인데, 그 목적을 바꾸라고 하는 것이 말이 되는 소리인가? 기업이 자선단체가 아닌데 어떻게 그 목적을 윤리창출로 하라는 말인가?"

지금까지 기업의 목적은 이윤 창출이었다. 기업의 목적은 본질적으로 이윤 창출이라고 믿고 있었다. 우리는 모두 그것을 너무 당연한 것으로 받아들이고 있었다.

그런데 그 결과가 무엇인가? 기업 대표들이 수없이 검찰의 포토라인에 서고 감옥에 가는 것을 보지 않았는가? 한결같이 휠체어를 타고 재판을 받는 장면도 지켜보지 않았는가? 결국 대통령 탄핵이라는 역사적인 비극을 초래하지 않았는가? 기업의 목적이 바뀌지 않는 한 이런 현상은 영원히 계속될 것이다.

2008~2009 세계 금융위기도 기업의 목적이 윤리창출이 아닌 이윤창출이었기 때문에 발생했다고 하는 분석을 내놓지 않았는가? 이제 기업의 목적을 윤리 창출로 바꾸어야 할 시기에 이르렀다. 그래야 우리 사회가 올바르게 될 수 있다. 그래야 금융위기 같은 상황도 발생하지 않는다. 그래야 국가적인 불행도 일어나지 않는다. 그래야 우리나라가 일류국가가 될 수 있다.

그런데 어떻게 기업의 목적을 윤리창출로 바꿀 수 있을 것인가? 이 위대한 목적을 이루기 위해서는 정부에서 그 운동에 앞장서야 하며 이를 범국민운동으로 승화시켜야 한다. 문제는 어떻게 그것이 현실적으로 이루어질 수 있느냐 하는 것이다. 이론상으로는 좋지만, 현실적으로는 불가능하다는 결론을 내릴 수밖에 없어 보인다. 어떤 특단의 대책이 없다면 말이다. 그래서 나는 제안한다.

"정부 조직 내에 '기업윤리청'을 신설하여 기업의 목적을 윤리창출로 바꾸기 위한 계획을 세우고 추진해야 한다."

기업윤리청에서는 지금까지 기업의 기부금이 어떻게 출연되어져 왔는지 아주 세밀하게 분석해야 할 것이다. 그리고 기부금의 출연을 엄격하게 제한하여 모든 국민이 공감할 수 있는 특별한 경우가 아니면 기부금 출연 자체가 불가능하도록 제도적인 장치를 마련해야 할 것이다. 기업들이 윤리 창출에 서로 경쟁적으로 앞장설 수 있는 분위기를 만들어야 할 것이다. 기업의 목적이 이윤 창출이 아닌 윤리 창출이 될 수 있도록 범국민운동도 벌여야 할 것이다.

IMF 금융위기 때 장롱 깊숙히 간직하고 있던 금반지까지 기꺼이 들고나와 금 모으기 운동에 동참했던 우리 국민 아닌가? 추운 날씨에 촛불을 들고 광화문 거리에서 그리고 전국의 도시에서 정의를 부르짖고 윤리를 외친 우리 국민 아닌가? 이 과정들을 지켜본 외국 언론들이 극찬할 정도로 도덕 수준이 높고 윤리 의식이 강하며 나라 사랑하는 마음이 지극한 우리 국민이다. 우리 국민은 기업의 목적을 바꾸는 이 위대한 일도 이루어낼 수 있다고 확신한다.

이제 우리 기업은 '완전히 새롭게' 태어나 그 목적이 이윤 창출에서 윤리 창출로 바뀌는 '혁명의 역사'를 만들어야 한다. 기업 대표들이 검찰청사의 포토 라인에 서서 국민으로부터 수모를 당하는 일은 더 이상 발생하지 않아야 한다. 국회 청문회에 불려나와 전 국민과 전 세계인이 지켜보는 가운데 창피를 당하는 일도 사라져야 한다. 기업 대표들과 대통령이 안가에서 은밀하게 만나는 불필요한 일도 없어져야 한다. 기업 대표들은 국민으로부터 진심으로 존경받는 지도자가 될 수 있어야 한다.

이렇게 될 때 기업은 더 이상 국민에게 '갑'이 아니며, 기업과 국민은 서로 믿고 신뢰하는 '파트너'가 될 수 있을 것이다. 그러나 그렇게 된다는 것은 결코 쉬운 일이 아니다. 내가 기업과 농민들이 파트너의 관계를 이루기 위해서는 기업이 완전히 새롭게 태어나야 한다면서 '완전히 새롭게'라는 말을 강조한 이유이다.

지금의 기업은 이윤창출이 그 목적이다. 그런데 그 기업의 목적을 윤리창출로 바꾸려고 한다. 이 얼마나 어려운 일인가? 기업이 '새롭게' 태어나지 않으면 불가능하다. 그냥 '새롭게' 태어나는 것이 아니라

'완전히 새롭게' 태어나야만 가능한 일이다. 기업이 기업의 목적을 윤리창출로 바꾸면서 '완전히 새롭게' 태어날 때 그 기업은 우리에게 갑이 아니라 우리가 믿고 신뢰할 수 있는 파트너가 될 수 있다. 이런 기업을 국민과 농민들이 어찌 믿고 신뢰하지 않겠는가? 이런 기업을 누가 갑이라 부르겠는가? 자랑스러운 우리의 파트너이다. 이런 기업이 농업에 진출한다고 했을 때 반대하는 농민은 한 사람도 없을 것이다.

기업이 농업에 진출하는 목적도 바뀌어야 한다. 기업의 목적이 이윤 창출일 때 기업의 농업 진출 목적 역시 이윤 창출이 될 수밖에 없다. 그러나 기업의 목적이 윤리 창출일 때 기업의 농업 진출 목적 역시 윤리 창출이 된다.

농업에 있어서 윤리 창출은 우리 농업의 경쟁력을 높이는 것이다. 우리 농촌을 부강하게 만드는 것이다. 농민과 기업이 함께 손잡고 대한민국 농업을 이끌어가는 것이다. 우리나라를 세계 최고의 농업강국, 세계 제일의 식량강국으로 만드는 것이다.

그러나 기업이 그 목적을 윤리창출로 바꾸기 위해서는 반드시 한 가지 조건이 충족되어야 한다. 그 조건을 말한다.

"고위 공직자가 국민으로부터 믿음과 신뢰를 얻어야 한다."

얼마나 좋은 말인가? 그렇지만 도저히 이루어질 수 없는 말처럼 들리지 않는가? 그러나 이것이 이루어져야만 기업과 농민들이 갑과 을의 관계가 아닌 파트너의 관계로 완전히 변화될 수 있다.

대기업이 그 목적을 윤리창출로 바꾸었다 하더라도 이 조건이 이루어지지 않으면 농민들은 절대로 대기업을 파트너로 생각하지 않을 것이다. 그 이유는 대기업 역시 이들 고위 공직자에게는 을의 입장이기 때문이다. 따라서 갑의 위치에 있는 고위 공직자가 바뀌지 않는 한, 을의 위치에 있는 대기업의 탈바꿈은 불완전한 탈바꿈에 지나지 않기 때문이다.

기업윤리청이 그 목적을 훌륭하게 수행하는 대한민국! 이윤 창출 대신 윤리 창출을 기업의 목표로 하는 대기업! 자기 자식에게 재산을 물려주지 않고 우리 국민 모두의 미래를 위한 재단에 거액의 돈을 기꺼이 기부하는 대기업 회장! 국민으로부터 존경받는 장관과 국회의원!

이런 사회에서 갑과 을은 역사 속으로 사라지게 될 것이다. 대기업과 고위 공직자와 농민은 진실로 믿고 신뢰하는 파트너의 관계가 될 것이다. 생각만 해도 가슴 뿌듯한 자랑스러운 대한민국 아닌가!

우리 앞에 놓인 선택

지금 우리 농업이 직면하고 있는 상황을 살펴보자. 대기업은 농업 진출을 희망하고 있으며, 정부에서도 이를 권장하고 있다. 그러나 농민들은 대기업의 농업 진출을 강력하게 반대하고 있다. 여기서 우리 앞에 놓인 선택은 다음 세 가지 중 하나이다.

첫째, 대기업이 농민들의 항의에 못 이겨 농업 진출을 포기하는 경우이다. 둘째, 대기업이 농민들의 항의를 무시하고 농업에 진출하는 경우이다. 셋째, 대기업이 농민들의 환영을 받으면서 농업에 진출하는 경우이다.

이 세 가지 중에서 어느 경우가 우리 농민들을 위하고 농업의 발전을 위하는 길일까? 각각의 경우에 대해서 살펴보기로 하자.

먼저 첫 번째 경우, 즉 대기업이 농민들의 항의에 못 이겨 농업 진출을 포기하는 경우를 생각해 보자. 이 경우 발생하게 될 상황을 한마디로 요약하면 다음과 같다.

"우리나라 농업에는 아무런 희망이 없다."

농민들이 힘을 합해 대기업의 농업 진출을 잘 막아 내었는데 무슨 그런 말을 하느냐면서 따질지도 모른다. 그러나 나의 대답은 변함없다.

"대기업의 농업 진출을 잘 막아내었기 때문에 우리나라 농업에는 아무런 희망이 없다. 우리나라 농업은 더 발전하지 못할 것이며 농촌 인구는 계속 감소할 것이다."

내가 우리 농업에 아무런 희망이 없다고 말하는 것은 두 가지 이유 때문이다. 그 첫 번째 이유는 대기업의 참여 없이는 우리 농업이 세계 시장에서 낙오될 수밖에 없기 때문이다. 대기업의 농업 진출은 미국, 중국, 일본을 비롯한 선진국에서도 이루어지고 있는 현상이다. 우리 농업이 세계 시장에서 살아남고 경쟁력을 가지기 위해서는 대기업의 참여가 필수적이다.

만일 중소기업들의 반대에 부딪혀 대기업의 IT산업 진출이 좌절되었다고 가정해 보자. 우리나라의 IT산업은 세계 시장에서 낙오되어 있을 것이다. 그러나 다행스럽게도 삼성과 LG 등 대기업이 IT산업에 진출할 수 있었고, 그 결과 우리나라는 지금 세계 IT 시장을 선도하고 있다.

농업을 비롯한 LT 산업(생명산업)은 IT 산업을 대체할 미래 주력산업이다. 선진국에서 대기업이 농업에 진출하는 이유도 바로 이 때문이다.

그런데 우리나라에서 농민들의 반대로 대기업의 농업 진출이 좌절되었다고 생각해 보자. 우리 농업과 LT 산업의 미래에 커다란 재앙이 아닐 수 없다. 내가 우리 농업에 아무런 희망이 없다고 말하는 이유가 여기에 있다.

우리 농업에 희망이 없다고 말하는 두 번째 이유는 농민들이 눈에 보이는 갑은 잘 막아내었지만, 눈에 보이지 않는 갑은 깨닫지 못하고 있기 때문이다. 농약회사(비료회사 포함)는 이미 슈퍼 갑이 되어 우리 농민들을 절망의 나락으로 몰아넣고 있다. 그런데 농민들은 이 무서운 슈퍼 갑의 행태를 깨닫지 못하고 있다.

다음은 두 번째 경우, 즉 대기업이 농민들의 항의를 무시하고 농업에 진출하는 경우를 생각해 보자. 이 경우 발생하게 될 상황을 한마디로 요약하면 다음과 같다.

"우리나라 농민들은 두 슈퍼 갑에 의해서 핍박받다가 결국 농업에서 찬밥 신세가 되고 말 것이다."

농약회사가 슈퍼 갑이 되어 농민들을 절망의 나락으로 몰아넣고 있다는 사실은 앞서 언급하였다. 엎친 데 덮친 격으로 대기업마저 농업에 진출하여 또 다른 슈퍼 갑이 되었으니, 두 슈퍼 갑은 을인 농민들을 경쟁적으로 착취하게 될 것이다. 영세상인들이 시장에서 찬밥 신세가 되듯이 농민들은 농업에서 찬밥 신세가 되고 말 것이다. 지금 농민들이 대기업의 농업 진출을 사생 결단으로 반대하는 이유가 바로 여기에 있다.

마지막으로 세 번째 경우, 즉 대기업이 농민들의 환영을 받으면서 농업에 진출하는 경우를 생각해 보자. 이 경우 발생하게 될 상황을 한

마디로 요약하면 다음과 같다.

"농업은 우리나라의 '신산업'으로 새롭게 태어날 수 있을 것이며, 대한민국은 세계 제일의 미래 식량 중심국이 될 수 있을 것이다."

이 경우는 가장 이상적인 경우이다. 대기업의 농업 진출을 극렬하게 반대하던 농민들이 오히려 대기업의 농업 진출을 환영하는 상황이 되었으니 말이다. 이 경우가 이루어지기 위해서는 대기업이 '완전히 새롭게' 태어날 수 있어야 하며, 또한 고위 공직자가 국민으로부터 믿음과 신뢰를 얻을 수 있어야 한다는 사실은 이미 언급한 바 있다.

대기업이 완전히 새롭게 태어난다는 말은 대기업의 목적이 이윤 창출에서 윤리 창출로 바뀐다는 뜻이다. 대기업의 농업 진출 목적 역시 이윤창출에서 윤리창출로 바뀐다는 뜻이다. 그렇게 될 때 농민들은 대기업을 갑으로 생각하지 않고 파트너로 생각하게 될 것이다.

앞서 말했듯이, 기업이 이윤 창출이 아닌 윤리 창출을 목표로 한다는 것은 결코 쉬운 일이 아니다. 농민들은 이 말을 전혀 믿으려 하지 않는다. 한 농민이 내게 일러준 말이다.

"축산에는 벌써 기업이 진출했습니다. 그런데 그 회사들이 어떻게 했는지 아세요?"

대답을 못 하는 나에게 그 농민은 흥분된 목소리로 말을 이었다.

"그 회사들이 우리 축산인을 을로 만들면서 큰 돈을 벌었어요. 그게 파트너인가요? 일감 몰아주기를 통해서 자식한테 편법으로 재산 상속한다는 사실도 많은 사람이 알고 있습니다. 그게 윤리인가요? 농업과 아무 관계 없는 외국 골동품을 엄청나게 비싼 값으로 구매한 것도 언론에 났어요. 그게 윤리 창출인가요?"

대답할 말이 없었다. 내 얼굴이 화끈하게 달아올랐다. 그것은 명백히 파트너가 아니며 윤리도, 윤리 창출도 아니기 때문이다. 축산에 이미 진출해 있는 기업들 역시 '완전히 새롭게' 다시 태어나야 한다. 부정 축재의 잘못된 기쁨이 아니라 사회봉사의 참된 기쁨과 보람을 즐길 줄 아는 차원 높은 지혜를 국민에게 보여줘야 할 것이다. 정부의 새로운 조직으로 설립된 기업윤리청의 역할이 한층 더 강조되는 이유이다.

대기업이 농민들의 환영을 받으면서 농업에 진출하게 되면 농업에 대한 우리 국민의 인식이 달라질 수 있을 것이다. 농업이 경쟁력 없는 산업에서 경쟁력 있는 산업으로, 매력 없는 산업에서 매력 있는 산업으로 다시 태어날 수 있을 것이다. 즉 농업이 우리 시대의 신산업으로 새롭게 태어날 수 있을 것이다.

농업에 대한 청년들의 인식 또한 완전히 바뀔 수 있을 것이다. 지금까지 농업은 청년들이 근무하기 싫어하는 기피 산업으로 여겨져 왔다. 그러나 이제 농업은 청년들이 근무하고 싶어 하는 선호 산업으로 바뀔 수 있을 것이다. 이러한 사실은 무엇을 의미하는가? 그 의미를 한 마디로 이렇게 정리할 수 있다.

"우리 사회의 가장 큰 골칫거리인 '청년 실업문제'가 해결될 수 있다."

청년 실업 100만 명! 이 얼마나 심각한 사회 문제인가? 그런데 이 심각한 문제를 해결할 방법은 우리 주위의 그 어디에도 없다. IT, ICT, IoT, AI라는 단어들이 강조될수록 우리 청년들의 일자리가 오히려 감소한다는 생각은 해보지 않았는가?

농업은 그동안 우리의 관심을 받지 못하고 버려져 있었던 산업이다. 따라서 '무한한 개발 가능성'과 동시에 '무한한 일자리 창출 가능성'을 가지고 있다. 젊은이들이 농업의 여러 분야에서 열심히 일하는 대한민국! 그 대한민국은 세계 최고의 농업 강국, 세계인을 위한 미래 식량 중심국을 향하여 힘차게 나아갈 수 있을 것이다.

그런데 우리가 해결하고 극복해야 할 대단히 어려운 문제가 아직 남아있다. 그동안 우리 농업의 슈퍼 갑이었던 농약회사(비료회사 포함)를 어떻게 할 것인가 하는 문제이다. 농약회사는 억울하다면서 이렇게 호소할 것이다.

"우리더러 농업의 슈퍼 갑이라니! 말도 안 되는 소리다. 가난과 배고픔의 상징인 보릿고개가 누구 덕택에 사라지게 되었는가? 바로 우리가 앞장서서 식량 증산을 이루어 낸 덕택 아닌가? 그런 우리에게 공로상을 주지는 못할망정, 오히려 매도하고 있으니 이런 억울한 일이 어디 있는가?"

농약회사가 보릿고개라고 하는 단어를 없애는 데 큰 역할을 한 것은 부인하지 않는다. 농약회사가 우리 농업에서 식량 증산을 이루어 낸 공로를 인정한다는 말이다. 그러나 바로 그 식량 증산이 문제였다. 지속적인 농약의 사용으로 인해서 농약에 대한 각종 병해충의 저항력이 커졌고, 따라서 더 강한 농약을 만들어내야 했기 때문이다. 농약회사와 병해충의 이 전쟁은 끝없이 지속되었고, 그 결과는 지구 환경의 파멸과 인류 건강의 악화였다.

농약 판매로 많은 이익을 남기는 농약회사! 비싼 농약을 해마다 사야 하며, 농사를 지어도 크게 수익을 내지 못하는 농민! 이 관계를 어떻게 슈퍼 갑과 을의 관계라 하지 않을 수 있겠는가? 농약회사와 관련하여 세 가지 경우를 생각할 수 있다.

첫째, 지금의 화학농업 상태를 그대로 유지하는 경우이다. 둘째, 생명환경농업(다음 절 참조)을 전국적으로 실천하는 경우이다. 셋째, 농약회사를 생명환경농업에 참여시키는 경우이다.

먼저 첫 번째 경우, 즉 지금의 화학농업 상태를 그대로 유지하는 경우를 생각해 보자. 이 경우 발생하게 될 상황을 한마디로 요약하면 다음과 같다.

"농업은 경쟁력을 회복하기 힘들고, 생태계는 파괴되고, 국민 건강은 악화되어갈 것이다."

그러니까, 지금 우리 농업이 직면하고 있는 문제점이 크게 해결되지 않는다는 뜻이다. 화학농업을 그대로 유지하는 이 경우에는 대기업의 농업 진출 효과도 크게 감소할 것이다. 대기업이 농업에 진출했지만 농업의 환경이 개선되지 않기 때문에 농업에 대한 국민의 인식 변화에도 한계가 있을 수밖에 없다. 농업에 대한 매력도 크게 나아지지 않을 것이다. 따라서 일자리 창출에도 한계성을 보일 수밖에 없을 것이다.

다음은 두 번째 경우, 즉 생명환경농업을 전국적으로 실천하는 경우를 생각해 보자. 이 경우 발생하게 될 상황을 한마디로 요약하면 다음과 같다.

"농업은 경쟁력을 가지게 되며, 생태계는 복원되고, 국민 건강은 향상될 것이다."

지금 우리 농업이 직면하고 있는 모든 문제점이 해결될 수 있다는 뜻이다. 농업의 환경이 생태적으로 바뀌기 때문에 농업에 대한 국민의 인식도 크게 달라지게 될 것이다. 따라서 대기업의 농업 진출 효과가 극대화될 수 있을 것이다. 농업에 대한 매력이 크게 향상될 수 있을 것이며, 따라서 대기업의 농업 진출로 인한 일자리 창출 효과 역시 극대화될 수 있을 것이다.

그런데 이 경우 우리가 관심을 가지지 않을 수 없는 부분이 있다. 바로 농약회사와 관련한 문제이다. 농약회사는 그동안 아무런 불황 없이 엄청난 수익을 창출할 수 있었다. 그러나 생명환경농업의 실천으로 인해서 졸지에 큰 시장을 통째로 잃어버렸다. 아무래도 이 부분이 마음에 걸린다.

마지막으로 세 번째 경우, 즉 농약회사(비료회사 포함)를 생명환경농업에 참여시키는 경우를 생각해 보자. 이 경우 발생하게 될 상황을 한마디로 요약하면 다음과 같다.

"농업은 경쟁력을 가지게 되며, 생태계는 복원되고, 국민 건강은 향상될 것이다. 그뿐만 아니라 농약회사가 동참함으로써 온 국민이 화합하는 토대를 마련할 수 있을 것이다."

이 경우는 두 번째 경우와 똑같은 효과이다. 거기에 우리 마음에 걸리는 문제를 해결했다는 것이 보너스이다. 바로 농약회사의 생명환경농업 동참이다.

농약회사가 생명환경농업에 동참한다는 것은 그렇게 쉬운 일이 아니다. 농약회사는 그동안 화학농업을 통해서 엄청난 수익을 창출해 왔지만, 생명환경농업에서는 그처럼 많은 수익을 창출해 낼 수 없기 때문이다.

화학농업에서는 농약회사가 농업의 주체였다. 그러나 생명환경농업에서는 농민이 농업의 주체가 된다. 따라서 화학농업에서는 농약회사가 많은 이익을 창출할 수 있었지만, 생명환경농업에서는 농민이 많은 이익을 창출해 낼 수 있다.

농약회사가 생명환경농업에 동참하기 위해서는 기업의 목적을 바꾸지 않으면 안 된다. 농약회사 역시 기업의 목적을 이윤 창출에서 윤리 창출로 바꾸면서 '완전히 새롭게' 다시 태어나야 한다는 뜻이다.

정부 차원의 선택 – 생명환경농업공사

대기업과 농민들이 갑과 을의 관계가 아닌 파트너의 관계가 되기 위해서는 대기업이 '완전히 새롭게' 태어나야 한다고 했다. 대기업이 완전히 새롭게 태어나기 위해서는 대기업이 기업의 목적을 바꾸어야 한다고 했다. 즉 기업의 목적을 '이윤 창출'에서 '윤리 창출'로 바꾸어야 한다고 했다. 이윤 창출은 윤리 창출의 결과 저절로 만들어지는 것이어야 한다고 했다.

이 역사적인 임무를 훌륭하게 수행하기 위한 '기업윤리청'을 신설해야 한다고 했다. 기업윤리청에서는 준조세 성격의 기업 기부금 출연을 억제 또는 금지할 수 있도록 제도적 장치를 마련해야 하며 기업이 사회적인 책임을 다할 수 있도록 그 길을 마련해야 한다고 했다. 이를 범국민운동으로 승화시켜야 한다고 했다. 이렇게 기업이 완전히 새롭게 태어나면 국민은 기업을 믿고 신뢰하게 될 것이며 농민들은 대기업의 농업 진출을 반대하지 않고 오히려 환영할 것이라고 했다. 이 얼마나 좋은 일인가? 이러한 나의 설명에 대해서 강하게 반대하는 사람이 있을지도 모른다.

"그건 말도 안 되는 소리야. 기업이 기업의 목적을 이윤 창출에서 윤리 창출로 바꾼다고? 절대 불가능한 일이며 있을 수 없는 일이야. 차라리 고양이에게 생선 먹는 것을 포기하라고 하는 게 낫지, 어떻게 우리나라 기업에게 이윤 창출을 포기하라고 해? 설령 기업이 그렇게 하겠다고 말한다 해도 그 말을 어떻게 믿어? 윤리 창출은 우리나라 기업과는 너무 거리가 먼 이야기야."

또, 이렇게 말하는 사람도 있을 것이다.

"미국, 중국, 일본에서도 대기업이 농업에 진출했다고? 그래서 그 나라 농민들이 잘살게 되었다고 하던가? 내가 알기로는 농민들이 오히려 더 힘들게 되었단 말이야! 한 번 생각해 봐. 우리나라 대기업이 지금 유통을 장악하고 있잖아? 만일 생산에까지 뛰어들면 농민들은 낙동강 오리알 신세가 될 게 뻔해!"

지금까지 대기업의 못된 행태를 보아왔다는 것이다. 그 못된 대기업이 어떻게 바뀔 수 있느냐는 것이다. 축산에 이미 진출해 있는 기업들이 우리 축산인들에게 어떻게 손해를 입히며 돈을 벌었는지, 재산을 편법으로 자식에게 상속하기 위해 지금 어떻게 하고 있는지 보고 있다는 것이다. 그래서 절대 믿지 못하겠다는 것이다.

앞서 우리는 대기업의 농업 진출과 관련하여 세 가지 경우를 제시했으며, 각각의 경우에 대해서 살펴보았다. 우리가 원하는 오직 하나의 답은 대기업이 농민들의 환영을 받으며 농업에 진출하는 경우이다. 이 경우 우리나라 농업은 국제 경쟁력을 가질 수 있을 것이며 젊은이들이 선호하는 신산업으로 자리 잡을 수 있을 것이라고 했다. 그러나 그것은 지나치게 이상적이며, 현실적으로는 전혀 불가능하다는 사실을 지금 주장하고 있는 것이다.

이런 경우를 우리는 진퇴양난이라고 한다. 이럴 수도 없고 저럴 수도 없는 아주 난처한 경우라는 말이다. 대기업을 도저히 믿을 수 없으며 따라서 대기업의 농업 진출은 있을 수 없는 일이라고 한다. 그러나 대기업이 농업에 진출하지 않으면 영세한 우리 농업이 세계 시장에서 경쟁력을 가질 수 없게 된다.

이 세상에 풀지 못할 문제는 없다고 했다. 어려운 문제일수록 더 기막힌 답이 있다고 했다. 그렇다면 이 어려운 문제에도 분명히 기막힌 답이 있을 것이다. 그 답이 무엇일까? 나는 이 어려운 문제를 해결할 수 있는 답을 다음과 같이 제시한다.

"대통령이 결단을 내려 정부 차원에서 생명환경농업을 전국적으로 실천하는 것이다."

대기업은 도저히 믿을 수 없고, 우리 농업은 살려야 하고, 우리 농민들 자체로는 영세하여 국제 경쟁력을 가질 수 없으니, 이 답을 제시할 수밖에 없다. 이것은 대통령의 의지만 있으면 가능하기 때문이다. 이명박 대통령이나 박근혜 대통령이 의지만 가지고 있었다면 생명환경농업을 전국적으로 추진할 수 있었다. 그러나 안타깝게도 두 대통령은 이처럼 어려움에 부닥친 우리 농업의 현실을 이해하지 못했다.

생명환경농업은 내가 군수로서 2008년부터 직접 시도하여 성공시킨 우리 농업의 혁명이다. 고성군의 모델을 전국으로 확산시키기만 하면 된다. 그런데 어떻게 생명환경농업을 전국으로 확산시킬 수 있을 것인가? 그 답을 제시한다.

"생명환경농업을 전국적으로 실천하기 위해서 '생명환경농업공사'를 만들어야 한다."

그냥 '농업공사'라고 하면 화학농업으로 돌아갈지 모르니 아예 이름부터 '생명환경농업공사'라고 명시하는 것이 좋을 것이다. 생명환경농업공사가 중심이 되어 고성군의 모델을 전국으로 확산시키면 우리나라 농업은 세계적인 명품 농업으로서 새롭게 태어날 수 있을 것이다.

생명환경농업을 전국적으로 실천하기 위해서는 몇 가지 사항을 추진해야 한다.

첫째, 생명환경농업 육성법을 제정해야 한다. 친환경농업 육성법은 이미 만들어져 있으며, 이 법에 근거하여 정부에서 예산을 비롯한 여러 가지 지원을 해 주고 있다. 마찬가지로 생명환경농업을 효과적으로 추진하기 위해서는 생명환경농업 육성법이 제정되어야 한다. 정부에서는 이 법을 근거로 하여 예산을 비롯한 각종 지원을 해 줄 수 있을 것이다.

둘째, 충분한 예산을 지원해 주어야 한다. 지금까지 우리 정부에서는 농업에 많은 예산을 지원해 주었다. 그러한 예산 지원은 농민들에게 큰 힘이 되었지만 우리 농업의 경쟁력을 본질적으로 향상시키지는 못했다.

생명환경농업은 기존의 화학농업 또는 친환경농업과는 구조적으로 다르기 때문에 모든 기계와 장비를 새로 구입해야 한다. 이 예산을 정부에서 지원해 주어야 한다. 생명환경농업에 대한 이러한 예산 지원은 우리 농업의 경쟁력을 본질적으로 크게 향상시킬 수 있을 것이다.

셋째, 생명환경농업에 대한 체계적인 교육을 해야 한다. 생명환경농업은 농업에 관해서 지금까지 우리가 가지고 있던 상식을 뒤엎는 것이며, 농민이 농업의 주체가 되는 새로운 농법이다. 따라서 전국의 농민들을 대상으로 또한 전국의 도시 소비자들을 대상으로 체계적이고 집중적인 교육을 해야 할 필요가 있다.

넷째, 농업을 체계화하고 조직화해야 한다. 생명환경농업의 체계화와 조직화는 경남 고성군에서 시행한 모델을 토대로 하면 될 것이다. 체계화되고 조직화된 생명환경농업은 자동차 공장이나 조선소, 반도체공장이나 휴대폰 공장보다 훨씬 더 좋은 일자리를 제공해 줄 수 있을 것이다.

생명환경농업공사가 직접 생명환경농업을 추진할 경우에는 고성군에서 추진할 경우와는 그 효과가 전혀 다를 것이다. 정부 차원에서 전국적으로 시행하기 때문에 훨씬 체계적으로 추진할 수 있다. 교육에 대한 신뢰 또한 대단히 클 것이다.

그뿐만 아니라 법이 만들어지고 정부에서 예산이 지원되면 진행이 훨씬 순조로울 것이다. 고성군에서 추진할 때는 법이 만들어지지 않았으며, 경제적으로 열악한 농촌 군에서 예산을 지원하는 것도 매우 힘들었다.

정부 차원에서 추진하기 때문에 유통과 판매도 훨씬 용이할 것이다. 고성군에서 추진했을 때는 유통과 판매가 쉽지 않았다. 그 이유는 소비자들이 생명환경농산물을 일반 친환경농산물과 똑같은 것으로 생각했기 때문이다. 그러나 정부에서 추진하게 되면 그러한 어려움은 사라지게 될 것이다. 소비자들은 생명환경농산물을 친환경농산물과는 다른, 차원 높은 농산물로 생각하게 될 것이다. 즉, 생명환경농산물에 대한 믿음과 신뢰가 훨씬 커질 것이다.

생명환경농업(생명환경축산 포함)이 정착되면 우리나라는 세계 제일의 농업 강국, 세계인을 위한 미래 식량 중심국이 될 수 있을 것이다. 우리나라 농축산물은 전 세계의 소비자들이 믿고 신뢰하는 명품 농축산물로서 자리 잡을 수 있을 것이다.

02
LT산업이 왜 5차 산업혁명인가?

LT강국 대한민국을 위하여 – 생명산업부 신설

대기업이 농민들의 환영을 받으면서 농업에 진출할 경우, 대기업은 농민들과 함께 우리나라 농업 발전을 위해 혼신의 힘을 다할 것이다. 한편 대기업이 농업에 진출하지 못하고 생명환경농업공사가 설립될 경우, 생명환경농업공사 역시 농민들과 함께 우리 농업의 국제 경쟁력을 향상시키기 위해 최선을 다할 것이다. 어느 경우든, 우리나라는 세계적인 미래 식량 중심국으로 발돋움하게 될 것이다.

생기가 흐르고 활기가 넘치는 농촌! 젊은이들에게 인기 있고 매력 있는 농업! 사회적 골칫거리인 청년 실업 문제 해결! 세계적인 미래 식량 중심국 대한민국! 얼마나 가슴 벅찬 일인가? 바로 이런 상황에서 나는 말한다.

"우리는 여기에 머무르지 않을 것이다."

이 말에 어리둥절하면서 물을지도 모른다.

"비어가는 농촌이 활기찬 농촌으로 변했고, 버려져 가는 농업이 매력 있는 농업이 되었다. 청년 실업 문제도 해결되었고, 세계 최강의 식량 중심국이 되었다. 여기에 머무르지 않고 또 어떻게 한단 말인가?"

여기에 머무를 수 없는 이유가 있다. 그 이유를 말한다.

"우리나라가 반드시 가야 할 곳이 있기 때문이다. 그곳에 가야만 IT 산업으로 인해서 잃어버렸던 많은 것을 찾을 수 있기 때문이다. 무엇보다 잃어버렸던 우리의 인간성을 되찾고 진정한 행복을 얻을 수 있기 때문이다. 그곳은 바로 LT 산업(생명산업)이다."

만일, 우리가 텔레비전, 냉장고, 세탁기 등을 만드는 전자산업에만 만족하고, 더 나아가 IT 산업으로 진출하지 않았다고 하면 오늘의 IT 강국 대한민국은 없었을 것이다. 마찬가지로, 농업에만 머무르고 LT 산업으로 진출하지 않는다고 하면 우리는 LT 강국이 될 수 있는 기회를 놓쳐버리고 말 것이다.

LT 산업이란 말은 아직 우리에게 생소한 단어이다. 지금은 생소하지만 앞으로 우리가 가장 많이 듣게 될 말이다. LT 산업은 다음과 같이 정의할 수 있다.

"LT(Life Technology) 산업이란 미생물, 식물, 동물, 곤충, 종자, 유전자, 기능성 식품, 물, 환경 등 생명과 관련된 제반 산업을 말한다."

이제 LT 산업이 어떤 분야인지 이해할 수 있을 것이다. 그래서 아마 다시 질문할 것이다.

"어떤 분야를 말하는지 이해가 되는군. 그런데 LT 산업에서 다루는 분야가 전혀 생소하지 않고 아주 익숙한 단어들인데, 그 LT 산업이 왜 갑자기 중요해진다는 거야?"

그 질문에 대한 대답은 간단하다.

"LT 산업은 우리 인류의 미래 주력 산업이 될 것이며 대한민국의 트로이 목마가 될 것이기 때문이다."

성급한 사람이라면 다시 질문할 것이다.

"LT 산업이 왜 미래 주력 산업이 되어야 한다는 거야? 그리고 왜 대한민국의 트로이 목마가 된다는 거야?"

그 이유는 다음과 같이 설명할 수 있다.

"LT 산업은 미개척 분야가 아주 많으며, 부가가치가 매우 높고, 특히 일자리 창출 기능이 대단히 크기 때문이다."

먼저, LT 산업에 미개척 분야가 아주 많다는 것은 개발 가능성이 무한하다는 뜻이다. 이 말에 얼른 동의하지 않을지도 모른다. 알기 쉽게 몇 가지 예를 들겠다.

"세균, 곰팡이, 바이러스 등 미생물 종류는 대략 520만 종으로 추산된다. 그 중에서 배양 가능한 것은 2%인 12만 종에 불과하다. 98%가 아직 연구되지 않았다는 뜻이다. 얼마나 많은 미개척 분야인가? 개발 가능성이 무한하지 않은가? 이 지구상에 있는 식물은 대략 30만 종으로 추산된다. 그 중에서 2% 정도만 성분과 기능이 연구되었다. 역시 98%가 미개척 분야이다. 무한한 개발 가능성이 있다는 뜻이다. 이 지구상에 존재하는 곤충은 대략 130만 종으로 추산된다. 역시 2% 정도만 연구되었으며 지상 최대의 미개발 자원이다."

10억 분의 1m 크기의 아주 미세한 세포 및 입자의 조직, 형상, 활동을 관찰하고 연구할 수 있는 나노(NT) 산업은 미개척 분야가 많은 LT 산업의 발전에 크게 활용될 수 있을 것이다.

다음은, LT 산업은 부가가치가 높다고 했다. 이 말에 고개를 옆으로 저을지도 모른다. LT 산업이 부가가치가 높다는 사실을 설명하기 위해서 예를 하나 들겠다.

"토마토, 파프리카의 종자 1g 가격은 금 1g 가격의 2~3배이다."

부가가치가 높다는 것은 경쟁력이 있고 따라서 사업성이 있다는 뜻이다.

마지막으로, LT 산업에는 일자리 창출 기능이 크다고 했다. 자동차, 조선, 반도체, 휴대폰 등 기존 산업의 일자리 추가 창출은 이미 한계에 도달했다. IT, ICT 기술의 등장으로 인해 일자리는 더욱 감소되었다. 앞으로 IoT, AI 등이 보편화될수록 사람의 일자리는 점점 줄어들게 될 것이다. LT 산업에 일자리 창출 기능이 큰 이유는 다음과 같이 설명할 수 있다.

"미개척 분야가 매우 많아 개발 가능성이 대단히 크다는 것이 첫 번째 이유이며, 인간의 두뇌와 손을 불필요하게 만드는 IT 산업과는 달리 인간의 두뇌와 손을 동시에 필요로 하는 산업이라는 것이 두 번째 이유이다. 뿐만 아니라 지금까지의 화학적 방법에 기초한 여러 가지 장비들(육묘상자, 이앙기 등)을 LT 산업에 기초한 장비들로 바꾸어야 하며, 이러한 장비 생산을 위한 많은 숫자의 일자리가 창출될 것이다."

따라서 우리가 LT 산업에 진입하기만 하면 마치 도깨비방망이에서 보물이 쏟아져 나오듯이 일자리가 마구 쏟아져 나올 것이다(p.100 참조). 위에 언급한 세 가지 이유 이외에도 LT 산업이 미래 주력산업이 되어야 하는 또 다른 이유들이 있다.

먼저, LT 산업은 세계 시장이 크다는 사실이다. LT 산업의 시장 규모는 자동차 시장보다 크며 IT 산업과 비슷하다. 정부 차원에서 육성시켜야 할 충분한 가치가 있는 산업이라는 뜻이다.

다음은, 우리나라에 LT 자원 보유량이 충분하다는 사실이다. 우리나라의 LT 자원 보유량은 미국, 중국, 일본, 러시아, 인도 다음으로 세계 여섯 번째이다. 말하자면 세계 6대 LT 자원 보유국이다. LT 산업을 육성시킬 수 있는 잠재력을 충분히 가지고 있다는 뜻이다.

또한, LT 산업은 국가의 중요한 현안 문제들을 대부분 해결할 수 있다는 사실이다. 즉 LT 산업은 식량 문제, 에너지 문제, 의약품 문제, 환경 문제, 기술 문제 등을 해결할 수 있다.

마지막으로, LT 산업은 국민화합 산업이라는 사실이다. 어떤 사업을 추진하면 반대 세력이 등장하여 민심이 분열되는 경우를 흔히 볼 수 있다. 그러나 LT 산업의 경우에는 그러한 민심 분열을 걱정할 필요가 없다. LT 산업과 관련하여 이념 간, 계층 간, 지역 간, 집단 간 갈등의 소지는 전혀 없으며, 오히려 국민 화합의 매체가 되어 전 국민을 하나로 뭉치게 할 수 있다.

이명박 대통령은 4대강 사업을 추진하면서 동시에 녹색성장을 부르짖었다. 4대강 사업을 추진하는 동안 온 나라가 시끄러웠지 않았는가? 환경을 살리느니 죽이느니 하면서 떠들썩했다. 그렇지만 4대강 사업은 강의 기본적인 기능을 죽이는, 흐르는 강을 흐르지 않게 만드는, 그래서 환경을 훼손하는 사업이라는 주장이 훨씬 더 설득력을 얻었다. 그러나 이 대통령이 추진한 녹색성장의 경우에는 전혀 논란이 없었다. 그 이유는 녹색성장은 LT 산업을 포함하고 있기 때문이다. 물론 이 대통령의 녹색성장은 앙꼬 없는 찐빵이었지만, 그래도 이름은 녹색성장이었으니 갈등의 소지가 없었다(제3장 참조).

박근혜 대통령은 일자리 창출을 위한 창조경제를 국정의 핵심으로 하였다(제3장 참조). 농업 분야의 경우에는 IT, ICT를 접목시킨 창조농업을 부르짖었다. 그러나 창조농업은 그 방향을 크게 잘못 설정하였다. 무슨 말을 그렇게 무례하게 하느냐고 따질지도 모른다. 절대로 무례한 말이 아니다. 내가 농업 분야에서 방향을 잘못 설정했다고 말하는 이유는 다음과 같다.

"농업의 내용을 새롭게 설정하는 것을 창조농업이라 해야 한다. 그런데 농업에 IT, ICT 기술을 접목하는 것을 창조농업이라 말했고 스마트 팜(Smart Farm)이라 일컬었다. 말할 수 없이 큰 착오였다."

IT, ICT는 우리 사회의 모든 분야에 이미 접목되고 있다. 예를 들어, 시내버스의 경우를 보자. 정류소마다 몇 번 버스가 어디쯤 오고 있는지 실시간으로 알 수 있다. 심지어 집에서도 자신이 버스를 타야 할 정류소에 자신이 탈 버스가 언제 도착하는지 정확하게 알 수 있다. IT, ICT를 접목한 결과이다. 그러나 그것을 우리는 창조교통이라 말하지 않으며 스마트 트래픽(Smart Traffic)이라 일컫지도 않는다.

농업에 IT, ICT를 접목하는 것을 반대하지 않는다. 농업도 시대의 흐름을 따라가야 하니까 당연히 IT, ICT를 접목해야 한다. 교통을 비롯한 모든 분야에 IT, ICT를 접목하듯이 말이다. 그러나 왜 IT, ICT를 농업에 접목하는 것을 창조농업이라 부르며 스마트 팜이라 일컬을까? 당연한 시대적 흐름의 한 부분일 뿐인데 말이다.

한 가지 안타까운 예를 들어보자. 해마다 특정 농산물이 과잉 생산되어 가격이 폭락하는 경우를 종종 본다. 그리고 또 어떤 농산물은 너무 적게 생산되어 가격이 폭등하는 경우도 자주 본다. 이런 일은 해마다 어김없이 되풀이되고 있다. 왜 이런 일이 해마다 연례행사처럼 되풀이되는 것일까?

어떤 농산물의 생산량이 적으면 그 농산물의 가격이 폭등하게 되고, 그 다음 해에는 농민들이 그 농산물을 너도나도 많이 재배한다. 그렇게 되면 그 농산물의 가격이 폭락하게 되고, 성난 농민들은 농작물 생산을 아예 포기하고 논밭을 갈아엎어 버리는 시위를 한다. 1년 동안 애써 가꾼 농작물을 갈아엎는 그 심정이 어떻겠는가?

정부 차원에서 생산량과 가격을 제어하고 관리할 수 있는 시스템을 만들어 이런 말도 안 되는 일이 발생하지 않도록 해야 할 것이다. 과잉 생산되어 농민들이 손해를 보는 일이 있어서도 안 될 것이며, 생산량이 너무 적어 소비자들이 피해를 보는 일도 없어야 할 것이다. 거창하게 창조농업이라 부를 필요도 없이 이런 부분부터 ICT를 접목해야 하지 않겠는가?

올해는 또 어떤 농산물의 가격이 폭락하여 농민들의 마음을 멍들게 할까? 또 어떤 농산물의 가격이 폭등하여 주부들의 마음을 움츠려들게 할까? 정부에 이를 조정하고 제어할 수 있는 시스템이 없는 것 같아 안타까운 마음에서 하는 말이다. 이런 아주 기본적인 문제도 해결하지 못하면서 ICT를 농업에 접목하는 것이 창조농업이라면서 요란하게 구호만 부르짖고 있다.

진정한 창조농업은 농업의 내용을 새롭게 발전시키는 것이어야 한다. 그리하여 농업을 새로운 산업 즉 신산업으로 만드는 것이어야 한다. 인기 없는 농업을 인기 있는 농업으로 탈바꿈시키는 것이어야 한다. 경쟁력 없는 농업을 경쟁력 있는 농업으로 새롭게 탄생시키는 것이어야 한다. 어떻든, 박 대통령의 창조경제 역시 그 밑바탕에는 농업을 통한 일자리 창출이라고 하는 LT 산업이 함께 하고 있었다. 따라서 창조경제를 추진한다고 해서 국론이 분열되고 민심이 양분되는 일은 없었다.

나는 자신 있게 주장한다.

"대한민국의 내일은 농업과 LT 산업에 달려 있다."

만일 대기업이 농민들의 환영을 받으면서 농업에 진출한다고 하면, 그 대기업은 분명 LT 산업에 과감하게 뛰어들 것이다. 그러나 대기업의 농업 진출이 불가능하여 생명환경농업공사가 설립될 경우, 생명환경농업공사가 용감하게 LT 산업에 뛰어들 것이다.

그렇다면 정부에서는 어떻게 해야 할 것인가? 이들이 LT 산업에 뛰어들 수 있도록 정부 차원에서 뒷받침해 주어야 할 것이다. 그래서 나는 강력하게 주장한다.

"정부 부처에 '생명산업부'를 신설해야 한다."

1994년 김영삼 대통령은 '정보통신부'를 만들었다. 당시 정보통신부를 만든 혜안과 결단력을 가진 김 대통령을 나는 진심으로 존경한다. 나는 김 대통령을 '우리나라 IT 강국의 아버지'라 부르고 싶다. 만일 김 대통령의 위대한 혜안과 결단이 없었다면 오늘의 IT 강국 대한민국은 절대 없었을 것이기 때문이다.

김 대통령은 체신부, 상공자원부, 과학기술처, 공보처에 산재해 있던 IT 관련 분야를 통합하여 정보통신부를 만드는 결단을 내렸다.

1994년 김 대통령이 정보통신부를 신설하여 오늘의 IT 강국 대한민국을 만들었듯이, 지금 이 순간 생명산업부를 신설하여 LT 강국 대한민국을 만들어야 한다. 그런 혜안을 가지고 있고, 그런 결단을 내릴 수 있는 용기 있는 대통령은 우리나라 역사에서 가장 훌륭한 대통령으로서 존경받을 것이라고 나는 확신한다.

지금 농림축산식품부, 해양수산부, 환경부, 보건복지부, 미래창조과학부, 국토교통부 등 여러 부처에 분산되어 있는 LT 관련 분야를 생명산업부에 흡수하여 통합 관리해야 한다. 그리하여 우리나라를 세계 최고의 LT 강국으로 만들어야 한다.

LT 산업이 왜 5차 산업혁명인가?

정부, 정치권, 언론이 모두 한목소리로 '4차 산업혁명'을 부르짖고 있다. 이처럼 온 나라가 모두 한목소리로 4차 산업혁명을 외치는 모습을 보면서 우리나라의 실업 문제는 더욱 심각해지고 사회 양극화는 한층 더 심화될 수밖에 없을 것이라는 불안한 생각이 든다.

왜 모두 4차 산업혁명을 그렇게 한목소리로 주장할까? 4차 산업혁명이 일어나게 되면 사람의 일자리가 사라지게 된다는 무서운 사실을 정말 모르고 하는 말일까? 사회 양극화가 한층 더 심화되고 경제민주화가 멀어지게 된다는 참담한 사실도 진짜 모르고 하는 말일까? 인간성 상실이라고 하는 비극이 우리를 기다리고 있다는 암담한 사실을 진정 모르고 하는 주장일까?

먼저 4차 산업혁명이 어떤 것이며 우리 삶에 어떤 영향을 미칠 것인지 한번 살펴보자. 전통 제조업체의 상징인 미국의 GE는 2020년까지 소프트웨어 기업이 될 것이라고 선언했다. 한편, 소프트웨어 회사인 애플과 구글은 자동차를 만들 것이라고 했다. 즉 제조 기업은 소프트웨어 회사로 변신을 시도하고, 소프트웨어 기업은 제조업에 뛰어들고 있다. 미국에서 시작된 이 변화가 바로 4차 산업혁명의 신호탄이었다.

1차 산업혁명은 증기기관을 통한 '기계적 혁명'이었다. 2차 산업혁명은 전기의 힘을 통한 '대량생산'의 시작이었다. 3차 산업혁명은 컴퓨터를 통한 '자동화'였다. 4차 산업혁명은 소프트파워를 통한 공장과 제품의 '지능화'이다.

3차 산업혁명의 '컴퓨터'는 생산, 유통, 소비 시스템을 자동화하는 정도였다. 그러나 4차 산업혁명의 '소프트파워'는 기계와 제품이 지능을 가지게 하고 그들을 인터넷 네트워크로 연결한다.

'다보스포럼'으로 알려진 세계경제포럼은 디지털 세계, 생물학적 영역, 물리적 영역 간 경계가 허물어지는 '기술융합'에 의한 혁명이 4차 산업혁명이라고 설명했다. 4차 산업혁명을 초래할 이 기술융합의 핵심에는 사이버물리시스템(CPS)이 있다. 로봇, 의료기기, 산업장비 등 현실 속 제품을 뜻하는 물리적인 세계(Physical System)와 인터넷 가상공간을 뜻하는 사이버세계(Cyber System)가 하나의 네트워크로 연결되어 집적된 데이터의 분석과 활용, 사물의 자동 제어가 가능해지게 된다.

그리하여 현실 세계의 모든 사물은 지능을 갖춘 사물인터넷(IoT)으로 진화하고, 이들 사물이 연결되어 제품 생산과 서비스가 완전자동으로 이루어지는 새로운 산업시대를 맞이하게 된다. 쉽게 말해 지능을 갖게 된 현실 세계의 아날로그형 사물들이 가상세계와 연결되어 생산과 서비스의 완전자동화가 가능해지는 새로운 산업사회를 4차 산업혁명이라 말할 수 있다.

4차 산업혁명은 구체적으로 어떤 모습으로 구현될까? 자동차는 인공지능 로봇이 들어가 원하는 목적지까지 자동으로 운전해 주는 자율주행 자동차로 바꾸어진다. 무인비행기 드론에 주소만 입력하면 정확하게 사람과 물건을 원하는 장소로 데려다준다. 원하는 것은 무엇이든지 3D 프린팅으로 생산하는 재료혁명이 일어난다. 심지어 사람의 인공장기도 생산할 수 있다. 스마트폰만 켜면 원하는 장소의 교통상황을 실시간으로 들여다볼 수 있고 최적의 교통안내를 받을 수 있다.

그 결과 온라인 세계와 오프라인 세계의 통합과 융합이 이루어져 사용자는 스마트폰과 같은 모바일 기기를 통해 지능적으로 사물을 제어할 수 있으며, 사이버 세계의 도움을 언제 어디서든지 받을 수 있는 혁명적인 생활의 변화가 일어나게 된다. 기계나 장비에 내장되어 있는 단순 프로그램이 인공지능으로 바뀌게 되고, 다른 장비와 센서를 통해 하나의 네트워크로 연결됨으로써 지구촌의 모든 사물이 기계적으로 연결된다.

지금까지 우리는 새로운 기술의 등장으로 인해 새로운 디지털 세상을 만나게 되었고, 새로운 제품과 서비스를 통해 높은 효율성과 함께 큰 기쁨을 체험했다. 스마트폰으로 택시를 부르고 항공권과 물건을 사고 음악도 듣고 영화도 보고 게임도 하는 등 새로운 경험을 하게 되었다는 말이다.

그러나 4차 산업혁명에 의한 미래의 기술혁명은 효율성과 생산성을 훨씬 더 향상시켜 줄 것이다. 운송, 광고, 통신비용이 줄어들게 되고, 물류와 글로벌 공급망이 훨씬 더 효과적으로 재편되면서 교역비용이 급감하게 된다.

그렇지만 4차 산업혁명은 더 큰 사회적 불평등 조성, 빈부 격차 심화, 특히 노동시장의 붕괴를 가져올 수 있다. 자동화로 기계가 사람을 대체하면서 저기술, 저임금 근로자와 고기술, 고임금 노동자 간 격차가 커지게 될 것이다. 특히 일자리 감소가 골칫거리로 등장하게 될 것이다. 또한 양극화에 대한 불만이 증폭되어 사회 문제로 등장하게 될 것이다.

지금까지 4차 산업혁명에 관한 다보스포럼의 발표 내용을 개략적으로 살펴보았다. 4차 산업혁명은 우리의 생활을 아주 편리하게 만들어줄 것이라고 하는 말에는 전적으로 동의한다. 생산성과 효율성을 높여주고 각종 비용을 절감시켜 줄 것이라는 말에도 공감한다. 그러나 4차 산업혁명은 우리가 전혀 예측하지 못한 심각한 문제점들을 가지고 있다.

지금까지 3차 산업혁명에 의한 IT 산업은 우리에게서 일자리를 빼앗아갔으며 우리가 있어야 할 자리마저도 기계에 넘겨주었다. 심지어 우리의 인간성마저도 앗아가 버렸다. 그래서 나는 IT에게 잠시 속도를 늦추어 달라는 부탁을 하고 싶다.

"IT야, 좀 천천히 가자."

그리고 우리에게 일자리를 제공해 주고 우리가 있어야 할 자리를 다시 찾아주고 특히 우리의 인간성을 회복시켜 줄 LT(Life Technology)에게 어서 와 달라는 부탁을 하고 싶다.

"LT야, 어서 우리에게 와 다오."

그런데 만일 IT가 천천히 가지 않고 속도를 내어 곧바로 4차 산업혁명이 일어난다고 하자. 지금 우리가 경험하고 있는 모든 문제점은 훨씬 더 심각해질 것이다. 즉 사람의 일자리는 계속 감소되어 실업자는 크게 증가할 것이며, 사회적 재화를 나누어 가질 수 있는 기회는 더 많이 사라져 부의 편중 현상은 더욱 심화될 것이다. 그 결과 사회 양극화 현상은 더욱 가속화될 것이며 우리나라의 경제 민주화는 요원해질 수밖에 없다. 경제 규모는 커지지만 저성장 탈피는 쉽지 않을 것이다. 우리는 편리해졌다고 좋아할 것이 아니라 오히려 불행한 삶을 호소해야 할 것이다.

아무 대책 없이 4차 산업혁명을 외쳐서는 안 된다. 거기에는 일자리도 없고, 기회의 균등도 없고, 우리의 먹거리도 없고, 경제 민주화도 없기 때문이다. 다보스 포럼이 지적했듯이 거기에는 부의 편중과 사회 양극화와 우리의 일자리 증발과 인간성 상실이 존재하기 때문이다. 그 결과 정신과 병원은 심리 상담을 원하는 사람들로 넘쳐나게 될 것이며 삶을 포기하는 자살자 숫자도 급증하게 될 것이기 때문이다.

4차 산업혁명을 뛰어넘는 또 다른 산업혁명을 동시에 일으켜 4차 산업혁명이 야기시킬 모든 문제점을 해결해 낼 수 있어야 할 것이다. 그것은 IT시대를 넘어, LT시대로 과감하게 진입하여 우리나라를 세계 최고의 LT 강국으로 만드는 것이다. 이것을 나는 '대한민국의 5차 산업혁명'이라 일컫고 싶다.

5차 산업혁명으로 사람의 일자리를 만들고, 사람이 있어야할 자리를 되찾고, 무엇보다 사라져가고 있는 인간성을 회복해야 할 것이다. 내가 이렇게 주장하는 이유를 이해하기 위해 LT 강국이 되면 어떤 분야가 어떻게 발전하게 되는지 살펴보자. LT 강국은 다음과 같이 정의될 수 있다.

"우리나라가 세계적인 식량강국, 에너지강국, 의약품강국, 환경강국, 기술강국이 될 때 진정한 LT 강국이 될 수 있다."

이렇게 질문할지도 모른다.

"농토가 좁은데 어떻게 '식량강국'이 될 수 있는가?"

넓은 농토에서 식량을 많이 생산해야만 식량강국이 될 수 있는 것은 아니다. 우리나라가 식량강국이 될 수 있는 방법은 얼마든지 있다. 차별화되고 차등화된 건강식품을 생산하는 식량강국, 우량 육질의 가축 및 어종을 개발하여 생산하는 식량강국, 곤충산업을 통한 고부가가치의 식량강국, 이런 것들이 우리가 만들어 낼 수 있는 식량강국이다.

차별화되고 차등화된 건강식품은 어떤 식품인가? 화학농약 대신 천연농약과 미생물을 사용하여 재배한 건강한 농산물 및 그 농산물로 만들어진 식품, 시멘트 바닥이 아닌 미생물 바닥에서 항생제 없이 사육된 가축으로부터 만들어진 건강한 고기, 환경친화적인 자연에서 생산된 식용곤충, 이런 식품이 차별화된 건강식품이다. 이러한 건강식품은 생명환경농업과 생명환경축산을 전국적으로 실시하면 된다(제4장 참조). 정부의 의지에 달려 있다.

또 이렇게 질문할 것이다.

"석유 한 방울 나지 않는 나라가 어떻게 '에너지강국'이 된단 말인가?"

지금까지는 그 질문이 옳았다. 지금까지의 에너지강국은 석유가 많이 생산되는 러시아, 사우디아라비아, 미국, 이란, 중국 등이었기 때문이다. 그러나 미래의 에너지강국은 달라질 것이다. 우리 인류의 미래 에너지는 LT 산업을 이용한 수소, 알코올 등이 될 것이기 때문이다.

지금의 화석연료는 많은 공해를 유발할 뿐만 아니라 자원량에도 한계가 있기 때문에 언젠가는 고갈될 것이다. 따라서 인류는 반드시 화석연료에 대한 대체 에너지원을 개발해야 한다. 수소, 알코올을 대체 에너지원으로 사용하는 LT 산업 에너지는 공해가 전혀 없으며 자원량도 무한하다. 미래의 에너지강국이 누가 되느냐 하는 것은 누가 얼마나 강한 의지를 가지고 얼마나 많은 투자를 하느냐에 따라서 결정될 것이다. 우리 정부와 대기업(또는 생명환경농업공사)이 강한 의지를 가지고 아낌없는 투자를 한다면 우리나라는 분명히 세계적인 에너지강국이 될 수 있다.

LT 강국의 또 하나의 분야는 '의약품강국'이다. 앞서 언급했듯이, 우리나라는 세계 6대 LT 자원 보유국이다. LT 자원이 의약품강국과 무슨 상관이 있느냐고 물을 수 있을 것이다. 그 질문에 대한 대답을 들어보라.

"살아 있는 생명에 모든 의약 성분이 함유되어 있다."

우리나라가 의약품강국이 될 수 있는 조건을 갖추고 있다는 뜻이다. 한때 전 인류를 공포에 몰아넣었던 신종플루의 예방약 타미플루는 중국의 토착 식물 스타아니스에서 추출되었다. 아스피린은 버드나무 껍질에서 추출되고 있다. LT 자원이 풍부한 우리나라는 강한 의지만 가지고 있다면 얼마든지 세계적인 의약품강국이 될 수 있다.

성급한 사람은 '환경강국'이라는 말에 화부터 낼지 모른다.

"우리나라가 어떻게 환경강국이 된단 말인가? 개천과 강과 바다에 살고 있던 많은 생물이 사라져버렸다. 해마다 찾아오는 바다의 적조와 강물의 녹조를 보라. 환경이 파괴되어 생태계가 모두 죽어버린 상황인데 환경강국이란 말은 천부당만부당한 말이다."

지금 우리나라의 환경이 파멸되어 있다는 지적은 옳다. 그렇다면 우리의 환경을 이렇게 만든 가장 중요한 원인이 무엇인가? 바로 농업에 사용하는 농약과 축산에서 발생하는 분뇨 아닌가? 그래서 환경강국이 되기 위한 정답을 말한다.

"생명환경농업(생명환경축산 포함)을 전국으로 확산시키자. 그리고 생명환경농업의 원리를 생활에 활용하자."

우리의 환경은 예상보다 훨씬 빠른 속도로 회복될 것이다. 그리고 우리나라는 환경강국이 될 수 있는 기반을 마련하게 될 것이다.

'기술강국'이라는 말에 아연실색하면서 이렇게 말할지도 모른다.

"기술강국은 LT 산업과 관계가 없지 않은가?"

전혀 그렇지 않다. 기술강국은 LT 산업의 중요한 부분이다. 그 이유를 다음의 말로서 대신한다.

"살아 있는 생명을 압도하는 기술은 그 어디에도 없다."

많은 기술이 생명으로부터 아이디어를 얻어 만들어졌다. 태양발전기는 부엉이 날개를 본떠서 만든 것이다. 짐바브웨의 그린빌딩은 아프리카의 흰개미 집을 본떠 만든 것으로 일반적인 냉난방 시스템이 없다. 무통 주삿바늘(아프지 않은 주삿바늘)은 모기 침에서 아이디어를 얻어 만들어졌다. 이처럼 살아 있는 생명에 중요한 기술의 비밀이 숨어 있다. 이를 생체모방기술이라고 일컫는다.

4차 산업혁명이 이루어지게 되면 일부 계층만이 많은 부(富)를 축적하게 되고 대다수의 사람들은 가난한 사회가 만들어지게 된다. 따라서 우리 사회는 불평등에 대한 불만을 표출하는 사람들이 넘쳐나는 '불만층 보편화'의 사회로 전락되고 말 것이다.

그러나 5차 산업혁명에서는 사회적 재화(財貨)를 모든 국민이 나누어 가질 수 있게 되고, 따라서 일부 계층에서 지나치게 많은 부를 축적할 수 있는 기회는 사라지게 된다. 그 결과 우리나라는 '고르게 부유해지면서' 행복한 사회가 만들어질 수 있을 것이다. 많은 사람들이 각자 주어진 분야에서 열심히 일하는 세상, 실직자가 거의 없는 생기 넘치는 세상이 만들어질 수 있을 것이다. 특히 4차 산업혁명으로 인해 잃어버렸던 우리의 인간성도 회복할 수 있을 것이다.

이것이 대선 때마다 후보들이 부르짖는 국민성장이며 공정성장이고, 혁신성장이며 동반성장 아닌가? 이것이 바로 대선 공약이었지만 지켜지지 못한 경제 민주화 아닌가?

4차 산업혁명과 아울러 5차 산업혁명을 이루어 낸 'LT 강국' 대한민국, '국민이 다 함께 행복한 대한민국'을 진심으로 기대한다.

생명환경농업이 왜 LT 산업의 중심인가?

1970년대 우리나라에서는 '산아제한 운동'이 거국적으로 일어났다. 당시 전문가들은 구체적인 자료까지 제출하면서 한목소리로 주장했다.

"2063년이 되면 우리나라 인구는 6억 명에 이르게 될 것이며, 한반도는 발 디딜 틈도 없어지게 될 것이다. 범국가적으로 적극적인 산아제한 운동을 펼쳐야 한다."

전문가들의 이러한 주장에 누구도 반대의 말을 하지 않았다. 언론에서도 산아제한 운동을 앞다투어 홍보했다. 정부에서는 자녀를 둘 이상 가져서는 안 되는 것처럼 목청을 높였다. 공무원의 경우 세 번째 자녀부터 가족수당도 지급되지 않았으며 병원의 의료보험 혜택도 박탈되었다. 시도별로 정관수술, 루프시술, 난관수술을 목표량까지 정해주기도 했다. 이런 사회 분위기이다 보니 자녀를 많이 가지게 되면 자신이 마치 야만인이 되는 것 같았고, 국가 정책에 반하는 사람인 것처럼 생각되었다. 그런 과정을 거치면서 우리들의 머릿속에는 자녀를 많이 가져서는 안 되는 것으로 뿌리박히기 시작했다.

우리나라 산아제한 운동은 대성공을 거두었다. 그 결과 우리나라의 출산율은 급속도로 감소하기 시작하여 세계 꼴찌를 기록한 지 몇 년째이며, 드디어 평균 출산율 1.13명이라고 하는 인구 절벽 상태에 직면하게 되었다. 학생 수가 모자라 많은 초등학교가 폐교되었고 그 여파는 중학교, 고등학교로 번져가고 있으며, 대학교 역시 학생 모집에 비상이 걸렸다.

당시 산아제한 운동을 그렇게 자신 있게 주장하던 전문가들은 지금 무엇이라고 변명할까? 산아제한 운동을 열심히 홍보하면서 그 문제점에 대해서는 입 다물고 있던 언론들은 지금 꿀 먹은 벙어리가 되어버렸다. 그런데, 산아제한 운동이 한창이던 당시 어떤 사람이 이런 주장을 했다고 가정해 보자.

"산아제한 운동을 당장 중단해야 한다. 산아제한 운동을 계속하게 되면 우리나라는 머지않아 인구 감소 문제가 심각한 사회 문제로 부상하게 될 것이다. 지금 우리는 오히려 인구증가 운동을 적극적으로 펼쳐야 한다. 자녀를 많이 가진 부모의 경제적 부담을 덜어줄 수 있는 방안을 범국가적으로 마련해야 한다. 세 번째 자녀부터는 국가에서 특별히 경제적인 지원을 해 주어야 한다. 맞벌이 부부가 자녀 양육 문제를 전혀 걱정하지 않도록 정부 차원의 대책을 마련해야 한다."

이 주장에 대해서 모두 어떤 반응을 보였을까? 그 사람의 주장을 귀담아들었을까? 만일 그 사람의 주장을 받아들여 산아제한 운동을 중단하고 인구증가 운동을 범국가적으로 펼쳤다고 가정해 보자. 그리하여 자녀를 많이 가져도 전혀 걱정할 필요가 없는 사회적 시스템이 확립되었다고 가정해 보자. 어떻게 되었을까? 나는 자신 있게 말하고 싶다.

"오늘 우리 사회의 심각한 문제점인 출산율 감소 문제는 발생하지 않았을 것이다."

지금 우리 사회에는 4차 산업혁명을 부르짖는 목소리만이 울려 퍼진다. 5차 산업혁명을 주장하는 지금의 내 심정은 온 나라가 산아제한 운동을 부르짖고 있을 때 인구증가 운동을 주장하는 사람의 바로 그 심정이다. 다시 한번 나의 주장을 말한다.

"4차 산업혁명과 함께 5차 산업혁명을 동시에 추진하여 4차 산업혁명이 야기하는 문제점을 해결해야 한다."

그리고 나는 주장한다.

"5차 산업혁명인 LT산업의 중심은 생명환경농업이어야 한다."

생명환경농업이 LT산업의 중심이 되어야 하는 이유는 명백하다.

"생명환경농업은 LT산업이 다루고 있는 미생물, 식물, 동물, 곤충, 종자, 유전자, 기능성 식품, 환경, 물 등의 내용을 모두 포함하고 있는 유일한 산업이기 때문이다."

생명환경농업이 LT산업의 모든 내용을 포함할 수 있게 된 이유는 다음과 같이 설명할 수 있다.

"생명환경농업은 일체의 화학물질을 사용하지 않고 천연농약, 천연비료, 미생물을 사용하여 토양을 적극적으로 살린다. 그리하여 논 습지를 죽음의 습지에서 생명의 습지로 바꾸고 토양을 살아 있는 흙으로 바꾸어, 생태계를 복원시키고 생물 다양성을 복원하는 중요한 역할을 하기 때문이다."

생명환경농업은 화학농업과 친환경농업을 두 가지 면에서 수술함으로써 이처럼 중요한 역할을 할 수 있게 된다.

먼저, 생명환경농업은 농업의 주체를 수술한다. 화학농업과 친환경농업에서는 농업의 모든 과정을 결정하는 주체는 농약회사와 비료회사이며 농민은 농업노동자의 위치에 있다고 말할 수 있다. 주체인 농약회사와 비료회사에서 농업의 모든 과정에 필요한 농약과 비료를 제조하여 판매하며, 농민은 그 농약과 비료를 구매하여 회사에서 제시한 지침에 따라 사용한다. 그러나 생명환경농업에서는 농약회사와 비료회사가 배제되며, 농민이 주체가 되어 농업의 모든 과정을 결정한다. 따라서 농약과 비료를 전혀 구매하지 않고 우리 주변에 있는 여러 가지 천연 재료들을 이용하여 농민이 직접 농약과 비료를 제조한다(그림 1, 그림 2). 여러 종류의 천연농약과 천연비료를 제조하는 과정에 대한 체계적이고 심도 있는 실험과 연구는 농업을 단순한 식량산업에서 LT산업으로 탈바꿈시킨다.

그림 1 생명환경농업에서 사용하는 천연농약 제조용 식물

그림 2 생명환경농업에서 사용하는 천연비료

다음은, 농작물과 토양을 바라보는 농민의 시각을 수술한다. 화학농업에서는 농작물과 토양을 생명을 가진 생명체로 보지 않고 수익을 창출하기 위한 하나의 도구로만 바라본다. 만일 농작물과 토양을 생명체로 바라보았다면 지금처럼 농약을 무차별적이고 무자비하게 사용할 수 없었을 것이다. 화학농업을 한 마디로 표현하면 '농약회사와 병해충의 끝없는 전쟁' 이라고 말할 수 있다. 일찍이 미국의 생물학자 레이철 카슨은 농약의 사용과 관련하여 이렇게 말했다.

"병해충은 농약 살포 후 생존 능력이 더욱 강해져 이전보다 오히려 그 수가 더 많아진다. 따라서 인간은 이 화학전에서 결코 승리를 거두지 못하며 격렬한 포화 속에 계속 휩싸일 뿐이다."

지속적인 농약의 사용은 모든 생태계를 파멸시키고 있다. 생명이 없는 토양, 그 토양 위에서 온갖 종류의 농약을 마셔가면서 자라는 농작물, 그 농산물로부터 만들어진 음식을 아무 생각 없이 먹는 소비자들, 여기에는 생명이란 단어가 무시되어 버린다. 더욱 심각한 것은 농약이 살충제의 역할만 하는 것이 아니라 농민과 소비자의 목숨을 빼앗는 살생제가 되어버렸다는 사실이다. 부끄럽게도 우리나라의 농약 사용량과 농약으로 인한 사망자 숫자는 당당히 세계 1위의 자리를 지키고 있다.

친환경농업은 화학농약과 화학비료 대신 친환경농약과 친환경비료를 사용한다. 따라서 생명 자체를 아예 무시하는 화학농업보다 훨씬 인간적이며 생명을 존중하는 농업이라고 할 수 있다. 그러나 친환경농업에서는 토양을 적극적이고 효과적으로 살려내기가 현실적으로 매우 어렵다. 그뿐만 아니라 친환경농업은 '고비용 저수확'이라고 하는 구조적인 문제점을 가지고 있으며 따라서 경쟁력을 가질 수 없다.

생명환경농업에서는 농작물과 토양을 바라보는 시각을 완전히 바꾼다. 즉 농작물과 토양을 수익 창출을 위한 도구로만 바라보는 것이 아니라 생명을 가진 생명체로 바라본다. 따라서 건강하고 튼튼한 농작물을 기르기 위해 노력하며 살아 숨 쉬는 토양을 만들기 위해 애쓴다. 농작물과 토양에 햇빛이 잘 들고 공기가 잘 통하게 함으로써 농작물 자체가 건강하게 잘 자라도록 하며 병해충의 발생도 훨씬 줄어들도록 한다. 이를 위해 생명환경농업에서는 씨를 뿌리거나 모종을 심을 때 화학농업이나 친환경농업과 비교되는 아주 중요한 원칙을 지킨다.

"생명환경농업에서는 씨를 뿌리거나 모종을 심을 때 간격을 훨씬 넓게 한다."

이 원칙에 대해서 바로 이렇게 반박할지도 모른다.

"훨씬 넓은 간격으로 씨를 뿌리거나 모종을 심으면 수확이 적을 것 아닌가?"

너무 당연한 질문이며 옳은 질문이다. 그러나 생명환경농업에서는 이 질문이 틀린 질문이 되어버린다. 그 자세한 이유는 다음 장에서 설명한다. 여기서는 씨를 뿌리거나 모종을 심을 때 훨씬 넓게 함으로써 생명환경농업이 LT산업의 중심이 된다는 사실을 이해하기 위해 대표적인 농작물인 벼의 경우를 예로써 설명하겠다. 그 원리는 다른 모든 농작물에 똑같이 적용된다.

벼를 기르기 위해서는 먼저 육묘상자에 볍씨를 뿌려 모를 키운다. 이 모가 어느 정도 자라면 논에 옮겨 심는다. 이를 모내기라 일컫는다. 화학농업과 친환경농업에서는 모를 키우기 위해 육묘상자에 1,500~2,000개의 볍씨를 좁은 간격으로 흩어 뿌린다. 이렇게 모를 키우는 방법을 산파식(散播式)이라 한다. 좁은 간격으로 뿌려진 많은 숫자의 볍씨들은 자라면서 뿌리가 서로 얽혀 뒤범벅된다. 모내기할 때 얽혀 있던 이 뿌리들은 찢어지면서 논에 심어진다. 다시 말해서 모내기할 때 모의 뿌리가 상처를 입을 수밖에 없다는 뜻이다.

이 상처를 없애고 모를 튼튼하게 키우기 위해 수술을 행한 것이 바로 생명환경농업에서 하는 점파식(點播式) 육묘방법이다. 점파식 육묘에서는 육묘 상자 안에 들어 있는 400개의 포트에 각각 2~3개씩의 볍씨를 뿌린다. 즉 넓은 간격으로 씨를 뿌린다. 여기서 각각의 포트는 서로 격리되어 있다(그림 3). 따라서 같은 포트 안에 심어져 있는 2~3개의 뿌리는 당연히 서로 얽히겠지만 다른 뿌리들과는 얽힐 염려가 전혀 없다. 모내기할 때 이 포트를 그대로 논에 옮겨 심는다. 모내기한 모의 뿌리가 상처를 전혀 입지 않는다는 뜻이며, 건강한 모가 논에 심어진다는 말이다.

산파식 육묘　　　　　　　　　　　　　　점파식 육묘

그림 3 화학농업 및 친환경농업의 산파식 육묘와 생명환경농업의 점파식 육묘 비교

산파식 육묘에서 자란 모는 모내기한 후 3~4일 지나야 토양에 뿌리를 내리면서 곧게 일어선다. 그러나 점파식 육묘에서 자란 모는 모내기한 후 3~4시간만 지나도 토양에 뿌리를 내리면서 곧게 일어서게 된다. 그 이유는 모의 뿌리가 상처를 전혀 입지 않고 튼튼하기 때문이다.

모내기한 후 3~4시간 지나 모가 곧게 일어선다는 것은 벼가 건강하게 자랄 수 있다는 뜻이다. 3~4일이 지나 곧게 일어서는 벼는 그만큼 건강하지 못하며 따라서 여러 가지 병해충이 쉽게 발생할 수 있다는 뜻이다. 다시 말해서 생명환경농업의 점파식에서는 벼가 태생적으로 건강하며 따라서 각종 병해충에 대해서 강한 저항력을 가지고 있다. 또한 벼의 뿌리가 땅속 깊이까지 뻗어 나갈 수 있기 때문에 태풍과 같은 자연재해에 대한 저항력도 커진다(그림 4, 그림 5).

생명환경농업 벼　　　화학농업 및 친환경농업 벼

그림 4 생명환경농업 벼의 뿌리는 화학농업이나 친환경농업 벼의 뿌리보다 2배 정도 더 깊이 내려간다.

〈화학농업 및 친환경농업〉
쓰러짐 현상이 나타나고 있다

〈생명환경농업〉
쓰러짐 현상이 나타나지 않는다

그림 5 태풍에서 벼의 쓰러짐 현상 비교

산파식 육묘를 모내기할 때는 육묘상자에서 모를 7~8개씩 찢어내어 평당 70~80 포기 심는다. 다시 말해서 아주 좁은 간격으로 모내기를 한다. 그러나 생명환경농업의 점파식에서는 포트를 평당 45~50개(포기) 심는다. 즉 아주 넓은 간격으로 심는다. 따라서 햇빛이 잘 들고 공기가 잘 통할 수 있게 된다.

화학농업과 친환경농업에서는 모내기하기 전에 논에 화학비료와 친환경비료를 각각 살포한다. 화학농업에서 살포하는 화학비료는 토양을 점점 무기질화시켜 결국 농작물이 자랄 수 없는 죽음의 흙으로 만들어 버린다. 친환경농업에서 살포하는 친환경비료는 화학비료처럼 토양을 죽음의 흙으로 만들지는 않지만 그렇다고 해서 땅을 활발하게 살려내지도 못한다.

생명환경농업의 놀라운 비밀이 바로 여기서 등장한다. 그 비밀은 화학비료와 친환경비료 대신 미생물을 논에 살포하는 것이다. 농민들

(1) 미생물 채취 : 나무상자에 고두밥을 넣어 창호지로 덮어 부엽토에 7~10일 보관한다.

(2) 미생물 배양 : 미생물과 흑설탕을 1:1의 비율로 혼합하여 7~10일 보관한다.

(3) 배양된 미생물을 물로 500~1,000배 희석하여 미강에 수분 65~70% 되도록 하여 볏짚, 낙엽 등으로 덮어서 미생물을 확대 배양한다.

그림 6 미생물 배양 과정

이 직접 배양하여(그림 6) 살포하는 이 미생물은 아주 빠른 속도로 번식하게 되며 지렁이를 비롯한 각종 소생물들의 훌륭한 먹이가 된다. 그리하여 논에는 화학농업으로 인해 사라졌던 멸종 2급인 긴꼬리투구새우 등 각종 희귀생물들이 나타나게 된다(그림 7).

이렇게 살아 있는 토양에서 충분한 햇빛을 받고 시원한 바람을 마시면서 자라는 벼는 튼튼하고 건강하다. 이 벼들이 자라는 논에는 수많은 종류의 생물들이 마치 축제라도 개최하는 것처럼 무리를 지어 살고 있다. 이렇게 죽음의 논 습지가 생명의 논 습지로 바뀌면서 생명환경농업이 LT산업의 중심임을 증명하고 있다.

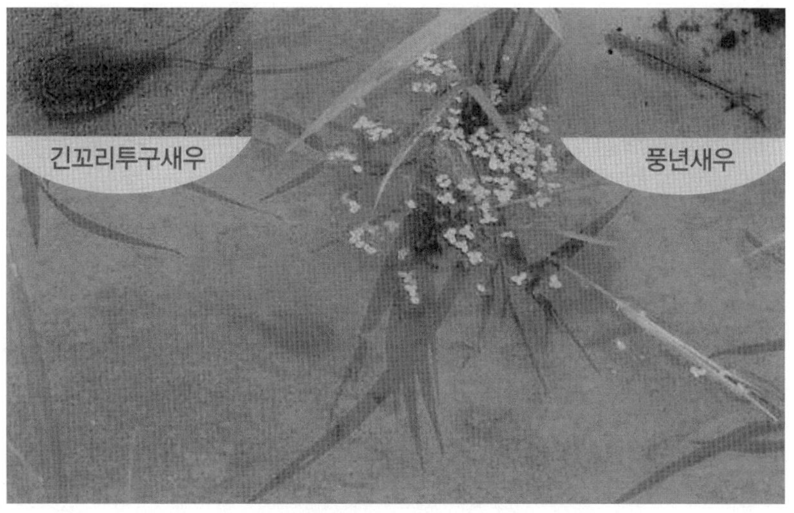

그림 7 멸종 2급 긴꼬리투구새우의 출현

1970년대에 산아제한 운동이 거국적으로 일어났을 당시에는 아무도 그 문제점과 해결 방안을 말하지 않았다. 그러나 나는 지금 4차 산업혁명의 문제점과 해결 방안을 강력하게 주장하고 있다. 만일 나의 이 주장이 옳음에도 불구하고 정부, 정치권, 언론에서 귀를 기울이지 않고 있다가 수십 년 후 큰 재앙이 닥쳤을 때 그 책임은 누가 질 것인가? 지금 산아제한 운동의 결과에 대해서 모두 입 다물고 있듯이 그때도 모두 입 다물고 있을 것인가? 산아제한 운동이 잘못되었음을 깨닫는 데에는 40년이라는 세월이 필요했지만, 지금 내가 주장하는 4차 산업혁명의 문제점에 대한 깨달음은 훨씬 더 빠르게 우리에게 찾아올 것이다.

빌리 브란트의 용기가 필요하다

오늘날 우리 농업에서 가장 심각한 문제점은 농약을 아무런 제제 없이 마구 사용한다는 사실이다. 농약으로 인해 지구 환경은 파멸되어 가고 인류 건강은 악화되어가며 농업 자체는 지속 불가능해져 가고 있기 때문이다. 그런데 우리는 왜 이 문제투성이의 농약을 포기하지 못하고 계속 고집하고 있을까? 농약과 같은 화학적 방제 대신 생명환경농업에서 실천하는 천적, 천연농약과 같은 생물학적 방제가 왜 널리 확산되지 못할까? 1962년 '침묵의 봄'이라고 하는 책에서 레이철 카슨은 이렇게 말했다.

"화학적 방제를 열렬히 옹호하는 사람 중에 뛰어난 곤충학자가 많다는 사실은 하나의 미스터리다. 이 학자들의 배경을 조사해보면 농약회사들로부터 연구비를 지원받는다는 사실이 드러난다. 전문가로서 명성, 때로는 자신의 직업 자체가 화학적 방제의 성공 여부에 달려 있다. 이런 사람이 자기를 먹여 주고 입혀 주는 그 손을 물어뜯을 수 있겠는가? 농약이 무해하다는 이들의 주장을 믿을 수 있겠는가?"

그는 생물학적 방제에 관한 연구가 화학적 방제에 관한 연구에 비해서 그 조건이 너무 열악하다는 사실을 이렇게 말하고 있다.

"응용곤충학자의 2%만이 생물학적 방제 분야에서 일하고 98%는 화학 살충제에 관한 연구에 몰두한다. 그 이유가 무엇일까? 농약회사들은 살충제 연구와 관련해 여러 대학에 많은 연구비를 퍼붓는다. 대학원생들을 위한 매력적인 연구원 자리를 제공하는 것은 물론 직원으로도 채용한다. 하지만 생물학적 방제 연구에는 지원하지 않는다. 생물학적 방제는 화학적 방제처럼 확실한 이윤을 보장하지 않기 때문이다. 결국, 생물학적 방제는 정부가 맡게 되고, 관련 업무의 임금은 훨씬 낮은 수준에 머무를 수밖에 없다."

이러한 안타까운 현실은 세월이 흐른 지금 이 순간에도 변하지 않고 있다. 지금 이 분야에서 박사 학위를 받거나 여러 연구소에서 일하는 전문가들의 경우에도 마찬가지일 것이다. 그러나 진정으로 우리 국민의 건강을 걱정하고 우리 인류의 미래를 생각한다면 화학적 방제가 아닌 생물학적 방제에 더 많은 관심을 가지고 더욱 심도 있는 연구를 해야 할 것이다. 영국의 F. H. 제이컵(F. H. Jacob) 박사는 안타까운 마음을 이렇게 표현하고 있다.

"이른바 응용곤충학자라는 사람들은 살충제 분무기가 구원을 가져다준다는 신념을 갖고 활동하는 듯하다"

"화학 살충제가 곤충의 반격이나 내성, 포유류에 대한 독성 등의 문제를 일으킬 경우 또 다른 살충제를 준비해 발표할 것이다."

곤충 방제 분야의 선구자인 캐나다의 A. D. 피켓(A. D. Picket) 박사는 전문가들이 사명감을 가져주기를 바라면서 이렇게 말했다.

"응용곤충학자들은 자신들이 살아 있는 생명체를 다루고 있음을 깨달아야 한다…. 그들의 임무는 단순히 살충제를 실험하거나 고도의 파괴적인 화학물질을 찾아내는 것 이상이어야만 한다."

우리 후손들에게 좋은 세상을 물려주기 위해서 지금이 바로 그러한 사명감을 발휘해야 할 마지막 기회라는 생각을 지울 수 없다. 내가 이렇게 말하는 이유는 지금 우리는 옛날과 달리 암으로 인해 많은 고통을 받고 있으며, 우리 인간이 만들어내었고 많은 연구비가 투입되면서 계속 만들어지고 있는 농약이 바로 대표적인 암 유발물질이기 때문이다. 농약을 비롯한 화학물질이 어떻게 암을 유발하는지에 대해서 독일의 생화학자 오토 바르부르크(Otto Warburg) 박사는 이렇게 설명했다.

"우리가 화학물질을 소량이라도 섭취하게 되면 정상세포의 '호흡작용'이 방해를 받게 되고 세포에서 '에너지 생성'이 저해된다. 적은 양의 화학물질이라도 이런 일이 몇 번이고 반복되면 심각한 해를 입게 된다. 호흡에 치명적인 독소 때문에 세포가 죽기도 하지만, 간신히 살아남은 세포들은 부족한 에너지를 보충하기 위해 애쓴다. 손상을 입은 세포는 많은 양의ATP(Adenosine Triphosphate : 생명체를 가동하는 에너지)를 만들어내는 효율적인 회로를 작동할 수 없어 원시적이고 덜 효과적인 '발효'를 통해서 에너지를 만들려 노력하는데, 이 노력은 장시간 계속된다. 발효는 세포분열 과정 내내 계속되고 그 이후 만들어진 세포들 역시 비정상적인 방식인 발효를 통해 에너지를 만들어낸다. 일단 변칙적 방식으로 호흡하게 된 세포는 1년이나 10년 또는 몇십 년이 지나도 정상적인 호흡을 할 수 없다. 잃어버린 에너지를 되찾으려 힘겹게 노력하는 살아남은 세포는 더 많은 발효를 통해 에너지 손실을 보충하려 한다. 마침내 발효로 만들어지는 에너지의 양이 호흡으로 만들어지는 에너지의 양과 같아지는 순간에 도달하게 된다. 바로 이 시점이 정상 체세포가 암세포로 바뀌는 순간이다."

바르부르크 박사는 소량의 화학물질에 의해서 암이 어떻게 유발하는지 이렇게 설명했다.

"미량의 화학물질을 반복 흡수하는 것이 다량을 한 번 흡수하는 것보다 더 위험하다. 다량의 화학물질을 한 번 흡수하면 세포가 바로 죽지만 소량을 반복적으로 흡수하면 세포들이 상해를 입은 채로 살아남게 된다. 이렇게 살아남은 세포가 암세포로 전이되는 것이다. 발암물질에 '안전치'가 존재할 수 없는 이유가 바로 여기에 있다."

농약의 피해가 이처럼 심각함에도 불구하고 그 심각성에 대해서 누구도 목소리를 높이지 않는다. 내가 시도한 생명환경농업은 화학적 방제 대신 생물학적 방제를 사용하여 우리 생태계를 살리고 인류 건강을 지키며, 농업을 LT산업의 중심으로 만들기 위한 우리 농업의 혁명이다.

이번에는 축산의 경우를 살펴보자. 오늘날 축산에서 가장 큰 문제점은 정부로부터 예산을 지원받아 건축하는 소위 '현대식 밀폐형 축사' 그 자체다. 아파트처럼 2층 또는 3층 구조로 되어 있으며 축사 바닥은 시멘트로 되어 있다. 내부에는 냉난방 장치도 되어 있다. 생명환경축산에서는 바로 이 축사 자체를 수술하려고 한다. 밀폐형으로 되어 있는 것을 개방형으로 바꾸고, 축사 바닥은 시멘트가 아닌 미생물 바닥으로 바꾼다. 2층 또는 3층인 것을 1층으로 바꾼다.

문제는 축산 농가에서 지금의 밀폐형 축사가 중증의 질환이라는 사실을 전혀 인정하지 않는다는 것이다. 자금을 지원해준 정부 역시 그러한 사실을 아예 인정하려고 하지 않는다. 만일 그 사실을 인정하게 되면 지금까지의 정부 정책이 잘못되었음을 시인하는 결과가 되고 말 것이기 때문이다.

밀폐형 축사는 외부와의 접촉을 차단하고 있다. 따라서 일반인들은 축사 내부를 살펴볼 수 없다. 축산 분뇨는 한 곳으로 모아 축분 처리시설에서 처리한다. 그러나 축사 바닥에서 흘러 한곳으로 모이는 과정에서 그리고 축분 처리 과정에서 축분이 흘러나올 수 있으며 냄새도 날 수 있다. 우리가 축사 부근을 지나면 악취가 나는 이유는 이 때문이다.

밀폐형 축사의 경우에는 축사 내부로 햇빛이 전혀 들어오지 않는다. 바깥으로부터 시원한 공기도 물론 들어오지 않는다. 단위 면적당 마릿수가 많아 가축의 본능이라고 할 수 있는 운동도 제대로 할 수 없다. 가축이 받는 스트레스가 얼마나 크겠는가? 우리 사람에게도 스트레스는 만병의 근원이라고 하지 않는가? 이들 가축이 먹는 사료에는 여러 가지 항생제와 방부제가 들어 있다. 이런 사료를 건강한 사료라 할 수 없지 않은가? 스트레스를 많이 받으며, 건강하지 못한 사료를 먹고 자라는 가축은 각종 질병에 대한 저항력이 매우 약하다. 구제역이나 조류인플루엔자(AI)가 발생하면 가축들이 맥을 추지 못하는 이유가 여기에 있다. 2010년 구제역이 발생했을 때 350여만 마리의 돼지를 생매장해야만 했으며, 2016년 AI 발생 시에는 무려 3,000여만 마리의 닭을 생매장해야만 했다는 사실은 이를 설명해준다.

이러한 밀폐형 축사, 얼마나 중증의 질환인가? 이러한 가축으로부터 얻어진 고기를 건강 먹거리라 할 수 없지 않은가? 미국 프린스턴 대학의 피터 싱어 교수와 변호사이자 농부인 짐 메이슨은 이러한 축사의 실태를 '동물공장' 이라는 책으로 썼다. 이 책에서 저자들은 가축을 단지 수익 창출을 위한 도구로만 바라보는 시각을 강하게 비판했다.

생명환경축산에서는 이러한 중증의 질환을 가진 밀폐형 축사를 허물고 개방형 축사를 건축하는 대수술을 시도한다. 누구든지 축사 가까이 다가갈 수 있으며 가축들이 생활하는 모습도 지켜볼 수 있다. 축사 안으로 따스한 햇볕이 들고 시원한 바람도 들어온다. 축사는 1층 구조이며, 바닥은 시멘트 바닥 대신 미생물이 많이 서식하는 미생물 바닥이다. 단위 면적당 마릿수를 절반 이상으로 감소시킨다. 따라서 가축들이 본능에 따라 마음대로 활동하고 뛰어놀 수 있다. 가축을 수익 창출을 위한 도구로만 바라보는 것이 아니라 생명을 가진 생명체로 바라본다는 뜻이다. 이런 환경에서는 가축들이 전혀 스트레스를 받지 않는다.

가축이 배설하는 분뇨는 축사 바닥의 미생물에 의해서 모두 발효되어 버린다. 따라서 악취가 전혀 나지 않으며 대신 발효로 인한 향긋하고 연한 누룩 냄새가 난다. 사료에는 방부제나 항생제를 사용하지 않는다.

이러한 환경에서 생활하는 가축은 체질적으로 건강하며, 구제역이나 AI와 같은 질병에 강한 저항력을 가지고 있다. 2010년의 구제역이나 2016년, 2017년의 AI와 같은 참사는 절대로 발생하지 않는다. 이러한 가축으로부터 만들어진 고기는 훌륭한 건강 먹거리이다. 축분이 발생하지 않기 때문에 환경에도 나쁜 영향을 미치지 않는다. 오히려, 가끔 수거하는 축사 바닥의 미생물은 토양을 비옥하게 하는 훌륭한 퇴비가 되어 환경을 살릴 수 있다.

우리 축산의 대수술인 생명환경축산을 추진하기 위해서 가장 중요하고 시급한 것은 이 수술이 필요하다는 사실을 정부와 축산인들이 인정하는 것이다. 그런데 지금 상황은 어떠한가? 수술은커녕 오히려 밀폐형 축사를 건축하도록 정부에서 자금을 지원해 주고 있다.

상황이 이러하니 우리나라 축산을 중증의 질환으로부터 해방시키기 위한 축산의 수술이 얼마나 힘들고 어려운 일이겠는가? 지금까지 현대식 축사란 명목으로 예산까지 지원해 주면서 장려하고 있었는데, 지금 와서 그 축사를 무너뜨리고 새로운 축사를 건축하라고 말한다는 것을 감히 상상이나 할 수 있겠는가? 문재인 대통령이 AI에 대한 근본적인 대책을 세우라고 지시했지만, 해당 부처에서는 이 본질적인 문제를 언급조차 하지 않고 있는 이유다.

1970년 12월 7일 폴란드의 바르샤바 추모지를 찾았던 빌리 브란트 서독 총리를 생각해 보자. 그는 2차 세계대전 때 독일 나치에 의해 희생된 유대인의 위령탑 앞에서 헌화하던 도중 갑자기 털썩 무릎을 꿇었다. 현장에 있던 사람들은 빌리 브란트의 갑작스러운 행동에 당황했다. 일부에서는 총리가 현기증으로 쓰러진 줄 알았다. 그는 무릎을 꿇은 채 오랫동안 고개를 숙이고 묵념하면서 진심으로 사죄를 올렸다.

"우리의 실수였습니다. 다시는 이런 일이 없도록 하겠습니다."

12월의 추운 겨울날 위령탑 앞 콘크리트 바닥은 차가웠지만, 빌리 브란트의 참회는 뜨거웠다. 빌리 브란트의 이러한 행동은 폴란드와 독일뿐 아니라 전 세계에 알려졌다. 서독 총리의 과감한 행동은 그동안 전범 국가 독일에 대해 가지고 있던 세계인들의 선입견을 완전히 바꾸어 놓았다. 빌리 브란트의 진심이 담긴 사죄는 서방 국가뿐만 아니라 공산 진영 국가들의 마음도 흔들어 놓았다.

언론 인터뷰에서 빌리 브란트는 자신의 행동에 대해 '인간이 말로써 표현할 수 없을 때 해야 할 행동을 했을 뿐이다' 라고 말했다. 세계 언론들은 빌리 브란트의 이 사죄를 '무릎을 꿇은 것은 한 사람이었지만 일어선 것은 독일 전체였다' 라고 평했다.

이것은 빌리 브란트가 시작한 독일 통일 프로젝트, 나아가 유럽 전

그림 8 바르샤바 추모지에서 무릎 꿇은 빌리 브란트

체의 평화와 통합을 향해 나아가는 동방정책의 상징적인 출발점이었다. 빌리 브란트는 한 나라의 총리로서 누구도 할 수 없는 용기 있는 행동을 했다. 그의 용감한 행동은 전 세계를 감동시켰다. 그는 전 세계인들로부터 용기 있는 지도자로서 뜨거운 지지를 받았다.

잘못을 인정하는 일은 대단히 큰 용기가 없으면 불가능한 일이다. 우리는 지금 그러한 용기를 가져야 할 시점이다. 독일의 위대한 총리 빌리 브란트의 용기를 배우자.

농업인들도, 농약회사들도 지금의 화학농업이 우리 농업 자체를 파멸시키고 있음을 인정하자. 지구 환경을 죽이고 인류 건강을 파괴하고 있음도 인정하자. 지금의 친환경농업으로는 경쟁력이 없다는 사실도 인정하자. 농약과 같은 화학적 방제 대신 생물학적 방제를 활용하겠다고 하는 용기를 발휘하자. 축산의 경우에도 마찬가지다. 정부 담당자도, 축산인도, 소위 현대식 밀폐형 축사가 중증 질환임을 인정하자. 역사적인 용기를 내어 생명환경축산을 받아들이자.

농업인, 농약회사, 정부 담당자, 축산인은 무릎을 꿇지만, 대한민국 농업과 축산은 우뚝 일어설 수 있을 것이며, 우리나라는 세계적인 농업강국, 축산강국이 될 수 있을 것이다. 세계 제일의 미래 식량 중심국으로 우뚝 설 수 있을 것이다.

성스러운 소와 트로이 목마

01
성스러운 소와 트로이 목마

성스러운 소를 죽여야 한다

'큰 생각 전략'의 저자인 미국 컬럼비아대 번트 슈미트 교수가 몇 년 전 한국에 왔다. 그의 강연 내용 일부를 소개한다.

"틀에 박힌 생각들을 쓰레기통에 처박아버려라. 그리하여 우리가 가지고 있는 통념과 성역을 깨어 버려라."

"힌두교에서는 소를 성스럽게 생각한다. 지금 우리 기업과 조직에 '성스러운 소'가 없는지 한 번 살펴보자. 여기서 성스러운 소란 '비판과 의심이 허용되지 않는 관습이나 제도나 관행'을 일컫는 말이다. 인도에서 소를 죽인다는 것은 상상도 할 수 없는 일이다. 그러나 우리 기업과 조직에 성스러운 소가 있다면 죽여야 한다."

성스러운 소를 죽이라는 말은 무슨 뜻인가? 비판과 의심이 허용되지 않는 관습이나 제도나 관행을 과감하게 던져 버리라는 말이다. 다시 말해서, 우리가 가지고 있는 타성과 고정관념을 용감하게 버리라는 말이다.

우리 농업에서 농약(화학비료, 합성농약, 제초제)은 비판과 의심이 허용되지 않는 성스러운 소가 되어 있다. 농사를 짓기 위해서는 반드시 농약을 사용해야 한다고 굳게 믿고 있다는 말이다. 경남 고성군수로서 내가 선언하고 실천한 생명환경농업에서는 농약을 전혀 사용하지 않고 농민들이 직접 만든 천연농약을 사용한다. 따라서 생명환경농업을 실천한다는 것은 우리 농업의 성스러운 소를 죽이는 일이다. 나는 이 성스러운 소를 죽이기 위해서 군수직까지 걸어야 했다. 그리고 마침내 나는 고성에 있는 이 성스러운 소를 죽이는 일에 성공했다. 즉, 생명환경농업을 성공시켰다는 말이다. 그리고 나는 주장했다.

"경남 고성군에서 생명환경농업을 시도하여 성공했다. 이제 생명환경농업을 전국으로 확산시키고 정착시키는 것은 정부의 몫이어야 한다."

내가 강조한 내용이 무슨 뜻인가? 고성군에 있는 성스러운 소를 죽였으니 이제 전국에 있는 성스러운 소들을 정부에서 죽여 달라는 뜻이다. 농촌 군수인 내가 경남 고성에 있는 한 마리의 성스러운 소는 죽일 수 있어도, 전국에 있는 성스러운 소들을 모두 죽이는 것은 현실적으로 불가능하기 때문에 정부를 향해 외친 절규였다.

내가 고성에 있는 한 마리의 성스러운 소를 죽인다 하더라도, 시간이 경과하면 전국에 있는 성스러운 소들이 고성으로 이동해 올 것이다. 따라서 전국에 있는 성스러운 소들을 모두 죽여야 한다. 그래야 성스러운 소는 우리나라에 다시 나타나지 않을 것이다. 내가 정부를 향해 목소리를 높인 이유이다.

그러나 중앙정부의 누구도 관심을 가지지 않았다. 생명환경농업 현장을 방문했던 대통령도, 생명환경농업 연구소를 다녀간 국무총리도, 생명환경농업 현장을 세 차례나 방문한 농림부 장관도, 우리 지역 국회의원도, 생명환경농업에 대해서 큰 관심을 가져 주지 않았다. 정치권의 모 인사가 내게 말했다.

"생명환경농업이 그렇게 좋은 사업이면 고성군에서 추진하면 되지 않습니까? 왜 굳이 정부더러 추진하라고 합니까?"

그 말은 고성에 있는 성스러운 소만 죽이는 것이 아니라 전국에 있는 성스러운 소들을 모두 죽여야만 하는 이유를 모르고 하는 말이다. 생명환경농업은 지금까지의 농업 방식을 완전히 바꾸는 새로운 농업 방식이다. 화학농업이나 친환경농업을 개선하는 것이 아니라 이들과는 전혀 다른, 우리 농업의 혁명이다. 모든 혁명에는 저항이 따르듯이 생명환경농업의 실천에도 엄청난 저항이 있었다.

한 번 생각해 보라. 우리가 믿고 있던 종교를 바꾼다는 것이 쉬운 일이 아니지 않은가? 농사 방법도 일종의 종교와 같았다. 농민들은 수십 년 동안 자신들이 해 오던 농사 방법을 마치 신앙처럼 굳게 붙들고 있었다. 인도에서 소를 성스럽게 모시듯이 말이다.

농업에서 농민들이 가지고 있는 고정관념을 보면서 나는 우리나라 정치가 만들어 놓은 지역감정을 생각해 보았다. 영남지방에서는 보수 정당을, 호남지방에서는 진보 정당을 지지하고 있다. 가만히 생각해 보면 도저히 이해가 되지 않는 기막힌 사실 아닌가?

오래전 영남을 대표하는 정치인 김영삼 대통령이 보수 정당을, 호남을 대표하는 정치인 김대중 대통령이 진보 정당을 이끌고 있었다. 그래서 당시에는 그런 지역적 정서를 이해할 수 있다고 하자. 그러나 그 두 분은 이미 돌아가셨다. 그럼에도 불구하고 두 지역민의 머릿속에 깊이 박힌 정서는 아직도 변하지 않고 있다. 왜 그 정당을 좋아해야 하는지 그 이유도 모르면서 말이다. 아무 이유 없이 영남 지역 사람들은 보수 정당을, 호남 지역 사람들은 진보 정당을 지지한다. 말도 안 되는 정서 아닌가? 그럼에도 불구하고 이 정서를 깨뜨린다는 것이 얼마나 힘든 일인가?

농업과 관련하여 우리 농민들이 가지고 있는 생각 역시 그러한 지역감정과 크게 다르지 않다는 생각을 했다. 앞서 언급한, 농업에 대해서 우리 농민들이 가지고 있는 고정관념 즉 성스러운 소를 다시 한번 말한다.

"농사를 짓기 위해서는 농약을 사용해야 한다."

이 고정관념을 깨뜨린다는 것은, 즉 이 성스러운 소를 죽인다는 것은 마치 종교를 바꾸라고 종용하는 것처럼 어려웠다. 마치 선거에서 지역감정을 무너뜨리라고 종용하는 것처럼 힘들었다.

우리 농민들이 가지고 있는 또 하나의 무서운 고정관념 즉 성스러운 소를 소개한다.

"소, 돼지, 닭을 사육하는 축사에서는 냄새가 나는 것이 당연하며, 축산 분뇨는 축분 처리시설을 이용하여 처리해야 한다."

오늘날의 밀폐형 축사로부터 나오는 축산 분뇨의 처리 문제는 사회적인 골칫거리가 되어 있다. 따라서 축사를 건축하거나 축분 처리시설을 건축하기 위해서는 집단 민원과 전쟁을 해야 한다. 겨우 민원을 해결하는 경우에도 엄청난 보상금을 지급해야 한다.

그러나 이미 설명한 바와 같이 생명환경축산의 개방형 축사에서는 악취가 전혀 나지 않는다. 대신 연한 누룩 냄새가 날 뿐이다. 옛날의 향수를 불러일으키는 거부감 없는 냄새이다. 그뿐만 아니라 축분을 별도로 처리하지 않아도 된다. 축분이 미생물에 의해서 저절로 발효되어 버리기 때문이다. 내가 이런 사실을 말하면 축산을 하는 사람들의 반응은 냉담하다 못해 아주 거칠다.

"군수님, 지금 농담하는 겁니까? 축사에서 냄새가 나지 않는다는 게 말이 됩니까? 축산 분뇨를 처리하지 않아도 된다는 것은 또 무슨 말입니까? 희한한 요술 방망이라도 가지고 있단 말입니까?"

말다툼하듯 덤벼오는 이런 사람들을 어떻게 설득할 수 있겠는가? 그래서 필요한 것이 체계적인 교육이다. 생명환경농업(생명환경축산 포함)에 관한 교육과 더불어 먹거리의 안전성에 대한 교육, 환경의 중요성에 대한 교육을 함께 해야 할 것이다. 그런 체계적인 교육을 통해서 우리 농민들의 머릿속에 뿌리 깊이 박혀 있는 농약에 대한 맹신을 떨쳐내고 아울러 축산에 관한 고정관념도 떨쳐내야 할 것이다. 즉 우리 농민들이 가지고 있는 성스러운 소를 죽여야 한다는 말이다.

생명환경농업을 추진하기 위해서 가장 중요한 것은 농업(축산 포함)에 관한 타성과 고정관념을 깨뜨리는 것이다. 즉, 성스러운 소를 죽이는 것이다. 그러나 잘 알다시피 타성과 고정관념을 깨뜨리고 혁신을 일으킨다는 것이 얼마나 힘들고 어려운 일인가? 인도에서 성스러운 소를 죽여서는 안 되는 것처럼 농업에 관한 타성과 고정관념을 깨뜨리는 것은 난공불락(難攻不落)이라는 표현이 적당할 것 같다. 미국 속담 하나를 소개한다.

"Known evil is better than unknown angel"

'잘 모르는 천사보다는 알고 있는 악마가 더 마음이 편하다'는 말이다. 변화를 싫어하고 현상을 유지하고자 하는 인간의 본성을 꼬집은 것이다. 말하자면 지금 처해 있는 상황이 불만족스럽고 새로운 상황이 더 만족스럽다 하더라도, 새로운 상황으로 이동해 가는 것을 싫어한다는 말이다. 타성과 고정관념을 버린다는 것이 얼마나 어렵고 힘든지를 극단적으로 표현한 것이다.

왜 우리 인간은 타성과 고정관념을 깨뜨리기가 이토록 힘든 것일까? 인간 두뇌의 질량은 몸 전체의 2%에 불과하다고 한다. 그러나 가장 편안한 상태에서도 두뇌는 우리 몸 에너지의 약 20%를 소모한다고 한다. 그만큼 우리 두뇌가 소모하는 에너지가 크다는 뜻이다. 만일 우리가 어떤 생각에 몰입하게 되면 두뇌의 에너지 소모량은 급격히 증가하게 되며, 우리는 즉시 피로를 느끼는 상황에 도달하게 된다. 그래서 우리의 두뇌는 피로를 느끼지 않기 위해서 가능하면 에너지를 적게 소모하려는 경향이 있다. 이것이 바로 우리가 타성에 빠지는 이유이며 고정관념에서 벗어나기 힘든 이유라고 한다.

이러한 이유 때문에 사람들은 어떤 사물이나 상황에 대해서 한번 판단하고 나면, 그와 유사한 사물이나 상황에 대해서는 다시 생각하거나 평가하지 않고 거의 무의식적으로 기존의 관념 즉 고정관념을 사용하려는 강한 경향을 가지고 있다.

런던 비즈니스스쿨의 게리 해멀 박사는 소니가 고정관념에 사로잡혀 혁신을 일으키지 못한 원인을 소니의 최상층 경영진이 대부분 50대 이상의 아날로그 세대였기 때문이라고 진단했다. 그래서 소니가 아날로그에서 디지털로 넘어가는 과정이 다른 기업보다 몇 년 늦었다고 했다.

그렇다면 농업에서 고정관념을 버리고 혁신을 일으키자고 말한다면 어떨까? 지금 농사를 짓고 있는 사람들은 대부분 70대가 주류를 이루고 있다. 아날로그 중의 아날로그 세대 아닌가? 평생을 지금의 방식으로 농사를 지어온 사람들이다. 그 사람들에게 농업에 관한 고정관념을 깨뜨리고 새로운 농사 방법을 시도하여 혁신을 일으키자고 말한다면 그 사람들이 얼마나 힘들고 어렵겠는가?

농업에 대해서 농민뿐만 아니라 우리 국민 모두가 가지고 있는 고정관념 즉 성스러운 소가 있다.

"농업은 경쟁력이 없다."

아마 대부분의 사람은 어릴 때부터 농업은 경쟁력이 없고 매력이 없으며 돈을 벌 수 없는 산업이라고 들어왔을 것이다. 아니 산업이라는 말조차 붙이기 싫었을 것이다. 농사를 천직으로 알면서 평생 농사를 지어온 사람들조차 절대로 자기 자식은 농업에 종사하지 못하게 한다. 이것이 농업에 대한 많은 사람의 선입견이며, 이 선입견은 시간이 지나면서 타성과 고정관념으로 굳어 버렸다. 절대로 죽여서는 안 되는 성스러운 소가 되어버렸다는 뜻이다.

고정관념은 무섭다. 사찰은 깊은 산 속에 있다고 생각하는 것은 우리가 가지고 있는 고정관념이다. 옛날에는 사찰이 산속에 있었기 때문에 우리가 그렇게 생각해버렸고 고정관념으로 굳어버렸다. 그렇지만 오늘날에는 깊은 산 속에 있는 사찰보다 시내 한복판에 있는 사찰의 수가 더 많다. 꽃에 관해서도 우리는 고정관념을 가지고 있다. 우리는 꽃은 좋은 향기를 가지고 있다고 생각하고 있다. 그러나 그러한 우리의 생각은 고정관념일 뿐 사실은 좋은 향기를 가진 꽃은 불과 10%에 불과하며 90%의 꽃은 냄새가 없거나 나쁜 냄새를 가지고 있다.

이제 우리는 농업에 관한 타성과 고정관념을 과감하게 깨뜨리고 떨쳐버려야 한다. 즉 농업에 있는 성스러운 소를 죽여야 한다. 우리나라 농업의 국제 경쟁력을 향상시키기 위해서이며, 우리의 환경을 보호하기 위해서이며, 우리 국민의 건강을 지키기 위해서이다.

생명환경농업은 대한민국의 트로이 목마

번트 슈미트 교수의 강연은 계속 이어진다.

"트로이 목마야말로 큰 생각을 가장 잘 보여주는 신화이다. 아가멤논은 그리스의 훌륭한 장군이었다. 그러나 똑같은 전법을 되풀이하면서 10년 동안 지루한 전쟁만 계속하다가 트로이의 함락에 실패했다. 결국 트로이를 함락시킨 사람은 오디세이였다. 트로이에 선물로 바치는 대형 목마에 아군을 몰래 태우고 가서 하룻밤 만에 트로이를 함락시키는 승리를 거두었다."

똑같은 전법에 매달리는 고정관념 때문에 10년 동안 지루한 전쟁만 계속하고 트로이 함락에 실패한 아가멤논과 고정관념을 과감히 탈피하여 목마를 사용함으로써 트로이를 함락시킨 오디세이는 실패의 이유와 승리의 이유를 극명하게 보여 주었다. 그리하여, 오디세이의 '트로이 목마' 는 고정관념의 과감한 탈피가 승리를 가져올 수 있다는 하나의 상징이 되었다.

우리 농업을 오늘의 위기에서 구해내고 우리나라에 산업적, 사회적 승리를 안겨줄 수 있는 트로이 목마는 무엇일까? 나는 자신 있게 주장한다.

"우리 농업의 트로이 목마는 바로 생명환경농업이다."

트로이 목마로 인해 그리스는 그렇게 갈망하던 승리를 얻을 수 있었다. 생명환경농업은 우리 농업의 트로이 목마가 되어 쓰러져가는 우리 농업을 구하고 비어가는 농촌을 활기넘치는 농촌으로 만들고 우리 농민들에게 '행복'이라고 하는 값진 선물을 안겨줄 수 있을 것이다.여기서 나의 주장을 다시 한번 정리한다.

"우리 농업에서 성스러운 소가 되어 있는 농약 사용을 당장 중단하자. 그리고 트로이 목마인 생명환경농업으로 우리 농업을 경쟁력 있고 매력 있는 산업으로 만들자. 그리하여 우리나라를 세계 제일의 농업강국, 식량강국으로 만들면서 우리 청년들에게 새로운 '신산업' 일자리를 마련해 줄 수 있도록 하자."

그리스 신화에 '시시포스의 저주'라는 이야기가 나온다. 시시포스는 못된 짓을 많이 했기 때문에 그에 대한 벌로 커다란 바위를 산꼭대기로 밀어 올려야만 했다. 그런데 산꼭대기에 이르면 바위는 다시 아래로 굴러떨어진다. 시시포스는 아래로 굴러떨어진 바위를 다시 산꼭대기로 밀어 올려야만 했다. 따라서 시시포스는 이러한 고역을 영원히 되풀이해야만 했다. 말하자면 똑같은 힘든 일을 반복적으로 해야만 하는 저주를 받았다.

오늘날 우리 농민들이 마치 시시포스의 저주를 받는 것과 같다는 생각이 든다. 건강에 좋지 않은 농약을 해마다 살포하는 위험한 일을 반복해야 하니 말이다(그림9). 우리 농민만 그러한가? 농약을 섭취하고 자란 농작물로 만들어진 음식을 반복해서 먹어야 하는 도시의 소비자들도 시시포스의 저주에 걸린 것은 마찬가지라는 생각이 든다.

시시포스는 씻을 수 없는 큰 잘못을 저질렀기 때문에 그런 저주를 받았지만, 우리 농민들은 아무 잘못도 저지르지 않았는데 왜 이런 저주를 받아야 할까? 도시의 소비자들 역시 아무 잘못도 저지르지 않았는데 말이다.

그림 9 농약을 살포하는 모습

이제, 우리 이 시시포스의 저주를 벗어버리자. 우리가 잘못을 저질러서 벌로서 받게 된 저주가 아니라, 우리가 자초해서 받는 저주 아닌가? 따라서 우리가 마음만 먹으면 언제든지 그 저주에서 벗어날 수 있다. 우리가 해야 할 일은 단 한 가지이다.

"농업에서 성스러운 소를 죽이고 트로이 목마를 살려내는 것이다."

성스러운 소는 우리 농민들이 애지중지하는 농약이다. 트로이 목마는 바로 생명환경농업이다. 따라서 농약 사용을 중단하고 생명환경농업을 추진하는 것이 성스러운 소를 죽이고 트로이 목마를 살려내는 것이다.

아무도 예측하지 못한 아이디어로 트로이를 함락시킨 오디세이의 트로이 목마! 우리 농업에서 생명환경농업은 아무도 예측하지 못한 트로이 목마가 될 것이다. 그런데 그 트로이 목마는 지금 경남 고성군에 꼭꼭 숨어 있으며 아무도 눈여겨보지 않고 있다. 만일 그 트로이 목마를 찾아내어 전국적으로 실천하게 되면 어떤 결과가 만들어질까?

"우리 농업은 오늘의 위기에서 벗어나 우리 시대의 '신산업'으로 새롭게 태어날 것이다."

사실 나는 대학에서 농학을 전공하지 않고 공학을 전공한 사람이다. 그런 내가 농촌 군인 경남 고성군의 군수직을 수행하면서 농업에 깊은 관심을 가지게 되었고, 어떻게 하면 농업을 경쟁력 있는 산업으로 만들 수 있을까 고심하고 또 고심했다. 그 결과 생명환경농업(생명환경축산 포함)을 시도하여 성공시키는 기적을 만들어 내었다.

그러나 생명환경농업을 전국으로 확산시키고 정착시키는 것은 시골 군수가 할 일이 아니라 정부 차원에서 해야 할 대단히 중요한 일이라는 사실을 깨달았다. 우리 농업의 패러다임을 바꾸는 너무나 거대한 사업이기 때문이다.

생명환경농업을 전국적으로 실시하면서 이를 체계화하고 조직화하면 우리나라의 일자리 문제가 완전히 해결될 수 있다고 하는 놀라운 사실을 밝힌다(p.52 참조). 어떻게 그것이 가능한지 살펴보자. 육묘상자, 이앙기, 로터리 등을 비롯한 모든 농업장비는 지금의 농업을 기본으로 하여 만들어졌다. 생명환경농업은 우리 농업의 구조 자체를 바꾸는 것이기 때문에 이러한 장비들을 모두 교체해야 한다. 엄청나게 많은 숫자의 그 장비들을 생산하기 위해서는 지금의 생산 인력으로는 도저히 감당할 수 없을 것이다. 여기에서 창출되는 일자리 숫자가 결코 적지 않을 것이다.

10ha의 논밭을 관리하기 위해서는 대략 3명의 인원이 필요하다. 전국의 논밭 면적 160만 ha를 체계화하고 조직화하면 약 50여만 명의 인원이 필요할 것이다. 생명환경농업을 추진하기 위한 미생물, 한방영양제, 천혜녹즙, 천연농약 등의 생산을 위해서도 많은 시설과 인력이 필요할 것이다. 이 일자리는 아주 새롭게 만들어지는 일자리로서 그 숫자를 헤아리기 어렵다. 제초제 대신 우렁이를 사용해야 하기 때문에 우렁이를 사육하는 시설과 인력이 만들어져야 한다. 그 숫자는 얼마이겠는가?

전국의 논밭에 만들어져 있는 용수로와 배수로의 시멘트 바닥을 흙바닥으로 교체해야 하며 사라져버린 둠벙을 다시 복원하는 역사적 사업도 추진해야 한다. 이 사업들을 위해서 필요한 인력은 또 얼마이겠는가? 밀폐형 축사를 개방형의 생명환경축사로 바꾸는 과정에서도 많은 일자리가 만들어질 것이다. 그뿐만 아니라 생명환경축산에서 반드시 사용해야 하는 미생물과 톱밥 생산을 위한 시설과 장비의 유지 및 관리에도 많은 숫자의 일자리가 창출될 것이다. '빗물관리' 시스템을 새롭게 만드는 사업에도 많은 일자리가 창출될 수 있을 것이다. 생명환경농업과 생명환경축산을 위해서는 조직적이고 체계적인 교육이 지속적으로 이루어져야 한다. 이 일자리는 또 얼마인가? 우리 사회의 심각한 일자리 문제는 생명환경농업을 통한 LT산업의 등장과 함께 완전히 해결될 수 있을 것이다.

참으로 흥분되고 가슴 두근거리는 일 아닌가? 실업자 숫자가 100만 명에 육박하는 오늘의 현실을 생각하면 더욱 그렇다. 실제 실업자 숫자는 450만 명이라고 하는 보도까지 나왔으니 더더욱 그렇다. 그러나 이 엄청난 사실에도 불구하고 대부분의 사람은 전혀 흥분되지도 않고 가슴 두근거리지도 않을지 모른다. 그 이유는 다른 산업도 아닌 농업을 누가 매력 있는 직장으로 생각하고 근무하기를 원하겠는가 하는 의구심 때문이다. 지금까지 농업은 청년들이 기피하는 대표적인 산업이었기 때문에 이러한 반응이 나오는 것은 어쩌면 당연한 일인지도 모른다. 이러한 심각한 상황에서 나는 제안한다.

"트로이 목마인 생명환경농업을 정부에서 주도하여 추진하자. 트로이 목마가 그리스에 큰 승리를 안겨 주었듯이, 생명환경농업은 우리나라에 큰 승리의 선물을 안겨 줄 것이다. 대한민국의 명운을 걸고 생명환경농업을 범국가적으로 추진해 보자."

나는 진심으로 묻고 싶다. 농업 아닌 다른 어떤 산업에서 오늘의 청년 실업 문제를 해결할 수 있으며 청년 일자리 창출이 가능한가? 오늘날 많은 사람이 관심을 가지는 ICT, IoT, AI 등에서 얼마나 많은 일자리가 창출될 수 있는가? 오히려 일자리를 감소시킨다고 생각해 보지는 않았는가?

대학을 졸업해도 만족할 만한 일자리 구하기가 힘든 것이 오늘의 현실이다. 그렇다고 이제 막 대학을 졸업한 사람에게 농업을 직장으로 권유했다간 무슨 핀잔을 들을지 모른다. 그러나 대학 졸업생들이 아무리 주위를 살펴보아도 만족스럽게 일할 수 있는 직장이 없다. 이것이 오늘날 우리의 슬픈 현실이다.

결론적으로 말해서, 생명환경농업은 농업을 가장 경쟁력 있는 산업으로, 젊은이들이 가장 선호하는 산업으로, 가장 매력 있는 직장으로 바꿀 수 있는 요술 방망이다.

말도 안 되는 소리 하지 말라면서 나를 비웃는 사람이 많을 것이다. 어쩌면 나를 정신 나간 사람으로 몰아붙일지도 모른다. 그러나 나는 경남 고성군수로 재직하면서 직접 시도하여 경험한 내용을 바탕으로 하여 진지하게 말하고 있다. 지금 우리 사회의 주요 산업을 아무리 쥐어짜 본들 일자리가 우르르 쏟아질 리 만무하다. 지금 우리 사회에서 일자리를, 그것도 가장 양질의 일자리를 창출해 낼 수 있는 산업은 아무리 생각해도 생명환경농업 이외에는 그 어디에도 없다.

화학농업이 경쟁력을 가질 수 없고 미래농업이 될 수 없는 이유는 인류 건강을 해치고 지구 환경을 파멸시키는 농업이라고 하는 사실 때문이다. 한편, 생명환경농업이 경쟁력을 가질 수 있고 미래농업이 될 수 있는 이유는 인류 건강을 지키고 지구 환경을 보호하는 농업이라고 하는 사실 때문이다. 그뿐만 아니라 생명환경농업은 친환경농업과는 달리 '저비용 다수확' 이라고 하는 아주 좋은 구조를 가지고 있으며, 따라서 우리나라를 세계적인 농업 강국으로 만들 수 있기 때문이다. 생명환경농업을 우리 농업에 나타난 트로이 목마라고 하는 이유도 바로 이러한 사실 때문이다.

화학농업에서는 흙이 살아 있을 수 없으며, 따라서 농작물도 튼튼하게 자랄 수 없다. 여러 가지 병해충에 시달릴 수밖에 없는 것이 화학농업의 본질이다. 그러나 생명환경농업에서는 흙이 살아 있고, 따라서 농작물도 자생력을 가지고 튼튼하게 자랄 수 있다. 병해충의 발생이 적을 뿐만 아니라 병해충에 대한 농작물의 저항력도 아주 강한 것이 생명환경농업의 본질이다.

화학농업과 생명환경농업의 이러한 차이를 눈으로 확인하고도 화학농업을 고집한다. 도저히 이해할 수 없는 일 아닌가? 런던 비즈니스 스쿨의 도널드 설 교수는 이러한 현상을 '활동적 타성'이라는 말로 설명했다. 환경이 변화함에도 불구하고 과거의 성공 방식을 끝까지 고집하는 경우를 활동적 타성이라고 했다. 파괴적인 기술 혁신이 일어나는 것을 눈으로 보면서도 과거의 성공 방식에 집착함으로써 실패의 늪에 빠져버리는 경우를 일컫는 말이다.

이러한 활동적 타성은 전쟁 역사에서도 좋은 예를 찾아볼 수 있다. 18세기 초 프로이센은 사선전투(斜線戰鬪) 대형을 잘 활용함으로써 전쟁에서 승리할 수 있었고, 그 결과 유럽의 맹주가 될 수 있었다. 그러나 100년이 지난 1806년 예나 전투에서 프로이센군은 나폴레옹이 이끄는 프랑스군에게 대패하고 말았다. 그 이유는 바로 프로이센군이 자랑하던 사선전투 대형 때문이었다. 사선전투 대형은 나폴레옹 군대처럼 여기저기 흩어져서 지형지물 뒤에 매복하고 기습전을 벌이는 변칙적인 전술에는 매우 부적합했다. 그러나 프로이센군에게는 100년 동안 사선전투 대형이 타성과 고정관념으로 고착되어 있었고, 그 결과 그런 대참패를 맛보았다.

농약은 오늘날의 농업을 무척 편리하게 해 주었고, 수확량을 증가시켜 주었으며, 각종 병해충과 잡초를 퇴치하는 데 큰 역할을 했다. 그 결과 농약 사용이 우리 농민들에게 타성이 되어 석고처럼 굳어져 버렸다. 마치 프로이센군의 사선전투 대형처럼 말이다.

우리가 타성과 고정관념에서 벗어나 혁신을 한다는 것이 왜 그렇게 어렵고 힘든 것일까? 그 이유는 앞서 설명한 바와 같이 우리의 두뇌를 편하게 하기 위해서이다. 즉 두뇌는 가능한 에너지를 적게 사용하려는 경향이 있으며, 그 방법의 하나가 고정관념에 의존하는 것이다.

이러한 현상을 스탠퍼드 대학의 폴 데이비드 교수와 브라이언 아서 교수는 '경로 의존성'이라는 개념으로 설명하고 있다. 우리는 한 번 일정한 경로에 의존하기 시작하면 나중에 그 경로가 비록 비효율적이라는 사실을 안다 하더라도 여전히 그 경로를 벗어나지 못하는 습관을 지니고 있다는 것이다. 농약이 좋지 않은 것을 알면서도 계속 사용하는 이유도 일종의 경로 의존성 때문일 것이다.

이제 우리 모두 활동적 타성과 경로 의존성에서 과감하게 벗어나는 용기를 발휘하자. 우리 모두 농업에 대한 타성과 고정관념을 버리고 혁신을 이루어내자. 그래야만 농업을 우리 시대의 신산업으로 만들 수 있다. 그래야만 대한민국을 세계적인 농업 강국으로 만들 수 있다. 그 일은 농업에서 성스러운 소가 되어 있는 농약을 과감하게 버리고 트로이 목마인 생명환경농업을 추진하는 것이다.

현실적이고 합리적인 법 개정과 제정

"배우자가 있는 자가 간통한 때는 상간한 자와 함께 2년 이하의 징역에 처한다."

우리 형법 241조의 내용이다. 그러나 이 법은 2015년 2월 26일 헌법재판소가 위헌 결정을 함에 따라 폐지되었다. 따라서 이 법은 이제 유효한 법이 아니다. 1953년 제정된 이 법은 배우자가 있는 사람이 배우자가 아닌 사람과 성관계를 가진 경우 그 사람과 상간자를 처벌하기 위한 법 조항이었으며, 배우자의 고소가 있어야만 성립하는 친고죄였다. 이 법은 법률이 개인의 은밀한 사생활 영역을 규율한다는 이유로 끊임없이 논란이 되다가 결국 역사 속으로 사라졌다.

간통했을 경우를 생각해 보자. 2015년 2월 25일까지는 2년 이하의 징역이라고 하는 무거운 벌을 받아야 했지만, 지금은 아무런 벌도 받지 않는다. 이 얼마나 커다란 차이인가? 법이란 그만큼 큰 위력을 가지고 있다.

축사 건축과 관련한 법을 살펴보자. '가축 분뇨의 관리 및 이용에 관한 법률 시행규칙 제8조'의 내용을 소개한다.

"처리시설의 천장, 바닥 및 벽은 돌 또는 가축 분뇨 등이 스며들거나 흘러나오지 아니하도록 방수재료로 만들거나 방수재를 사용하여야 한다."

여기서 '처리 시설'이라 표현한 것은 사실은 '축사'를 의미한다. 말하자면 가축이 분뇨를 배설하고 그 분뇨가 쌓이는 축사 바닥도 축분 처리시설로 간주한 것이다.

지금 우리나라에서 축사 건축 허가를 받기 위해서는 바닥을 시멘트로 포장해야만 한다. 시행규칙 제8조에 시멘트라는 단어는 없다. 돌 또는 가축 분뇨 등이 스며들거나 흘러나오지 아니하도록 방수재료나 방수재를 사용하도록 규정하고 있을 뿐이다. 그렇다면 방수재료, 방수재는 오직 시멘트뿐이라는 뜻이다. 축사 바닥을 시멘트로 포장하지 않으면 환경부서 담당 공무원이 축사 준공 허가를 해 주지 않기 때문에 하는 말이다. 여기서, 이런 질문을 해 보자.

"시멘트 축사 바닥이 과연 훌륭한 축사 바닥인가?"

축사 바닥을 시멘트로 포장함으로써 축산 분뇨가 땅속으로 스며드는 것은 방지할 수 있다. 그러나 축분은 아무리 한 곳으로 모으고 제거해도 시멘트 바닥에 고이거나 묻어 있을 수밖에 없다. 이 축분은 보란 듯이 심한 악취를 낸다.

시멘트 바닥은 추운 겨울에는 마치 얼음처럼 차갑다. 그 위에 젖은 축분이 묻어 있으니 얼음 그 자체이다. 가축들이 추운 겨울에 얼음 위에서 생활하고 잠잔다고 생각해 보자. 이런 환경을 어떻게 설명하는 것이 좋을까? 이 질문에 대한 가장 적당한 대답이다.

"이러한 환경은 가장 불결하고 비위생적인 환경이다."

생명환경축산에서는 축사 바닥을 시멘트로 포장하지 않고 대신 미생물이 서식하는 미생물 바닥으로 만들었다. 이렇게 질문할 수 있을 것이다.

"축사 바닥을 시멘트로 하지 않으면 축산 분뇨가 땅속으로 스며들지 않는가?"

전혀 걱정할 필요가 없다. 축분은 배설된 지 하루 이틀 지나고 나면 미생물에 의해서 모두 자연 발효되어 버리기 때문이다. 이러한 환경을 최고의 위생적인 환경이라 말해야 할 것이다.

미생물이 축분을 발효시키는 과정에서 열이 발생하게 된다. 따라서 미생물 바닥의 온도는 추운 겨울에도 20℃ 가까이 유지된다. 이러한 바닥에서 가축들은 편안하게 쉬고, 운동하고, 잠을 잔다(그림 10). 이런

그림 10 돼지가 미생물 바닥에서 평화롭게 자고 있다

환경에서 자라는 가축들은 여러 가지 질병에 대한 저항력도 대단히 크다. 그런데 이렇게 훌륭한 미생물 축사 바닥은 심각한 문제점을 가지고 있다. 그 문제점을 부끄러운 마음으로 말한다.

"미생물 축사 바닥은 관계 기관으로부터 건축 허가를 받을 수 없다."

미생물 바닥은 가축 분뇨가 스며들거나 흘러나오지 않는 훌륭한 방수재이며 위생적인 방수재이기까지 한데도 불구하고 관계 기관으로부터 건축 허가를 받을 수 없다. 상식적으로 생각할 때 아무 문제 없이 건축 허가를 받아야 하지만 시멘트 바닥이 아니라는 이유로 건축 허가가 나지 않는다.

이렇게 미생물 축사 바닥이 건축 허가를 받을 수 없게 된 상황을 내 나름대로 유추하여 생각해 보았다. 지방자치단체의 공무원들은 법 해석에 약간의 어려움이 있으면 중앙부처에 질의한다. 축사 바닥에 관한 규정도 그런 이유로 질의했을 것이다. 질의는 이런 내용이었을 것으로 짐작된다.

"가축 분뇨의 관리 및 이용에 관한 법률 시행규칙 제8조에 '가축 분뇨 등이 스며들거나 흘러나오지 아니하도록 방수재료로 만들거나 방수재를 사용하여야 한다'라고 하는 내용을 좀 더 구체적으로 설명해 주시기 바랍니다."

이 질문을 받은 중앙부처의 담당 공무원이 축산에 대한 경험적인 지식을 가지고 있지는 않았을 것이다. 미생물 바닥이 아주 깨끗하고 위생적이라는 사실도 몰랐을 것이며, 가축분뇨가 배설된 후 하루 이틀 지나고 나면 미생물에 의해서 발효되어 버린다는 놀라운 사실은 전혀 몰랐을 것이다.

중앙부처의 담당 공무원은 '가축 분뇨가 스며들거나 흘러나오지 아니하는 방수재료나 방수재'에 대해서 고심한 결과 시멘트로 포장하는 것이 가장 무난하다는 생각을 하고 다음과 같이 대답했을 가능성이 있다.

"축사 바닥은 시멘트로 포장하면 됩니다."

시멘트 축사 바닥은 시간이 지나면서 관행으로 굳어져 갔으며 하나의 상식이 되어버렸다. 앞에서 살펴본 바와 같이, 축사 바닥을 시멘트로 포장하는 것은 결코 권장할만한 대답이 아니다. 그럼에도 불구하고 시멘트 바닥은 축사 건축 허가를 받기 위한 필수 조건이 되어버렸다.

축사 건축 허가에서 관행처럼 되어 있는 이 현상을 어떻게 설명해야 할까? 그리고 우리 축산의 획기적인 발전을 위해서 어떻게 해야 할까? 나는 자신 있게 주장한다.

"시멘트 축사 바닥은 우리가 죽여야만 할 '성스러운 소'이다. 우리 축산의 획기적인 발전을 위해 미생물 바닥을 '트로이 목마'로 만들어야 한다."

번트 슈미트 교수는 성스러운 소를 죽여야만 우리 조직이 혁신할 수 있고 발전할 수 있다고 하지 않았던가? 그런데 어떻게 지금 그 성스러운 소를 죽인단 말인가? 아무리 생각해도 묘안이 떠오르지 않는다. 그래서 내린 결론이다.

"축사 건축과 관련한 현재의 법을 개정해야 한다."

법을 개정하지 않고는 성스러운 소가 되어 있는 시멘트 바닥을 없앨 수 있는 방법이 없으며, 미생물 바닥을 트로이 목마로 만들 수 있는 방법도 없기 때문이다. 2015년 2월 26일부터 간통죄는 역사 속으로 사라졌다. 지금까지 축사 바닥을 시멘트로만 할 수 있도록 묶어 놓았던 이 법도 이제 역사 속으로 보내버려야 한다. 법 개정의 방향은 이런 내용이면 좋을 것이다.

"축사의 천장과 벽은 햇빛이 잘 들어오고 공기가 쉽게 통할 수 있도록 개방형으로 만들어야 한다. 축사 바닥은 시멘트로 해서는 안 되며, 축산 분뇨가 땅속으로 스며들거나 흘러나오지 않도록 미생물 바닥으로 해야 한다. 이때 미생물 바닥의 전체 깊이는 돼지 100㎝, 소 30㎝, 닭 및 오리 10㎝ 이상이어야 한다."

밀폐형이 아닌 개방형 축사 구조, 햇빛이 잘 들어오고 공기가 시원하게 통과하는 축사 구조, 생각만 해도 가슴이 탁 트이는 축사 구조이다. 가축들이 즐거워하며 환호하는 소리가 들리는 것 같지 않은가? 어디 그뿐인가? 그 지긋지긋한 시멘트 바닥을 없애고 따뜻하고 쾌적한 미생물 바닥으로 했으며, 그 결과 구제역이나 AI가 발생하지 않기 때문에 생매장 당하는 참사를 겪어야 할 일도 없어졌으니 가축들이 목청껏 대한민국 만세를 부를 것이다!

다음은 친환경농업과 관련된 법을 살펴보자.

우리나라에서는 1997년 12월 13일 친환경농업 육성법이라는 것이 제정되었다. 그 취지는 다음과 같다.

"농업의 환경보전 기능을 증대시키고, 농업으로 인한 환경오염을 줄이고, 친환경농업을 실천하는 농업인을 육성함으로써 지속 가능하고 환경친화적인 농업을 추구함을 목적으로 한다."

그동안 친환경농업은 화학농약 대신 친환경농약을 사용함으로써 환경오염을 줄이고 생태계를 복원시키는 역할을 했다. 우리 국민에게 건강 먹거리를 제공하는 데에도 큰 역할을 했다. 그런데 친환경농업은 '고비용 저수확'이라고 하는 악성 구조로부터 헤어나지 못하고 있다. 이런 악성 구조가 있음에도 불구하고 친환경농업은 지속되어야 하고 확산되어야 한다. 친환경농업 육성법에서 명시한 것처럼 농업의 환경 보전 기능을 증대시키기 위해서이며, 농업으로 인한 환경오염을 줄이기 위해서이다. 그리고 우리 국민에게 안전먹거리를 제공하기 위해서이기도 하다. 그래서 친환경농업 육성법에는 이렇게 명시하고 있다.

"농림축산식품부 장관이나 지방자치단체의 장은 친환경농산물 생산자, 생산자단체 및 유통업자 및 인증기관에게 필요한 지원을 할 수 있다."

이를 근거로 하여 정부와 지방자치단체는 친환경농업을 하는 농가에 재정 지원을 해 주고 있다. 결국, 친환경농업은 정부와 지방자치단체의 재정 지원에 의해서 명맥이 유지되고 있다. 내가 친환경농업을 정부의존형 농업이라 일컫는 이유이다. 그러나 생명환경농업은 친환경농업과는 전혀 다르다. 한때 유행했던 유행어에 대입해 보겠다.

"친환경농업은 고비용 저수확이지만, 생명환경농업은 저비용 다수확이라고 전해~라!"

생명환경농업을 실천하기 위해서는 초기투자 비용이 필요하다. 이 비용을 농민들이 모두 감당하기에는 그 부담이 너무 크다. 지방자치단체에서 이 많은 예산을 지원해 주는 데에도 한계가 있다. 따라서 정부 차원에서 예산을 지원해 주어야 생명환경농업은 그 뿌리를 내릴 수 있다. 그러나 정부가 예산을 제대로 지원해 주기 위해서는 어떤 법적 근거가 있어야 한다. 따라서 생명환경농업을 하는 생산자, 생산자단체, 유통업자, 인증기관 등에 대해서 특별히 예산을 지원해 줄 수 있는 법을 제정해야 한다. 물론 대통령이나 주무 장관이 결심하여 이 부분에 특별히 예산을 지원할 수도 있겠지만, 생명환경농업을 전국으로 확산시키고 정착시키기 위해서는 생명환경농업 육성법을 제정하는 것이 가장 효과적일 것이다.

02
공멸의 자유가 아닌 공존의 자유

황토를 살포하여 바다를 죽이는 공유지의 비극

통영에는 약 2만 명의 제주도민들이 거주하고 있으며, 특히 해녀들이 많이 활동하고 있다. 2016년 2월, 나는 통영 거주 제주도민회 간부들과 간담회를 가졌다. 해녀 한 사람이 강한 어조로 말했다.

"후보님, 제발 바다에 황토 좀 살포하지 않게 해 주십시오. 해마다 마구 살포하는 황토 때문에 바다 밑이 죽어가고 있습니다. 왜 황토를 바다에 살포하는지 이유를 모르겠습니다. 적조를 없애기 위해서 황토를 살포한다고 하는데, 저희가 볼 때 전혀 효과가 없습니다. 계속 황토를 살포하면 바다 밑은 완전히 죽어버릴 것이며, 바다 밑에 있는 모든 해산물도 씨가 마를 것입니다. 그리고 우리 해녀들의 일터는 사라지고 말 것입니다."

해녀의 말이 채 끝나기도 전에 다른 간부 한 사람이 흥분된 목소리로 말했다.

“우리 일터도 문제지만 바다가 통째로 죽어버릴 것입니다. 보통 심각한 문제가 아닙니다. 여러 경로를 통해서 수차례 건의했지만 모두 함흥차사가 되어버렸습니다.”

적조는 해마다 우리 바다를 찾아와 어민들의 일터인 바다를 죽음의 빛으로 붉게 물들이는 반갑지 않은 손님이다. 바닷물에 플랑크톤의 숫자가 많아져서 바다의 색깔이 붉게 변한다고 하여 적조라고 불린다. 적조가 발생하는 원인을 살펴보면서 이런 생각을 했다.

“만일 지금의 상황에서 적조가 발생하지 않는다고 하면 그게 오히려 이상한 일이야. 지금 우리나라 바다에는 적조가 필연적으로 발생할 수밖에 없어.”

옛날과 달리 지금은 엄청나게 많은 오염물질이 육지에서 바다로 흘러들어 가고 있다. 논밭에 살포하는 농약(화학비료, 합성농약, 제초제), 가정에서 사용하는 각종 세제, 공장의 폐수, 축산분뇨 등 여러 가지 종류의 오염물질이 쉴 새 없이 바다로 흘러들어 가고 있지 않은가? 육지에서 흘러내려 가는 이들 오염물질은 바다에 사는 각종 어패류의 숫자를 크게 감소시켰다. 플랑크톤을 먹이로 하는 이들 어패류가 감소하거나 사라지게 됨으로써 플랑크톤의 숫자가 크게 증가할 수밖에 없는 환경이 되어 버렸다.

오늘날 적조가 발생할 수밖에 없는 또 하나의 원인은 바다의 허파라 불리는 갯벌의 급격한 감소이다. 해방 이후 지금까지 얼마나 많은 간척사업이 행해지면서 갯벌을 없애 왔는가. 남해안과 서해안의 아름답던 리아스식 해안이 갯벌 매립으로 인해 일직선 형태의 해안이 되어

버렸다. 바다의 허파인 갯벌에는 여러 가지 생물이 살고 있다. 플랑크톤은 그러한 생물들에게 아주 좋은 먹잇감이었다. 그러나 갯벌이 사라지게 됨으로써 갯벌에 살던 수많은 생물도 함께 사라져 버렸으며, 그 결과 플랑크톤 과잉이라고 하는 비극을 초래하고 말았다. 환경오염도 플랑크톤 증가에 기여했으며 탄소 배출량 증가로 인한 해수 온도 증가 역시 플랑크톤의 숫자를 증가시켰다.

앞서 언급했듯이, 적조가 발생한다는 것은 바닷물 속에 플랑크톤의 숫자가 아주 많아진다는 뜻이다. 플랑크톤의 숫자가 많아지게 되면 상대적으로 물속에 녹아 있는 산소 농도가 낮아지게 된다. 따라서 물속의 산소를 이용하여 호흡하는 어패류가 호흡곤란을 일으키게 되고, 그 결과 질식하여 폐사하게 된다. 플랑크톤이 물고기의 아가미에 끼어 물리적으로 질식하여 죽는 경우도 있으며, 독성을 가진 플랑크톤이 있어 이 독성에 의해 물고기가 폐사하기도 한다.

2003년 여름 고성지역에는 심한 적조 현상이 발생했다. 바다가 온통 붉은색으로 변해버렸다. 양식장의 물고기가 떼죽음을 당하고 굴 양식장의 굴들도 죽어 갔다. 해양수산과 K 과장이 내게 보고했다.

"군수님, 지금 적조가 심하게 발생하여 바다에 황토를 살포하고 있습니다(그림 11)."

그래서 내가 물었다.

"바다에 황토를 살포하면 적조가 없어집니까?"

"그렇지는 않습니다. 그러나 적조가 발생하면 황토를 살포하는 방법 외에는 다른 방법이 없습니다."

이렇게 대답하면서 K 과장은 당황해서 어찌할 줄 몰라 했다. 그 후부터 나는 적조 발생 시 황토를 사용하지 않게 하려고 이런저런 방법을 강구했지만 시골 군수인 내가 할 수 있는 일은 없었다.

제주도민회 해녀와 다른 간부가 바다에 황토를 살포하지 말아 달라는 건의를 하자, 몇 년 전 군수 시절의 그 일이 떠올랐다. 나는 약간 상기된 목소리로 대답했다.

"여러분께서 아시다시피, 고성의 인구는 통영의 인구에 비해 절반도 되지 않습니다. 그럼에도 불구하고 제가 국회의원에 출마하게 된 이유가 바로 이런 문제들을 해결하기 위해서입니다."

나는 하던 말을 멈추고 잠시 호흡을 가다듬었다. 순간 분위기가 무거워지면서 숙연해졌다. 나는 목소리를 낮추고 마음을 진정시키면서 말을 이어나갔다.

"그동안 국회의원도 여러 사람 바뀌었고 해양수산부 장관도 여러

그림 11 적조를 방지하기 위한 황토 살포 장면

사람 바뀌었습니다. 그런데 왜 이 문제가 해결되지 않았을까요? 해양수산부의 담당 간부와 직원은 왜 이런 사실을 상부에 보고하지 않았을까요? 정말 안타깝습니다. 저는 이 자리에서 여러분께 약속합니다. 제가 국회의원이 되면 이 문제를 반드시 해결하겠습니다."

그러나 나는 국회의원이 되지 못했으며, 따라서 이 문제를 해결하겠다는 약속도 지킬 수 없었다. 적조 문제를 어떻게 해결할 것인가? 우리의 귀한 자원인 황토를 바다에 살포하는 이 엉뚱하고 무자비한(?) 행위를 언제까지 계속할 것인가? 지금 여기서 결론부터 내려야겠다.

"바다에 황토를 살포하는 행위를 당장 중단해야 한다."

그 이유는 두 가지다. 첫째 우리의 바다를 살리기 위해서이다. 황토가 바다 밑으로 가라앉아 굳어지면서 바다 밑의 생태계를 완전히 파멸시키고 있기 때문이다. 바다 밑은 어업인들과 해녀들의 일터이기도 하지만, 우리 생태계의 마지막 보고이다.

둘째 우리의 소중한 자원인 황토를 보호하기 위해서이다. 황토는 화장품 원료, 건축자재 등 여러 용도에 사용되는 우리의 중요한 자원이다. 그런데 해마다 엄청난 양의 황토를 바다에 버리게 되면 언제인가 우리나라의 황토는 고갈되고 말 것이다. 우리나라에 매장되어 있는 황토의 양은 한정되어 있기 때문이다. 어린이 동화에서 도깨비방망이를 두들기면서 '금 나와라. 뚝딱, 은 나와라. 뚝딱' 하면 금과 은이 쏟아져 나오듯이 '황토 나와라. 뚝딱' 하면 황토가 우르르 쏟아져 나올 리가 없지 않은가? 우리 후손들을 위해서라도 이 귀중한 황토를 마구 바다에 버리는 일을 계속해서는 안 될 것이다.

여기서 미국의 생물학자인 게릿 하딘 교수가 쓴 '공유지의 비극' 에 나오는 내용을 살펴보자. 이 책에서 하딘 교수는 누구의 소유도 아닌 초원 즉 '공유지' 에서 양을 기르는 양치기들을 예로 들어 공유지의 비극이 어떻게 초래되는지 설명하고 있다. 양치기들은 초원에서 양을 길러 이익을 창출하고 있다. 그런데 한 양치기가 생각해 본다.

"내가 양을 한 마리 더 증가시킬 경우, 나한테 이익되는 면과 손해되는 면은 각각 어떻게 될까?"

이익되는 면을 생각해 보면, 양 한 마리를 판매했을 때 생기는 예상 이익은 자기 혼자 모두 가지게 되므로 +1이다. 손해되는 면을 생각해 보면, 증가한 양 한 마리에 의해서 발생하는 과대 방목의 예상 피해는 자기 혼자 입는 것이 아니라 양치기들이 모두 공유하게 되므로 -1/n이다(여기서 n은 양치기들의 총 숫자이다). 그래서 그 양치기는 무릎을 치면서 결론을 내린다.

"아, 그렇다면 양을 한 마리 더 증가시키는 것이 나한테 훨씬 이익이군."

결론에 따라 그 양치기는 양을 한 마리 더 증가시킨다. 이렇게 하여 한 마리, 또 한 마리, 계속 양의 마릿수를 증가시켜 나간다. 그런데 그 양치기만 그렇게 생각한 것이 아니라 다른 양치기들도 모두 그렇게 생각한다. 그 결과는 어떻게 될까? 초원은 황폐해지고 말 것이다. 공유하고 있는 초원은 유한한데 양치기들이 각자 자신의 양 숫자를 아무 제한 없이 증가시키기 때문이다.

한정된 공유지 안에서 각자 최대의 이익을 추구하는 자유로운 선택을 함으로써 결국 모두 피해자가 되어버린다. 이처럼 공유지의 자유를 주장하는 사회 안에서는 모든 사람이 자기의 이익을 추구하면서 결국 공동의 파멸을 향해 달려가게 된다. 이것이 게릿 하딘 교수가 말하는 공유지의 비극이다. 그는 말한다.

"실제로 우리에게 주어진 공유지인 '지구'라는 자원은 유한하다. 그런데 우리는 늘 최대한의 자원을 원한다. 그러나 모두가 '최대한의 자유로운 자원 소비'를 선택하는 순간 우리는 모두 공유지의 비극을 피할 길이 없게 된다."

지금 우리는 적조 문제와 관련하여 공유지의 비극을 향해 달려가고 있다. 황토라고 하는 귀중한 자원을 고갈시키는 공유지의 비극! 바다 밑 생태계를 파멸시키는 공유지의 비극! 이 두 비극을 향해 우리는 빠르게 달려가고 있다. 그렇다면 어떻게 할 것인가? 내가 이미 내린 결론을 다시 한번 강조한다.

"우리 눈앞에서 펼쳐지고 있는 이 두 비극을 막기 위해서 지금 당장 황토 살포를 중단해야 한다."

나의 이러한 주장에 대해서 이렇게 항의할지도 모른다.

"그렇다면 적조 문제는 어떻게 해결할 것인가? 그냥 방관한단 말인가? 비록 효과는 없지만, 황토라도 뿌려주면 마음에 위로라도 되지 않은가?"

어떤 문제가 발생했을 때 그 문제를 해결하는 가장 좋은 방법이 무엇인가? 그 문제를 일으킨 원인을 찾아내어 없애는 것이다. 따라서 적조가 발생하는 원인을 찾아내어 그것을 없애면 적조 문제는 쉽고 간단하게 해결될 것이다. 그런데 이 쉬운 방법을 관련 국회의원, 해양수산부 장관, 해양수산부 담당 공무원 중에서 누구도 시도하지 않았다.

황토를 살포하면 바다 밑이 죽는다는 사실! 어민들 모두가 알고 있는 이 평범한 사실을 그들은 정말 몰랐을까? 해녀들이 황토 살포 때문에 바다 밑의 생태계가 죽어간다고 그렇게 목소리를 높이고 있는데 그들은 진정 몰랐을까? 아무리 생각해도 몰랐다는 것은 말이 안 된다.

그렇다면 황토 살포에 대한 문제점을 알고 있으면서도 그것을 말하지 않았고 문제 해결을 시도하지도 않았다는 뜻이다. 만일 그렇다고 하면 얼마나 엄청난 직무유기인가?

여기서 잠시 기원전 425년 아테네와 스파르타 사이에 벌어진 '스팍테리아 전투'를 생각해 보자. 스팍테리아 섬의 중앙에는 전투에서 한 번도 패배한 적이 없다는 전설의 불패군인 스파르타군이 포진하고 있었다. 이 섬에 아테네가 주도하는 델로스 동맹군이 기습적으로 상륙을 감행했다. 델로스 동맹군의 지휘관은 데모스테네스였다. 이 전투에서 데모스테네스는 스파르타군의 항복을 받아내는 대승리를 거두게 되었다. 데모스테네스가 승리를 거두게 된 이유는 그가 새로운 전술을 사용한 것도 아니었고, 그의 군사들이 아주 용감했기 때문도 아니었다. 그가 승리하게 된 이유는 '중장보병' 대신 '경보병'을 전투에 투입했다고 하는 한 가지 사실 때문이었다. 40kg이나 되는 무거운 청동 갑옷으로 무장한 중장보병 대신 투창과 돌멩이로 무장한 경보병을 전투에 투입함으로써 스팍테리아 전투를 승리로 이끌면서 스파르타군의 불패 전설을 종식시켰다.

그렇다면, 그때까지 스파르타의 지휘관들은 전투에서 중장보병이 불리하고 경보병이 더 유리하다고 하는 사실을 몰랐을까? 그렇지 않았다. 중장보병이 경보병의 공격에 취약하다고 하는 사실을 대부분의 지휘관은 알고 있었다. 그들은 중장보병의 약점을 잘 알고 있었으며, 기병과 경보병의 엄호 없이 중장보병 단독으로는 전쟁을 수행할 수 없다는 사실도 알고 있었다.

그렇다고 하면, 그들은 왜 전투에 불리한 중장보병을 고집했을까? 당시 중장보병은 그 자체가 우월한 신분과 품위의 상징이라고 하는 것이 그 이유였다. 하급신분인 경보병이나 궁수와 동일한 대우와 취급을 받는 것을 원하지 않았기 때문이었다고 한다.

중장보병이 전투에서 불리하다는 사실을 알면서도 전투에 중장보병을 고집했던 옛날 스파르타의 지휘관! 황토를 바다에 뿌리는 것이 황토를 고갈시키고 바다를 죽이는 줄 알면서도 황토 살포를 고집하는 오늘의 우리나라 관련자들! 이들은 모두 나라를 위기로 몰아넣은 역사의 죄인이라 말해야 할 것이다.

지금까지 우리는 적조를 일으킨 원인을 해결할 생각은 전혀 하지 않았다. 그리고 적조를 예방하거나 없앨 수 있는 미생물 개발 등 다른 방법을 강구할 생각도 하지 않았다. 대신, 소중한 황토를 소모시키고 우리의 바다를 죽여가면서 공유지의 비극만 키워 가고 있었다.

공멸의 자유가 아닌 공존의 자유 – 규제

적조를 일으키는 원인들을 깊이 생각해 보면 모두 똑같은 원리에 의해서 만들어지고 있음을 알 수 있다. 즉 적조를 일으키는 원인들은 모두 '공유지의 비극' 원리에 의해서 만들어진다. 먼저 논밭에 살포하는 농약에 대해서 살펴보자. 농약을 사용하는 농민은 생각했을 것이다.

"내가 농약을 사용할 경우, 나한테 이익되는 면과 손해되는 면은 각각 어떻게 될까?"

이익되는 면을 생각해 보면, 농약을 사용하여 수확량을 증가시킴으로써 생기는 예상 이익은 자기 혼자 모두 가지게 되므로 +1이다. 손해되는 면을 생각해 보면, 농약을 사용함으로써 발생하는 환경 오염의 예상 피해와 국민 건강의 예상 피해는 자기 혼자 입는 것이 아니라 모든 국민이 공유하게 되므로 -1/n이다(여기서 n은 우리나라 인구수다). 그래서 농민은 무릎을 치면서 결론을 내렸을 것이다.

"아, 그렇다면 농약을 사용하는 것이 나한테 훨씬 이익이군."

모든 농민이 이렇게 생각하면서 농약을 아무 제한 없이 사용하기 시작했다. 그 결과, 대한민국 국민의 공유지인 우리 국토는 빠른 속도로 파멸의 길로 향해가고 있다. 농약을 제조하여 판매하는 농약회사 대표도 생각했을 것이다.

"우리가 농약을 제조하여 판매할 경우, 우리 회사에 이익되는 면과 손해되는 면은 각각 어떻게 될까?"

이익되는 면을 생각해 보면, 농약을 제조하여 판매함으로써 생기는 예상 이익은 자기 회사가 모두 가지게 되므로 +1이다. 손해되는 면을 생각해 보면, 농약을 판매함으로써 발생하는 환경 오염의 예상 피해와 국민 건강의 예상 피해는 자기 회사만 입는 것이 아니라 우리나라 국민이 모두 공유하게 되므로 -1/n이다(여기서 n은 우리나라 인구수다). 농약회사 대표는 무릎을 치면서 결론을 내렸을 것이다.

"아, 그렇다면 농약을 제조하여 판매하는 것이 우리 회사에 엄청나게 큰 이익이군."

농약회사는 엄청나게 큰 이익을 얻으면서 공유지인 우리 국토를 파멸시켜 가고 있다. 이번에는 가정에서 사용하는 각종 세제에 대해서 살펴보자. 가정주부는 생각했을 것이다.

"우리 집에서 각종 세제를 그냥 흘려보낼 경우, 나한테 이익되는 면과 손해되는 면은 각각 어떻게 될까?"

이익되는 면을 생각해 보면, 세제를 그냥 흘려보냄으로써 절약하는 경제적인 예상 이익은 +1이다. 손해되는 면을 생각해 보면, 세제를 그냥 흘려보냄으로써 발생하는 환경 오염의 예상 피해는 우리 국민 모두가 입게 되므로 -1/n이다. 가정주부는 무릎을 치면서 결론을 내렸을 것이다.

"아, 그렇다면 각종 세제를 그냥 흘려보내는 것이 우리 집에 훨씬 이익이군."

바로 이 공유지의 비극 원리 때문에 정화조를 철저하게 작동하거나 관리할 필요가 없어지게 된다. 그 결과 각종 세제를 아무렇게나 흘려보내면서 우리의 환경을 파멸시키고 있다.

이 원리는 공장의 폐수에서도, 갯벌 매립에서도, 축산 분뇨에서도, 이산화탄소를 배출하는 그 어디에서도, 똑같이 적용될 수 있을 것이다. 그 행위를 함으로써 자기가 얻는 예상 이익은 +1이지만, 자기가 입는 예상 피해는 -1/n이다. 즉, 얻게 되는 이익은 혼자 가지게 되지만, 입게 되는 피해는 우리 국민 모두가 나누어 가진다는 뜻이다. 자기가 얻게 되는 이익이 자기가 입게 되는 피해보다 훨씬 크다는 계산이 나오는 데 그걸 마다할 사람이 어디 있겠는가? 그 결과, 우리 국토는 점점 오염되어 가고 있으며 파멸의 길로 달려가고 있다. 이를 가리켜 게릿 하딘 교수는 '자기 새장을 스스로 더럽히는 새들' 의 체제에 갇히게 된다고 말했다.

사실 우리나라가 산업화의 길로 들어서기 이전까지는 '공유지의 비극'이라는 개념이 중요하지 않았다. 공유지를 별생각 없이 아무렇게나 다루어도 큰 문제가 되지 않았으며 '공해'라고 하는 단어조차 등장하지 않았기 때문이다.

그러나 산업화가 진행되면서 공해 문제가 대두하였으며 공유지의 비극이 사회적 문제로 대두하기 시작했다. 예를 들어, 옛날에는 쓰레기를 아무 곳에나 버려도 현실적으로 큰 문제가 되지 않았다. 그러나 지금은 쓰레기를 아무 곳에나 버려서는 안 되는 상황으로 바뀌었다. 그래서 쓰레기를 아무 곳에나 버리지 못하도록 법으로 규정하고 있다. 말하자면 '쓰레기를 아무 곳에나 버릴 수 있는 자유에 대한 제한' 이 만들어지게 되었다. 게릿 하딘 교수는 말했다.

" '적절한 자유의 제한'을 인정하는 것이 결국 모두의 더 큰 자유를 가능하게 한다. 우리 자신에게 물어보라. '공멸의 자유'를 선택할 것인가, '공존의 자유'를 선택할 것인가? 공유지의 무한한 자유를 주장하는 논리에 갇히게 되면 우리 모두에게 공멸의 자유가 주어질 뿐이다."

이렇게 질문하는 사람이 있을지도 모른다.

"적절한 자유의 제한이란 무슨 뜻인가?"

적절한 자유의 제한이란 우리 귀에 너무나 익숙한 '규제'를 뜻한다.

그래서 게릿 하딘 교수의 말을 요약하여 다시 적는다.

"규제를 하는 이유는 우리가 모두 '더 큰 자유'를 누리기 위해서이다."

규제를 하지 않았기 때문에 양치기들은 너도나도 양의 마릿수를 계속 무한정 증가시켜 나갔다. 그 결과 초원은 폐허의 땅으로 변해버렸고 양치기들은 모두 일터를 잃어버리는 커다란 손실을 볼 수밖에 없었다. 규제를 하지 않았기 때문에 더 큰 자유를 놓쳐버리게 되었다는 말이다. 다시 말해서 공유지의 비극을 초래하고 말았다.

만일, 양의 마릿수를 더 이상 증가하지 못하도록 규제를 했다면 어떻게 되었을까? 초원은 양치기들의 일터로서 계속 훌륭한 역할을 했을 것이다. 그리고 양치기들에게 지속적으로 많은 수익을 안겨 주었을 것이다.

우리 앞에는 두 가지 선택이 놓여있다고 게릿 하딘 교수는 말했다. 그 하나는 '공존의 자유'이며 다른 하나는 '공멸의 자유'이다. 이 둘 중에 어느 길을 선택할 것인가 하는 것은 바로 '규제'를 받아들일 것인가 아니면 받아들이지 않을 것인가 하는 문제이다.

규제를 받아들이는 선택을 하게 되면 공존의 자유를 가지게 될 것이며, 규제를 받아들이지 않는 선택을 하게 되면 공멸의 자유를 가지게 될 것이다. 좀 더 쉽게 표현하면 규제를 받아들이면 함께 잘 살 것이고, 규제를 받아들이지 않으면 함께 망할 것이라는 말이다. '사이언스'지에 실린 논문에서 게릿 하딘 교수는 말했다.

"공유지의 비극은 누구나 다 잘 알고 있는 이야기이다. 그러나 이 진실을 외면함으로써 우리가 속한 사회 전체는 지금까지 고통을 받아왔으며, 그 대신 개인적으로는 이득을 얻어 왔다."

예를 들어, 농약의 경우를 생각해 보자. 농약을 사용하게 되면 환경이 파괴되고 인류 건강이 악화될 것이라고 하는 진실을 외면함으로써 우리의 환경은 계속 파멸되어 가고 있으며 인류 건강은 날로 악화되어 가고 있다. 그 대신 농민들은 수확량을 증가시킬 수 있었고, 농약회사는 엄청난 수익을 창출할 수 있었다.

영국의 동물학자 제인 구달이 쓴 '희망의 이유'에 나오는 내용을 살펴보자.

"우리에게는 시간이 별로 없다. 지구의 자원은 고갈되어 가고 있다. 우리가 지구의 미래를 진정으로 걱정한다면, 모든 문제를 저 밖에 있는 '그들'에게 떠넘기는 것은 이제 그만두어야 한다. 내일의 세계를 구하는 것은 '우리'의 일이다. 바로 '당신과 나'의 일이다."

황토를 지금처럼 아무 생각 없이 바다에 살포하는 일이 계속된다면 황토를 보존하기 위해서 우리에게 주어진 시간은 별로 많지 않다. 황토 살포로 인해서 죽어가는 바다를 살리기 위해서 우리에게 주어진 시간 역시 별로 많지 않다. 농약으로 토양을 이처럼 파멸시켜 간다고 하면 우리에게 주어진 시간은 그렇게 많지 않다. 가정과 공장에서 지금처럼 아무 생각 없이 세제, 각종 오염물질, 폐수를 흘려보낸다면 정말 우리에게 남은 시간은 많지 않다. 이 모든 것은 남의 일이 아니라 우리 모두의 일이다. 제인 구달은 또 이렇게 말했다.

"나는 우리 인류가 수백만 년의 오랜 세월을 거쳐 어떻게 여기까지 왔는지 알고 있다. 그리고 지금 우리가 향하고 있는 방향이 어디인지도 알고 있다. 하지만, 우리에게는 모든 인간이 진정한 성인이 될 날을 수백만 년이고 기다리고 있을 여유가 없다. 지금과 같은 속도로 환경을 파괴하고 있다면 말이다. 그래서 나는 한 사람 한 사람이 조금씩이라도 더 성인다워지도록 노력하는 길밖에 없다고 생각한다."

어떻게 하는 것이 조금씩이라도 더 성인다워지는 것인가? 그것은 게릿 하딘 교수가 말한 것처럼 적절한 자유의 제한을 인정하는 것이며, 공멸의 자유가 아닌 공존의 자유를 선택하는 것이다. 즉, 환경을 보호하기 위한 규제를 만들어 그 규제를 지키기 위해서 노력하는 것이다.

여기서 우리는 게릿 하딘이 제시했던 것처럼 고전 경제학의 창시자인 애덤 스미스의 '국부론'을 생각해 보지 않을 수 없다. 혹시 이런 질문을 하는 사람이 있을지도 모른다.

"아니, 게릿 하딘의 공유지의 비극 이야기를 하다가 갑자기 애덤 스미스의 국부론 이야기를 왜 하는가?"

갑자기 애덤 스미스의 국부론을 꺼내는 데에는 그럴만한 이유가 있다. 애덤 스미스의 '국부론'과 게릿 하딘의 '공유지의 비극'이 아주 상반된 주장을 하고 있기 때문이다. 애덤 스미스의 국부론이 주장하고 있는 내용을 살펴보자.

"개인적 이익을 바탕으로 하여 상호 이익을 추구하는 과정이 바로 시장의 작동 방식이며, 그 결과 가장 효과적인 자원 배분이 이루어진다. 그 이유는 '보이지 않는 손'이 작동하고 있기 때문이다."

양치기들이 개인적 이익을 위하여 양의 마릿수를 증가시켜 나가면서 상호 이익을 추구하는 과정이 바로 시장의 작동 원리라는 말이다. 과연 그러한가? 양치기들이 개인적 이익을 위하여 양의 머릿수를 증가시켜 나간 결과 효과적인 자원 배분 즉 양의 전체 마릿수가 균형을 이루는가? 여기에 과연 보이지 않는 손이 작동하는가?

각 가정과 공장에서 개인적 이익을 위하여 각종 세제, 오염물질, 폐수를 흘려보냄으로써 환경을 파멸시키는 것이 시장의 작동 원리인가? 그 결과 효과적인 자원 배분 즉 쾌적한 환경이 이루어지는가? 여기에서는 또 어디에 보이지 않는 손이 작동하고 있는가?

대기업이 자기 회사의 이익을 위하여 작은 기업들을 인정사정없이 잡아먹고 심지어 골목상권까지 침투하여 대한민국 경제를 모조리 자기들의 손아귀에 넣어버리려 한다. 이것도 시장의 작동원리이며 효과적인 자원 배분이라고 말할 수 있는가? 여기에는 어디에 보이지 않는 손이 작동하는가?

애덤 스미스의 국부론은 시대적으로 이제 폐기되어야 할 시점에 이르렀다. 보이지 않는 손도 더 이상 우리 사회에 존재하지 않는다. 보이지 않는 손을 맹신했다간 우리 모두에게 공멸의 자유가 주어질 뿐이다. 우리 조상들로부터 물려받은 이 지구를, 우리 후손들에게 물려주어야 할 이 지구를, 애덤 스미스의 보이지 않는 손을 과신한 나머지 공멸의 자유를 향해 계속 나아가도록 해서는 안 될 것이다.

이제 우리는 '적절한 자유의 제한' 즉 '규제'를 인정해야 하며 그리하여 '공멸의 자유' 가 아닌 '공존의 자유' 를 선택해야 할 것이다.

규제는 현실적이고 합리적이어야 한다

'규제'의 필요성을 강조하는 나에게 이렇게 항의할지도 모른다.

"지금 정부에서는 규제를 완화해야 경제가 활성화된다면서 규제 완화를 부르짖고 있지 않은가?"

규제 완화를 정부에서 강하게 부르짖고 있다는 사실을 잘 알고 있다. 박근혜 대통령은 규제를 무찔러야 할 원수라 했고 제거해야 할 암 덩어리라고도 했다. 그러나 규제는 우리의 원수도 아니며 암 덩어리도 아니다. '규제'는 우리 모두가 공멸의 자유가 아닌 공존의 자유를 누리기 위해서 '자유를 적절히 제한하는 것'에 불과하다.

규제를 완화하면 일시적으로는 우리 경제가 활성화될 수 있을지도 모른다. 그러나 약간의 시간이 지난 다음이 문제이다. 어떤 현상이 일어나게 될까? 공존의 자유가 아닌 공멸의 자유가 우리에게 주어질 뿐이다. 쉽게 말해서 우리가 모두 함께 망한다는 뜻이다.

다시 양치기들의 이야기로 돌아가 보자. 처음에는 양의 마릿수를 제한하는 규제가 없었다. 그러나 초원을 보호하기 위해 양의 마릿수를 제한하는 규제가 만들어지게 되었다. 그 규제하에 여러 양치기가 양을 기르고 있었다. 어떤 양치기는 10마리 정도밖에 기르지 않았고, 어떤 양치기는 100마리, 또 어떤 양치기는 1,000마리를 기르고 있었다. 심지어 1만여 마리의 양을 기르는 부자 양치기도 있었다.

그런데 양의 마릿수를 제한하는 규제를 없애자고 하는 목소리가 터져나오기 시작했다. 양의 마릿수를 증가하면 수익이 더 늘어날 것이 눈에 보였기 때문이다. 이때 가장 목소리를 높인 양치기는 1만여 마리를 기르는 부자 양치기였다. 부자 양치기는 밖으로도 목소리를 높였지만, 여러 가지 방법을 동원하여 관계 기관에 로비도 했다. 결국, 그 목소리에 압도되고 그 로비에 넘어가 양의 마릿수 제한에 대한 규제가 없어지게 되었다. 규제가 없어지자 양치기들은 너도나도 양의 머릿수를 증가시키기 시작했다.

"그 봐. 모두에게 이익이잖아. 모든 양치기가 양의 머릿수를 증가시킬 수 있잖아."

맞는 말이다. 모든 양치기가 아무 규제 없이 양의 머릿수를 증가시킬 수 있었다. 그래서 얼마 동안 모든 양치기가 이익을 더 많이 얻을 수 있었으며, 초원은 활성화될 수 있었다. 양을 10마리 기르던 양치기가 말했다.

"규제 철폐는 정말 좋은 것이구나. 10마리 기르다가 20마리 기르니까 수익이 두 배로 늘어났어."

이렇게 말하면서 싱글벙글 웃음을 감추지 못했다. 양을 1만여 마리 기르던 부자 양치기는 훨씬 더 좋아했다.

"1만여 마리 기르다가 4만여 마리를 기르니까 이익이 네 배로 늘어났어. 규제는 우리의 원수였고 암 덩어리였어."

초원에는 양의 마릿수가 계속 증가했다. 그리고 양치기들은 더 많은 이익을 보게 되었다. 그런데 여기에서 누가 가장 많은 이익을 보게 되었을까? 모든 양치기가 옛날보다 더 많은 이익을 보게 되었지만, 양의 마릿수가 많은 양치기일수록 더 많은 이익을 볼 수 있었다. 경제적인 여유가 더 많았으며 따라서 더 많은 마릿수의 양을 구입할 수 있었기 때문이다. 그러나 시간이 지나면서 초원은 파멸되었고, 더 이상 양을 기를 수 없는 상황이 되어버렸다. 이 상황에서 어떤 결과가 초래되었을까?

처음에 1만여 마리의 양을 기르던 부자 양치기는 규제 철폐로 인해서 완전히 돈방석에 앉게 되었으며 소위 대박을 터뜨렸다. 이제 양치기를 그만두어도 아무 상관 없게 되었다. 그러나 처음에 10마리 양을 기르던 양치기는 규제 철폐로 인해서 더 많은 이익을 남길 수 있었지만, 초원이 파멸됨으로써 소중한 일터를 잃어버리고 말았다.

규제 철폐에 대한 요구는 중소기업보다 대기업에서 더 큰 목소리를 낼 것이 분명하다. 1만여 마리의 양을 기르던 부자 양치기가 규제 철폐에 대해서 가장 큰 목소리를 내듯이 말이다.

어떤 규제가 없어질 경우 중소기업도 이익을 보지만, 대기업이 훨씬 더 큰 이익을 보게 된다. 그러나 시간이 지나면서 초원이 파멸된 것처럼 그 규제와 관련된 경제 시장도 파멸되고 만다. 시장이 파멸되면서 중소기업은 중요한 일터인 시장을 잃게 되는 커다란 손해를 감수해야 한다. 그러나 대기업은 웃음을 뒤로하고 또 다른 시장을 찾아 나선다. 부자 양치기가 그랬듯이 말이다.

1995년, 김영삼 대통령은 규제 완화, 아니 규제 혁파를 강력하게 밀어붙였다. 여론 조사 지지율 90%에 육박하는 대통령이 '규제는 부패와 연결되어 있다'고 외치면서 규제 혁파에 나섰다. 청와대는 정부 각 부처에 모든 규제의 존재 이유를 설명하는 자료를 제출하라고 지시했다. 이 자료를 만들기 위해서 공무원들은 밤새워 일했으며, 경제 단체들은 마치 채권자라도 되는 것처럼 규제 완화 목록을 들이밀었다.

그 결과는 어떻게 되었는가? 대한민국 경제의 활성화였는가? 결코 그렇지 못했다. 물론 짧은 기간 동안 반짝 경제 활성화는 있었다. 결국 우리나라는 국가부도의 위기를 맞았으며, 외환위기의 나락으로 떨어지지 않았는가?

규제를 만드는 과정에서도 신중해야 하지만 규제를 없애거나 완화하는 데에는 더욱 신중해야 한다. 적절한 자유의 제한을 파기함으로써 공존의 자유가 아닌 공멸의 자유를 선택할 가능성이 크기 때문이다.

여기서 중요한 것은 규제가 현실적이고 합리적이어야 한다는 것이다. 규제가 현실적이지 못하고 합리적이지 못할 경우에는 규제의 목적을 달성하지 못할 뿐만 아니라 오히려 규제의 목적을 해칠 수도 있기 때문이다.

예를 들어 가축을 기르는 축사와 관련한 규제를 한 번 살펴보자. 앞 절에서 소개한 '가축 분뇨의 관리 및 이용에 관한 법률 시행규칙 제8조'가 만들어진 이유가 무엇일까? 이 법이 만들어진 이유는 바로 공유지의 비극을 피하기 위해서였다. 가정형 축산에서 기업형 축산으로 축산의 규모가 커지면서 가축의 분뇨 처리가 심각한 사회 문제로 대두했기 때문이다. 먼저 축산에서 공유지의 비극이 어떻게 초래되었는지 살펴보자. 축산 농가에서는 생각했을 것이다.

"축산 분뇨를 그냥 흘려보낼 경우, 나한테 이익되는 면과 손해되는 면은 각각 어떻게 될까?"

이익되는 면을 생각해 보면, 축분을 처리하는 데 필요한 경제적 부담은 축산 농가 혼자 부담해야 하는 비용이기 때문에 축분을 그냥 흘려보냄으로써 절약하는 경제적 예상 이익은 +1이다. 손해되는 면을 생각해 보면, 축분을 그냥 흘려보냄으로써 발생하는 환경 오염의 예상 피해는 축산 농가 혼자 입는 것이 아니라 우리 국민이 모두 입게 되므로 -1/n이다(여기서 n은 우리나라 인구수이다). 축산 농가는 무릎을 치면서 결론을 내렸을 것이다.

"아, 그렇다면 축산 분뇨를 그냥 흘려보내는 것이 나한테 훨씬 이익이군."

이런 판단에 따라 축산농가에서는 축산 분뇨를 처리하지 않고 그냥 흘려보내면서 경제적 이익을 취하게 되었다. 다른 축산 농가들도 같은 생각을 하고 똑같은 결론을 내렸을 것이다. 그 결과, 축산 분뇨로 인한 환경오염이 사회적인 문제로 대두했다. 바로 공유지의 비극이 초래된 것이다.

이러한 공유지의 비극을 피하기 위해서 정부에서 축사 건축에 관한 규제를 정하여 적절한 자유의 제한을 가하게 된 것이다. 말하자면 공멸의 자유 대신 공존의 자유를 선택한 것이다. 그 규제법이 바로 '가축 분뇨의 관리 및 이용에 관한 법률 시행규칙 제8조'이다.

앞 절에서 설명했듯이 허가권을 가진 담당 공무원들은 방수재료, 방수재라고 하는 단어를 아주 협소한 의미로 해석하여 '시멘트'로 한정시켜 버렸다. 따라서 생명환경축산의 미생물 바닥은 건축 허가를 받을 수 없었다.

규제를 하는 목적이 무엇인가? 그 목적은 공유지의 비극을 방지하기 위한 것, 즉 축산 분뇨로 인한 환경 오염을 방지하기 위한 것이다. 이미 설명했듯이 미생물 축사 바닥에서는 축산 분뇨가 땅속으로 전혀 스며들지 않는다. 미생물 바닥 자체가 '방수 재료 또는 방수재'의 역할을 하기 때문이다. 그뿐만 아니라 미생물 바닥에서는 축분 처리시설을 별도로 만들 필요도 없다. 그 이유는 축산 분뇨가 미생물에 의해서 발효되어 버리기 때문이다. 따라서 퇴비시설로 이동해 가는 과정, 퇴비화하는 과정에서 소요되는 경비도 절약할 수 있다.

이처럼 규제의 목적을 가장 충실하게 이행하는 미생물 축사 바닥은 관계 기관으로부터 건축 허가를 받을 수 없다. 참으로 아이러니한 일이 아닌가? 그렇다면 어떻게 해야 할 것인가? 축사에 관한 규제를 현실적이고 합리적으로 개정해야 한다. 이와 관련한 법 개정에 관해서는 앞 절에서 이미 설명했다.

규제는 필요하다. 이 필요한 규제를 함부로 없애려 해서는 안 된다. 특히 규제를 마치 무찔러야 하는 원수처럼, 제거해야 하는 암 덩어리처럼 생각해서는 절대로 안 된다. 자유를 적절히 제한하는 규제를 통해서만 공멸의 자유가 아닌 공존의 자유를 함께 누릴 수 있기 때문이다.

그러나 그 규제가 현실을 잘 반영하고 있는지, 합리적인 것인지는 늘 검토하고 연구해야 할 것이다. 가장 환경친화적이며 효율적인 생명환경축산의 미생물 바닥이 건축 허가를 받을 수 없는 상황이어서는 안 되듯이 말이다.

03
사우스웨스트 항공에서 배운다

농민들 사이의 보이지 않는 갈등

모내기가 한창 진행 중인 2008년 5월 말이었다. 화학농업을 하는 농민들은 생명환경농업을 하는 농민들을 우려의 눈으로 바라보고 있었다. 어리석은 사람들이 큰 실수를 하고 있다면서 혀를 차기까지 했다.

"저 사람들 정신 나간 사람들이야. 농사를 수십 년 동안 지어온 사람들이 왜 저러는지 모르겠어. 농사일을 전혀 모르는 군수 말만 믿고 1년 농사를 망치다니. 쯧쯧, 불쌍한 사람들 같으니라고."

"농사는 농사의 원리를 아는 농사꾼이 짓는 거야. 농사가 공룡엑스포인 줄 착각하고 있는 것 아닌가? 공룡엑스포는 그냥 밀어붙였지만, 농사는 그렇게 안 되지."

생명환경농업 논 면적은 163ha로서 고성군 전체 논 면적 7,000ha의 2%를 조금 넘어서는 면적에 불과했다. 생명환경농업을 하는 농민이 화학농업을 하는 농민에 비해 소수에 불과하다는 뜻이다. 대다수의 농민은 여전히 농약을 사용하는 화학농업을 하고 있었다. 모내기한 후, 텅 빈 것처럼 보이는 논 앞에서 한숨짓는 생명환경농업 농민들을 보면서 화학농업 농민들은 목소리를 더욱 높였다.

"역시 우리가 잘 판단했어. 생명환경농업인가 뭔가 하는 것 따라 했으면 1년 동안 한숨만 쉬면서 살 뻔했잖아? 우리는 두 발 쭉 뻗고 자야지."

그런데 2주일이 지나면서 상황이 바뀌기 시작했다. 생명환경농업 논에서 조용한 혁명이 일어나고 있었기 때문이다. 즉, 지금까지 농민들이 가지고 있던 일반적인 상식으로는 도저히 이해할 수 없고 믿을 수 없는 일이 일어나고 있었기 때문이다. 생명환경농업 논에 심어진 벼들이 드디어 '분얼'을 하기 시작한 것이다. 분얼이란 벼 포기에서 줄기 수가 증가하는 현상을 일컫는 농업 용어이다. 이러한 분얼은 화학농업에서도 일어난다. 그러나 그 경우 모내기 약 4주 후 분얼이 시작되어 포기당 줄기가 2배 정도 증가할 뿐이다. 그런데 생명환경농업의 경우에는 모내기 약 2주 후 분얼이 시작되었으며 포기당 줄기가 10배 정도로 크게 증가했다.

수십 년 동안 농사를 지어온 농민들이었지만 이런 현상은 한 번도 본 적이 없었다. 나와 우리 직원들도, 생명환경농업 농민들도, 모두 흥분의 도가니에 빠져들었다. 생명환경농업 농민들은 각자 관찰한 내용을 이야기하면서 흥분에 들떠 있었다.

"이것 봐, 포기가 부채꼴 모양으로 벌어지고 있어. 난생처음 보는 현상이야. 정말 신기한 일이야(그림 12)!"

〈화학농업〉
직립형태를 가짐
– 일조량과 통풍이 원할하지 않음

〈생명환경농업〉
부채꼴 형태를 가짐
– 일조량과 통풍이 원할함

그림 12 화학농업과 생명환경농업의 분얼 과정 비교

"맞아! 그리고 말이야, 뿌리도 땅속 깊이 박혀 있어!(그림 4) 온 힘을 다해서 뽑아도 잘 안 뽑혀. 이해가 안 되는 일이야!"

"난 말이야, 모내기하고 나서 처음에 얼마나 걱정을 했는지 몰라. 바로 후회가 되었어."

"나도 마찬가지였어. 1년 농사 완전히 망친다고 생각하니 앞이 캄캄해졌어. 군수 얼굴도 보기 싫어졌다니까!"

모두 들뜬 목소리로 생명환경농업을 처음 시작했을 때와 지금의 심정을 앞다투어 풀어놓기 시작했다. 군대를 제대한 사람들이 군대 경험을 마치 개선 장군처럼 이야기하는 것과 같은 모습이었다.

생명환경농업 논을 바라보다가 화학농업 논을 바라보면 마음이 답답하게 느껴졌다. 생명이 없고 죽어 있는 논처럼 보였기 때문이다. 모내기하고 나서 처음에 텅 비어 있는 것처럼 보였던 생명환경농업 논이 화학농업 논보다 훨씬 더 푸르고 생기 있게 변한 모습을 보고 더 깜짝 놀란 사람들은 오히려 화학농업 농민들이었다(그림 13).

"아니, 이게 어찌 된 일이야? 텅 비어 있던 논이 어떻게 이처럼 푸르게 변할 수 있어? 뭔가 잘못된 거야."

"내가 이래 봬도 농사를 수십 년 동안 지어온 사람이야. 이런 말도 안 되는 일이 어떻게 일어날 수 있어? 벼농사가 이럴 수는 없어. 난 도저히 믿을 수 없어."

화학농업 농민들의 상식으로는 도저히 이해할 수 없는 일이 바로 눈앞에서 일어나고 있었다. 자신의 눈을 믿고 싶지 않았으며 '세상에 어떻게 이런 일이!'란 말만 계속 되풀이했다.

불과 2주일 전까지만 해도 의기양양하게 목소리를 높였던 화학농업 농민들이었다. 생명환경농업을 하는 농민들을 어리석은 사람들이

그림 13 화학농업 논과 생명환경농업 논의 모습 비교

라고 몰아세우기까지 했던 사람들이다. 그런데 이게 어찌 된 일인가? 도저히 믿을 수 없는 기적 같은 일이 일어나고 있으니 말이다. 화학농업 농민들의 놀라움은 부러움으로 변했고, 그 부러움은 곧 생명환경농업 농민들에 대한 일종의 질투심과 시기심으로 변해갔다.

"이게 어떻게 된 거야? 농민들이 농사를 짓는 것이 아니고 군청에서 농사를 짓고 있잖아? 공무원들이 생명환경농업인가 뭔가 하는 논에 아예 출근하고 있단 말이야!"

"예산을 지원하려면 똑같이 해야지, 왜 생명환경농업인가 뭣인가 하는 데만 마구 돈을 펴 주는 거야?"

우려하고 걱정했던 생명환경농업이 좋은 농업인 것으로 판명되었으면 생명환경농업 농민들을 격려하고 축하해 주어야 할 것 아닌가? 그동안 마음 고생 많았다면서 어깨를 두드려 주어야 할 것 아닌가? 그래서 앞으로 우리 농업의 방향을 생명환경농업으로 바꾸어야 할 것 아닌가?

그것이 내가 기대하고 예상했던 상황이었다. 그러나 그러한 나의 기대와 예상은 완전히 빗나가고 말았다. 오히려 생명환경농업 농민들을 질투하고 시기하면서 행정을 나무라고 비난하기 시작했다. 여기서 화학농업 농민들이 불평하는 내용은 크게 두 가지이다.

첫 번째 불평 내용은 행정에서 화학농업에는 크게 관심을 가지지 않으면서 생명환경농업에만 많은 관심을 가진다는 것이다. 가만히 생각해 보라. 화학농업에는 크게 관심을 가질 이유가 없지 않은가? 수십 년 동안 지어온 농사 방법이기 때문에 굳이 행정에서 특별히 관심을 가지지 않아도 되며, 몇 가지 유의 사항을 전달하고 필요한 지원만 하면 된다. 그러나 생명환경농업의 경우에는 상황이 전혀 다르지 않은가? 아무도 시도해 보지 않은 전혀 새로운 농사 방법이다. 마치 캄캄한 어둠 속에서 모르는 길을 걷고 있는 것처럼 한 치 앞을 내다볼 수 없다. 만일 실패할 경우, 그 책임을 모두 군수인 내가 져야 한다. 그러니 전 행정력을 동원할 수밖에 없지 않은가? 이러한 행정의 모습을 보고 화학농업 농민들이 질투하고 시기하면서 불평하는 것이다.

화학농업 농민들이 불평하는 두 번째 내용은 예산 지원 문제이다. 지금 우리나라 농업에는 많은 예산이 지원되고 있다. 예를 들어, 농기계를 살 경우 본인이 20%를 부담하고 정부에서 80%를 부담하는 등의 방법으로 예산을 지원하고 있다. 그런데 화학농업의 경우에는 필요한 농기계를 이미 구입해 있는 상태이다. 그러나 생명환경농업의 경우에는 처음 시도하는 방법이기 때문에 농기계를 새로 사야 한다. 이 예산을 행정에서 지원해 주고 있다. 생명환경농업에 대한 이러한 예산 지원에 대해서 화학농업 농민들이 질투하고 시기하면서 불평하고 있었다.

여기 어떤 특별한 병을 가진 환자들이 있다고 가정해 보자. 이 환자들이 가지고 있는 병은 수술하지 않고는 완치될 수 없는 병이다. 그러나 아직 아무도 수술을 시도해 본 적이 없다. 그런데 어떤 의사가 수술을 시도하겠다고 나섰다. 그 의사는 자신 있게 수술에 성공할 수 있다고 말한다. 그러나 처음 시도하는 수술이기 때문에 아무도 성공 여부를 확신할 수 없다. 그래서 모든 환자가 수술하기를 꺼리고 있다.

그런데 환자 중에 수술을 받겠다고 자원한 용감한 환자가 있었다. 그 환자는 자기가 가지고 있는 병을 근본적으로 치료하여 건강하게 살기 위해서 수술을 받기로 결심한다. 혹시 수술이 잘못되어 생명을 잃을 수도 있지만, 그런 위험을 무릅쓰고 수술을 받기로 결심한 것이다.

수술을 받기 위해서는 별도의 돈이 필요하다. 의사의 특별한 관심도 필요하다. 특히, 아직 한 번도 시도해 본 적 없는 수술이니 더욱 그렇다. 여기서 수술을 받지 않는 다른 환자들이 이렇게 불평한다고 생각해 보자.

"왜 저 환자에게만 많은 관심을 가지며 별도의 의료비를 지원해 주느냐?"

이게 합당한 불평인가? 자기들도 수술을 받으면 똑같은 관심을 받게 되고 똑같은 예산 지원을 받게 된다. 그런데 수술은 거부하면서 이렇게 불평만 하고 있으니 말이다.

지금 우리 농업은 심각한 병을 가지고 있다. 우리 농업이 살고, 우리 농촌이 살기 위해서 반드시 수술해야 하는 병이다. 그러나 아직 아무도 수술을 시도해 보지 않았다. 그래서 지금 진통제 주사 투여하듯이, 링거 주사 투여하듯이, 억지로 농업의 생명을 연장해 나가고 있다.

이때 내가 농업을 수술하겠다고 나섰다. 그 수술은 생명환경농업을 시도하는 것이다. 나는 성공할 수 있다고 자신 있게 말한다. 그러나 대부분의 농민은 나를 믿지 못한다. 만일 시도했다가 실패하면 1년 농사를 망치게 될 것이다. 그런 이유 때문에 선뜻 생명환경농업을 하겠다고 나서지 않는다.

그런데 300여 농가가 생명환경농업에 참여하겠다고 나섰다. 그래서 이들에 대해서 특별히 관심을 가지고 지도하고 있으며, 새로운 농기계 구매를 위한 예산을 지원해 주었다. 이를 지켜본 화학농업 농민들이 불평하고 있었다. 수술을 거부한 환자들이 불평하듯이 말이다.

벼가 더 성장할수록 생명환경농업 벼는 화학농업 벼보다 훨씬 더 튼튼하고 건강해졌다. 생명환경농업 벼가 더 튼튼하게 성장할수록 화학농업 농민들과 생명환경농업 농민들 사이에는 눈에 보이지 않는 갈등이 커지고 있었다.

훨씬 더 환경친화적이고 생태적인 농업

생명환경농업 벼 첫 수확 행사의 축사에서 나는 생명환경농업 농민들을 이 시대의 영웅이라 불렀다.

"누구도 시도하지 못한 생명환경농업을 시도하여 성공시킨 여러분은 이 시대의 영웅입니다!"

많은 반대 속에서 시작되었고, 걱정과 우려 가운데 추진된 생명환경농업이었다. 그러나 모내기를 끝내고 약 2주일 후부터 감탄사가 쏟아지기 시작했고, 그 감탄사는 벼를 수확할 때까지 계속되었다.

먼저, 생명환경농업이 친환경농업의 '저수확'을 '다수확'으로 바꿀 수 있게 된 이유를 살펴보자. 모내기 2주일 후에 일어난 기적 같은 일에 대해서는 이미 설명했다. 즉 벼가 분얼하여 줄기 수가 많이 늘어나는 기적 같은 일 말이다. 줄기 수는 시간이 지나면서 계속 증가하여 대부분 포기당 10배 정도 증가했다. 화학농업이나 친환경농업의 경우 포기당 줄기 수가 2배 정도 증가한 것과 대조적이었다. 이렇게 반박할지도 모른다.

"분얼을 하여 포기당 줄기 수가 많아졌다고 하자. 그렇다고 해도 평당 포기 수를 적게 심었으니 수확량은 적을 수밖에 없지 않은가?"

만일 또 하나의 기적이 없었다면 나는 이 반박에 대해 대답할 수 없었을 것이다. 그 또 하나의 기적을 말한다.

"생명환경농업에서는 이삭 줄기당 벼 낟알 수가 화학농업보다 약 1.5배 많다."

일반적으로 이삭 줄기당 벼 낟알 수는 평균 100개가 채 되지 않는다. 그런데 생명환경농업의 경우에는 이삭 줄기당 벼 낟알 수가 평균 150개 가까이 된다. 포기당 줄기 수가 많고 한 줄기당 낟알 수가 훨씬 많아졌기 때문에 평당 포기 수는 적지만 더 많은 수확량이 가능한 것이다. 생명환경농업 벼가 이렇게 줄기당 많은 벼 낟알 수를 가질 수 있는 이유는 줄기 자체가 아주 튼튼하기 때문이다. 줄기가 튼튼하지 않으면 많은 수의 낟알을 가질 수도 없고 지탱할 수도 없다. 생명환경농업 벼의 줄기는 마치 갈대 줄기처럼 튼튼하다. 그 결과 친환경농업이 안고 있는 문제점인 '저수확'을 '다수확'으로 바꿀 수 있게 된 것이다.

다음은, 생명환경농업이 친환경농업의 '고비용'을 '저비용'으로 바꿀 수 있게 된 이유를 살펴보자. 친환경농약(친환경비료 포함)은 일반 농약(화학비료, 합성농약, 제초제)보다 가격이 2배 이상 비싸다. 이처럼 가격이 비싼데도 불구하고 그 효력은 오히려 더 약하다. 따라서 친환경농업은 화학농업에 비해서 비용이 더 많이 들 수밖에 없다.

그러나 생명환경농업의 경우에는 생산비가 화학농업의 경우에 비해 60% 정도밖에 되지 않는다. 생명환경농업에서는 농약을 전혀 구매하지 않으며 농민들이 천연농약을 직접 만들어 사용하기 때문이다. 따라서 생명환경농업은 친환경농업에 비해 비용이 최소 4배 이상 저렴하다는 결론이 나온다. 이처럼 생명환경농업은 친환경농업이 안고 있는 '고비용'을 '저비용'으로 바꿀 수 있게 되었다. 이 얼마나 놀라운 일인가?

그러나 '생명환경농업은 친환경농업의 고비용 저수확을 저비용 다수확으로 바꾸었다'라고 하는 놀라운 사실보다 훨씬 더 깜짝 놀랄 사실이 있다. 그것은 생명환경농업이 친환경농업보다 훨씬 더 환경친화적이며 생태적이라고 하는 사실이다.

친환경농업은 '친환경농약'을 사용하고 제초제 대신 오리농법 또는 우렁이농법을 사용한다. 반면, 생명환경농업은 '천연농약'을 사용하고 제초제 대신 오리농법 또는 우렁이농법을 사용한다. 여기서 바로 이렇게 말할지도 모른다.

"생명환경농업이 친환경농업보다 훨씬 더 환경친화적이며 생태적이라는 말은 이해가 안돼. 생산비가 저렴하고 수확량이 많다는 것을 제외하고는 두 농업이 결국 같은 것이잖아? 친환경농약이 천연농약으로 바뀐 것이니까."

지금부터 생명환경농업이 친환경농업과 어떻게 다르며, 어떻게 훨씬 더 환경친화적이고 생태적인지 자세하게 설명하기로 한다.

산파식 육묘에서 자란 모와 점파식 육묘에서 자란 모가 모내기 후 뿌리를 내리고 곧게 일어서는 데 걸리는 시간이 각각 3~4일과 3~4시간이라는 사실은 이미 언급했다. 3~4일과 3~4시간이 어느 정도의 시간 차이인지 생각해 보라. 생명환경농업의 점파식 육묘에서 벼가 이렇게 빠른 시간에 뿌리를 내릴 수 있는 이유는 모내기 과정에서 뿌리가 손상을 입지 않기 때문이지만, 육묘 기간이 친환경농업에 비해 10일이나 길고 따라서 모가 성장을 많이 하여 튼튼하기 때문이기도 하다. 혹시 이렇게 말할지도 모른다.

"친환경농업의 산파식에서도 육묘 기간을 30일 대신 40일로 하면 되지 않은가?"

대단히 미안하지만 그것은 불가능하다. 만일 산파식에서 육묘 기간을 40일로 하게 되면 모가 성장하면서 뿌리는 훨씬 더 많이 엉키게 될 것이다. 따라서 모내기를 하면서 뿌리의 손상은 훨씬 더 심할 것이며, 벼가 뿌리를 내리는 데에는 3~4일보다 더 많은 시간이 걸릴 것이다.

이러한 사실은 무엇을 의미하는가? 친환경농업에 비해 생명환경농업에서는 모가 처음부터 튼튼하고 건강하게 자랐고, 논에 심어진 후에도 벼가 아주 튼튼하고 건강하게 자랄 수 있는 모든 조건이 만들어졌다는 뜻이다.

벼가 튼튼하고 건강하게 자랄 수 있는 또 하나의 중요한 이유가 있다. 바로 평당 포기 수가 적고 포기당 줄기 수가 적다는 사실이다. 즉 듬성듬성하게 심고 적게 심었다는 말이다. 벼 잎에 햇빛이 많이 들고 바람이 잘 통할 수 있는 조건이다. 여기서 또 이렇게 질문할 수 있을 것이다.

"포기당 줄기 수가 10배 정도 증가하여 20줄기 이상으로 분얼된다고 하면 햇빛이 들기 더 어렵고 공기가 통하기 더 힘든 상황이 될 수 있지 않은가?"

당연히 그렇게 생각할 수 있을 것이다. 그런데, 그렇지 않은 이유가 있다.

"화학농업이나 친환경농업에서는 줄기가 2배 정도 증가하면서 직립형으로 분얼되지만, 생명환경농업에서는 줄기가 10배 가까이 증가하면서 직립형이 아닌 부채꼴로 분얼되기 때문이다(그림 12)."

줄기 수는 많이 증가했지만, 여전히 햇빛이 많이 들고 공기가 잘 통할 수 있는 형태가 되어 있다는 뜻이다. 이 얼마나 놀라운 상황인가? 위의 설명을 근거로 하여 생명환경농업 벼를 이렇게 표현할 수 있다.

"생명환경농업 벼는 본질적으로 각종 병해충에 대한 저항력이 매우 크다."

친환경농업의 경우에는 어떠한가? 친환경농업에서는 모내기할 때 뿌리가 상처를 입는다. 건강한 상태로 성장하지 못한다는 뜻이다. 또한 촘촘하게 많이 심어지고 분얼이 직립으로 되어 햇빛이 잘 들지 않고 공기가 잘 통하지 않게 된다. 이러한 사실을 근거로 하여 친환경농업 벼를 이렇게 표현할 수 있다.

"친환경농업 벼는 본질적으로 각종 병해충에 대한 저항력이 약하다."

논의 잡초를 제거하는 제초 작업은 모내기 후 약 45일 동안만 하면 된다. 그 이후에는 벼의 키가 커져서 잡초가 더 이상 자랄 수 없는 환경이 되어버리기 때문이다. 따라서 45일 동안만 오리농법을 하거나 우렁이농법을 하여 잡초를 제거하면 잡초 문제는 더 이상 걱정하지 않아도 된다. 오리나 우렁이가 잡초를 제거하는 동안에는 어떤 농약도 논에 살포할 수 없다. 농약으로 인해 오리나 우렁이가 죽을 수 있기 때문이다. 이 부분에서는 친환경농업과 생명환경농업이 똑같다(그림 14).

그러나 모내기 45일 후에 친환경농업에서 병해충이 발생하여 친환경농약으로 방제가 잘 안 될 경우를 생각해 보자. 물론 대부분의 농민은 친환경이라고 하는 브랜드를 지키기 위해 끝까지 인내할 것이다. 그러나 당장 눈앞의 병해충이 방제되지 않을 경우 농약을 사용하고 싶은 강한 유혹을 받게 될 것이다. 그 유혹을 뿌리친다는 것이 얼마나 힘들겠는가? 어쩔 수 없이 농약을 사용할 경우 친환경농산물에 대한 신뢰는 떨어질 수밖에 없다.

그러나 생명환경농업에서는 친환경농업과는 달리 각종 병해충에 대한 벼의 저항력이 크기 때문에 본질적으로 병해충의 발생이 적으며 따라서 천연농약만으로 병해충의 방제가 가능하다. 설령 병해충이 발

그림 14 잡초를 제거하기 위한 우렁이 농법

생한다 하더라도 구조적으로 농약을 절대 사용할 수 없게 되어 있다. 그 이유를 공개한다.

"생명환경농업에서는 토양에 미생물이 서식하기 때문이다."

미생물은 생명환경농업에서 가장 중요한 핵심이다(그림 15). 마치 물속의 플랑크톤이 각종 어패류의 먹이가 되는 것처럼 미생물은 지렁이를 비롯한 여러 생물의 먹이가 된다. 따라서 토양 속에 미생물이 있게 되면 지렁이를 비롯한 많은 생물이 존재하게 된다. 모내기하기 전에 논에

그림 15 한승수 국무총리가 미생물 배양 과정을 살펴보고 있다.

살포된 미생물은 벼를 수확할 때까지 계속 그 역할을 하게 된다.

만일 생명환경농업에서 병해충이 발생한다고 가정하자. 그리고 농약을 사용하고 싶은 강한 유혹에 못 이겨 농약을 사용한다고 가정해 보자. 어떤 현상이 발생하겠는가?

"토양에 서식하고 있는 미생물이 모두 죽어버릴 것이다."

이렇게 되면 이미 생명환경농업이 아니다. 다시 말해서 생명환경농업에서는 농약 사용이 원천적으로 불가능하다는 뜻이다. 생명환경농업이 친환경농업보다 훨씬 더 환경친화적이고 생태적일 수밖에 없는 이유이다.

사우스웨스트 항공에서 배운다

'가축 분뇨의 관리 및 이용에 관한 법률 시행규칙 제8조'는 왜 만들어졌을까? 축산의 형태가 소규모의 가정형 축산에서 대규모의 기업형 축산으로 바뀌면서 축산 분뇨 처리 문제가 사회 문제로 등장했기 때문에 만들어졌다.

옛날에는 가정마다 소, 돼지, 닭 등을 몇 마리씩 키웠다. 축사에서 나는 냄새가 특별히 문제 되지 않았으며, 환경 문제를 일으키지도 않았다. 그러나 오늘날의 축산은 그 형태가 완전히 바뀌었다. 가정마다 몇 마리 키우던 가정형 축산은 자취를 감추었으며, 수천 또는 수만 마리를 키우는 대규모의 기업형 축산이 주류를 이루고 있다.

오늘날의 기업형 축산은 옛날의 가정형 축산과는 달리 축산 분뇨로 인한 심각한 환경 문제를 야기시키고 있다. 수천, 수만 마리의 가축으로부터 나오는 분뇨는 자칫 잘못 관리하면 우리나라 환경 오염의 주범이 될 수도 있다. 이를 방지하기 위한 법이 앞서 소개한 '가축 분뇨의 관리 및 이용에 관한 법률 시행규칙 제8조'이다. 이 법이 만들어진 이유는 가축의 분뇨가 땅속으로 스며들어 지하수를 오염시키는 것을 방지하기 위해서이다. 이 법에 근거하여 지금 우리나라에서 축사 준공허가를 받기 위해서는 축사 바닥을 시멘트로 포장해야 한다. 오늘날 대부분의 축사 바닥이 시멘트로 되어 있는 이유이다.

그러나 시멘트 축사 바닥에서 대량으로 발생하는 가축 분뇨의 처리 문제는 커다란 사회적 골칫거리가 되어 있다. 이들 축산 분뇨는 축산 폐수 처리시설에 의해서 처리되어야 한다. 정부에서도, 지방자치단체에서도 축산폐수 처리시설을 만들기 위해 많은 행정력을 쏟고 있는 이유가 바로 여기에 있다. 그러나 축산폐수 처리시설을 만든다는 것은 말처럼 그렇게 쉬운 일이 아니다. 그 이유는 바로 우리 사회에 만연해 있는 님비현상 때문이다. 그래서 축산폐수 처리시설을 건축한다는 것은 그야말로 하늘의 별따기가 되어 버렸다.

축산 분뇨를 처리하기 위한 축산폐수 처리시설의 필요성은 모두 인정한다. 그러나 반드시 필요한 그 시설이 우리 지역에 만들어지는 것은 반대한다. 참으로 해괴한 논리이다. 축산폐수 처리시설이 만들어진다 하더라도 그 시설을 유지하고 관리하는 데 많은 경비가 소요된다. 규모화되고 기업화된 축산에서 발생하는 이런 문제점들을 어떻게 해결할 수 있을까? 아무리 머리를 쥐어짜고 고민해 본들 뾰족한 답이 나오지 않는다. 바로 이 부분에서 나는 자신 있게 말한다.

"내가 시도하여 성공한 생명환경농업에 그 답이 있다."

나의 이 말에 대해서 바로 이렇게 반응할지도 모른다.

"무슨 뚱딴지같은 소리를 하는가? 축산 분뇨 처리가 얼마나 심각한 문제인 줄 잘 모르는 모양이군. 그 답이 생명환경농업에 있다니 말도 안 되는 소리야."

절대로 뚱딴지같은 소리가 아니다. 이미 설명했듯이 생명환경농업의 기본 원리를 활용하면 축산 분뇨로 인한 환경 문제를 깔끔하게 해결할 수 있다.

생명환경농업 연구소 안에 생명환경축사를 건립할 계획을 세웠다. 축사 건립 소식이 전해지자 인근 마을에서 강력하게 반대했다. 축산 분뇨로 인한 악취가 심하게 날 것이라는 우려 때문이었다. 기존의 밀폐형 축사를 생각하면 당연히 있을 수 있는 반대였다. 만일 악취가 나면 축사를 철거하겠다는 약속을 하고 나서야 겨우 주민들의 동의를 얻을 수 있었다.

소, 돼지, 닭을 사육하기 시작하자 마을 주민들은 신경을 곤두세워 냄새를 관찰했다(그림 16). 냄새가 전혀 나지 않는 축사를 둘러본 주민들은 벌어진 입을 다물지 못하고 그저 감탄사를 연발할 뿐이었다.

"소, 돼지, 닭을 사육하는데 어떻게 냄새가 나지 않지? 참으로 이해할 수 없는 일이야!"

"축사 바닥에 축분이 없잖아? 가축의 분뇨가 모두 어디로 사라졌지? 정말 신기한 일이군."

그림 16 생명환경축사를 관찰하는 지역 주민들

이 상황을 잘 생각해 보라. 이렇게 해석할 수 있지 않은가?

"생명환경축산을 실천하기만 하면 지금 전국적으로 문제가 되고 있는 축산 분뇨 처리 문제는 완전히 해결할 수 있으며, 축산폐수 처리 시설도 필요 없다."

얼마나 놀라운 사실인가? 우리 사회의 골칫거리인 축산 분뇨 처리 문제가 말끔하게 해결되어 버리니 말이다. 그런데 여기에 문제가 있다. 바로 '가축 분뇨의 관리 및 이용에 관한 법률 시행규칙 제8조'이다. 이 법에 근거하면 축사 준공 허가를 받기 위해서는 축사 바닥을 시멘트로 포장해야 하며, 미생물 축사 바닥은 준공 허가를 받을 수 없기 때문이다. 여기서 축사 관련 환경법의 내용을 풀어서 살펴보자.

"축사 바닥은 돌, 방수재료, 방수재를 사용하여 가축 분뇨가 스며들거나 흘러나오지 않도록 해야 한다."

앞에서 언급했듯이, 중앙 부처를 비롯한 관련 공무원들은 이 기준에 맞는 축사 바닥을 시멘트 바닥이라야 합당한 것으로 유권 해석하고 있다. 따라서 생명환경축산의 미생물 축사 바닥은 환경법 위반이 되는 셈이다. 우리나라 축산이 안고 있는 분뇨 처리 문제를 깨끗하게 해결할 수 있는 생명환경축산의 미생물 바닥은 환경법에 걸려 꼼짝달싹할 수 없는 상황이 되어버렸다. 이 얼마나 기막히고 한심스러운 일인가? 환경법 때문에 환경 문제를 해결하지 못하는 우스꽝스러운 일이 벌어지고 있다니 말이다!

그러나 깊이 생각해 보면 미생물 바닥은 환경법 때문이 아니라 공무원들의 사고방식 때문에 꼼짝달싹할 수 없는 한심한 처지가 되어버렸다는 사실을 알 수 있다. 그래서 참으로 안타까운 마음을 이렇게 표현할 수밖에 없다.

"공무원들의 닫힌 사고방식 때문에 환경 문제를 해결하지 못하는 한심스러운 일이 벌어지고 있다."

해당 부처의 공무원들은 나의 이런 표현에 대해 항의할지 모른다. 그러나 그러한 항의가 정당한 항의인지 한 번 살펴보자. 먼저, 미생물 바닥은 '가축 분뇨가 스며들거나 흘러나오지 않도록 해야 한다'는 구절 즉 법의 목적에는 전혀 어긋나지 않는다. 앞에서 설명했듯이, 축사 바닥에 배설된 가축 분뇨가 미생물에 의해서 모두 발효되어 버리며, 스며들거나 흘러나올 염려가 전혀 없기 때문이다.

이번에는 '축사 바닥은 돌, 방수재료, 방수재를 사용하여'라는 구절을 생각해 보자. '돌과 방수재료와 방수재'는 축분이 스며들거나 흘러나오지 않게 하기 위한 수단일 뿐이며 법의 목적은 아니다. 그런데 법의 목적을 위한 수단으로 이 세 가지만 명시해 놓은 것이 문제이다. 만일 수단에 '미생물 바닥'이라는 말이 들어 있었다고 하면 아무 문제가 없었을 것이다. 그렇지만 방법이 전혀 없는 것은 아니다. 미생물 바닥은 돌이 아니므로 그 부분은 더 이상 생각하지 말자. 따라서 미생물 바닥을 '방수재료 또는 방수재'라고 생각할 수 있느냐의 여부만 생각하면 된다.

아까 말했듯이, 방수재료와 방수재는 수단이다. 목적은 가축 분뇨가 스며들거나 흘러나오지 않는 것이다. 생명환경축산의 미생물 바닥은 그 목적을 아주 훌륭하게 수행하고 있다. 그렇다면 미생물 바닥을 방수재료 또는 방수재라고 해석해야 마땅할 것이다. 바로 이 부분에서 관련 공무원들은 마음의 문을 굳게 닫고 있으며, 해석의 융통성을 전혀 발휘하지 않는다.

'칭찬은 고래도 춤추게 한다'의 저자 캔 블랜차드가 여행 중에 겪었던 일화를 소개한다. 어느 날 공항에 도착하여 항공권을 발급받으려고 했을 때, 신분증을 가지고 오지 않은 것을 알게 되었다. 궁여지책으로 공항 서점에 가서 자신이 저술한 책을 한 권 샀다. 그리고는 항공사 카운터에 가서 신분증 대신 표지에 실린 자신의 사진을 보여주면서 말했다.

"깜박 잊고 신분증을 가져오지 않았습니다. 대신 제가 쓴 책 한 권을 서점에서 사 가지고 왔습니다. 이 사진과 제 얼굴을 비교해 보십시오. 신분을 확인하고 항공권을 발급해 주시면 고맙겠습니다."

그러나 그의 설명은 아무 소용이 없었다. 항공사 규칙에 신분증이 있어야 항공권을 발급할 수 있다는 대답뿐이었다. 그는 할 수 없이 옆에 있는 사우스웨스트 항공에 가서 사정을 이야기해 보았다. 그런데 이게 웬일인가? 똑같은 상황에 똑같은 설명을 했는데 반응은 완전히 달랐다.

"잠깐만요. 예, 블랜차드 작가님이 맞네요. 본인임이 확인되었으니 수속을 진행해 드리겠습니다."

두 항공사의 차이는 무엇일까? 한 항공사에서는 직원들이 마음의 문을 굳게 닫고 있었으며, 해석에 융통성이 없었다. 그러나 사우스웨스트 항공에서는 직원들이 마음의 문을 열고 있었으며, 해석에 융통성을 발휘했다.

항공권을 발급할 때 신분증을 요구하는 이유가 무엇일까? 본인임을 확인하는 것이 가장 큰 이유이다. 혹시 테러리스트가 탑승을 시도할 수도 있으니 그런 사람의 탑승을 방지하기 위한 목적도 있을 것이다. 만일 사고가 발생할 경우 탑승자 신원을 확인하기 위한 목적도 있을 것이다.

한 항공사 직원은 그런 목적은 전혀 고려하지 않았으며 오직 '신분증이 있어야 탑승권 발급이 가능하다'라고 하는 원칙 즉 수단에만 충실했다. 그러나 사우스웨스트 항공 직원은 신분증 확인의 목적을 중요하게 생각했다. 공식적인 신분증이 없더라도 본인임이 확인되면 탑승권을 발급할 수 있다고 해석했다. 어느 회사가 더 고객 중심이며 더 효율적인가? 사우스웨스트 항공의 창업자인 허브 캘러허가 가지고 있는 중요한 철학을 소개한다.

"모든 직원이 권한을 가지고 자율적인 판단을 통해 높은 수준의 고객 서비스를 제공해야 한다."

사우스웨스트 항공은 이처럼 중요한 철학을 가지고 있었다. 그러나 한 항공사는 이런 철학이 없었다. 한 구절씩 살펴보자.

사우스웨스트 항공에서는 '모든 직원이 권한을 가지고' 있었다. 그러나 한 항공사에서는 직원이 그런 권한을 가지고 있지 않았다. 사우스웨스트 항공에서는 '자율적인 판단을 통해' 일을 하도록 했다. 그러나 한 항공사에서는 자율적인 판단이 허락되지 않았으며 원칙만 허락되었을 뿐이었다. 또한, 사우스웨스트 항공에서는 '높은 수준의 고객 서비스를 제공해야 한다'는 점을 강조했다. 그래서 그 직원은 캔 블랜차드에게 높은 수준의 고객 서비스를 제공하기 위해 최선을 다했다. 그러나 한 항공사에서는 그러한 목표가 없었다.

결론적으로 말해서, 사우스웨스트 항공에서는 직원들이 자율적으로 판단할 수 있는 권한을 가지고 있었다. 회사를 위하고 고객을 위해서 어떻게 하는 것이 옳은 것인지 판단하고 그 판단에 따라 행동했으며 결코 원칙에 얽매이지 않았다. 반면, 한 항공사에서는 직원들에게 아무런 판단이 없었다. 회사에 대한 사랑도, 고객에 대한 서비스도 생각하지 않았으며, 생각할 필요도 없었다. 오직 정해진 원칙만 있을 뿐이었다.

축사 허가 관련 공무원들의 일하는 방식은 한 항공사의 직원 쪽일까, 아니면 사우스웨스트 항공의 직원 쪽일까? 불행히도 축사 허가 관련 공무원들의 일하는 방식은 한 항공사의 직원 쪽이다. 목적은 중요하지 않았으며 원칙만이 중요시되었다.

만일 축사 허가 관련 공무원들이 사우스웨스트 항공의 직원처럼 일하는 자세를 가진다고 하면, 미생물 바닥은 아무 문제 없이 건축 허가를 받을 수 있을 것이다. '가축 분뇨가 스며들거나 흘러나오지 않도록 해야 한다'는 구절, 즉 법의 목적에 아주 잘 부합하기 때문이다.

그렇게 되면 축산 분뇨와 관련한 모든 환경 문제는 아무 문제 없이 해결될 수 있을 것이다. 우리나라 축산은 환경을 해치는 축산이 아니라 환경을 살리는 축산이 될 수 있을 것이다. 축산 시설은 혐오 시설이 아니라 환경친화적 시설로 탈바꿈할 수 있을 것이다.

언제쯤 그런 시대가 올까? 그래서 우리나라가 세계 제일의 축산 강국이 되는 꿈을 가질 수 있을까? 그리고 우리나라가 세계 제일의 일등국이 될 수 있을까?

2009년 8월, 한승수 국무총리가 생명환경농업 연구소를 찾았다. 나는 시멘트 포장을 하지 않은 축사 바닥을 가리키면서 말했다(그림 17).

"총리님, 우리나라에서는 축사 바닥을 시멘트로 포장하지 않으면 건축 허가가 나지 않습니다. 그러나 저희는 축사 바닥을 시멘트로 하지 않았으며, 대신 미생물이 서식할 수 있는 미생물 바닥으로 했습니다. 그렇지만 축산 분뇨가 땅속으로 스며들거나 외부로 흘러나오는 일은 전혀 없습니다. 축사 바닥에 있는 미생물이 분뇨를 발효시켜버리기 때문입니다."

악취가 전혀 나지 않으며 연한 누룩 냄새만 난다는 사실도 설명했다. 한 총리는 내 말에 고개를 끄덕였다. 그리고 그것이 전부였다.

얼마후 생명환경농업 연구소는 고성읍 시내와 가까운 곳으로 이전해 갔다. 그러나 연구소 내에 생명환경축사는 건축할 수 없었다. 고성군 의회에서 예산을 삭감해 버렸기 때문이다. 아직 실용화되지 않은 생명환경축산을 고성군에서 다시 건축하여 계속 관리하는 것은 적절치 않다는 것이 예산 삭감의 이유였다. 이렇게 하여 내가 그토록 애정을 쏟았던 생명환경축산은 잠시 현실에서 모습을 감추어야 하는 운명에 처했다.

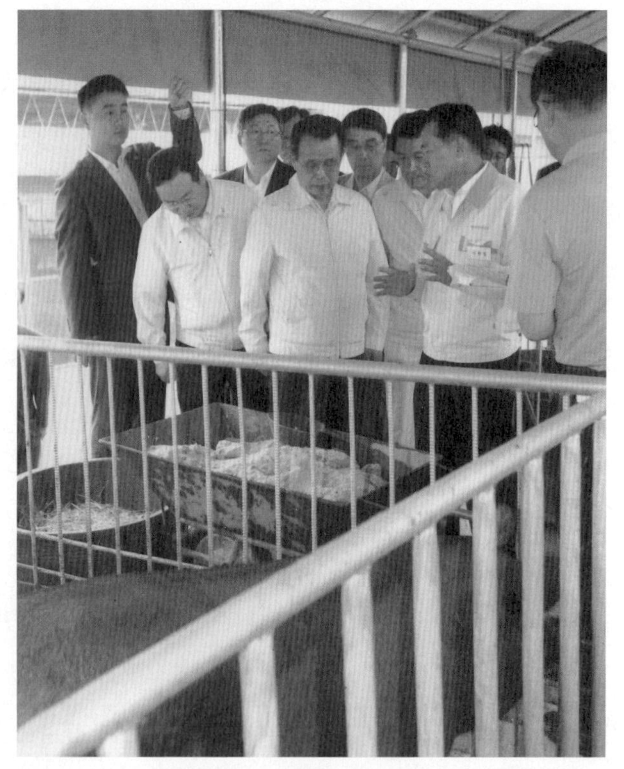

그림 17 한승수 국무총리에게 생명환경축사에 관한 설명을 하고 있다

04
노벨상을 받으셔야죠

노벨상을 받으셔야죠

농촌진흥청 주관으로 열린 친환경농업 발표회에서 고성군 농업기술센터 H 소장의 발표가 끝난 뒤 모 대학 교수가 한 말이다.

"고성군 농업기술센터 소장님, 지금 발표한 내용이 사실이라고 하면, 여기서 발표할 것이 아니라 세계 유명 학술지에 발표하세요. 그리고 고성군수님께서 노벨상 받으셔야죠. 그렇지 않습니까?"

모 대학 교수의 이 질문이 무엇을 의미하는가? H 소장의 발표를 절대로 믿을 수 없다는 뜻이다. 말도 안 되는 그런 내용을 가지고 사람을 현혹하느냐는 뜻이다. 그러나 한편 생각해 보면 그 교수의 말은 생명환경농업을 아주 긍정적으로 평가한 것이라고도 할 수 있다. 그러니까 그 교수의 말은 부정적인 면으로도 해석할 수 있지만, 또 한편으로는 긍정적인 면으로도 해석할 수 있다.

먼저, 부정적인 면으로의 해석이다.

"지금 발표한 생명환경농업의 내용은 새빨간 거짓말이고 명백한 사기이다."

다음은, 긍정적인 면으로의 해석이다.

"생명환경농업은 얼른 믿기 어려우나 만일 그 내용이 사실이라고 하면 노벨상을 받을 정도의 충분한 가치가 있는 혁명적인 농업이다."

농촌진흥청에도, 여러 연구소에도, 각 대학에도, 농업 분야에서 박사 학위를 받은 전문가가 수없이 많다. 그렇지만, 그 사람들은 우리 고성군에서 하는 생명환경농업을 얼른 이해하려고 하지 않으며 인정하지도 않는다. 아니, 얼른 이해할 수 없다.

그 사람들은 박사 학위를 받기까지 농업에 관해서 많은 공부를 했으며 학위 논문도 썼다. 그러나 어떤 특정한 분야에 너무 깊이 몰두하다 보면 다른 부분에 대해서는 잘 모르는 경우가 있고 무시해 버리는 경향도 있다. 고성군 농업기술센터 소장에게 '노벨상 받으셔야죠'라고 말한 그 교수는 농업의 어떤 세부적인 한 분야에서는 깊이 있는 이론적 지식을 가지고 있을 것이다. 그러나 농업 전반에 관한 지식, 특히 경험적인 지식을 가지고 있다고는 말할 수 없다. 생명환경농업에서는 농약(화학비료, 합성농약, 제초제)을 전혀 사용하지 않고 농민들이 직접 만든 천연농약(천연비료 포함)을 사용한다고 설명했을 때 그 교수는 머리를 계속 옆으로 흔들었다고 한다. 도저히 믿을 수 없다는 몸짓이었다.

'학자들은 자기 학문의 울타리에 갇혀 있다'는 생각이 드는 경우가 많다. 조직이나 사회의 소통을 막는 최대의 적이라 여겨지는 '사일로'의 일종이 아닐까? 사일로란 원래 '자갈, 시멘트, 곡식, 목초 등을 쌓아

두는 굴뚝 모양의 창고'를 말한다(그림 18).

생명환경농업을 시도한 첫해인 2008년 김태호 경남도지사가 고성군의 생명환경농업 현장을 방문했다. 도지사로서 고성군수가 그토록 심혈을 기울이는 생명환경농업이 도대체 어떤 것인지 몹시 궁금했던 모양이다. 나는 생명환경농업의 기본 원리에 관해서 설명하고 농업 현장도 안내했다. 생명환경농업은 우리 농업의 혁명이라고 강조하면서 말했다.

"지사님, 저는 대학에서 공학을 전공했습니다. 농학을 전공한 지사님께서 농업의 혁명을 일으켜야 하는데 제가 그 일을 하게 되네요."

나의 이 말에 김 지사는 얼른 대답했다.

"아닙니다. 전문가는 혁명을 못 일으킵니다. 혁명은 비전문가가 일으키죠. 전문가는 오히려 혁명에 걸림돌이 될 뿐입니다."

그림 18 곡물을 보관하는 사일로

바로 앞서 언급한 '사일로 효과'를 말하는 것이다. 그 후에 김 지사가 말한 내용은 사실로 드러났다. 생명환경농업에 대한 농촌진흥청의 조직적인 반발이 바로 그것이었다. 마침내 농촌진흥청에서는 '고성군의 생명환경농업은 비용은 많이 들고 수확은 적다'고 하는 내용을 발표하기에 이르렀다. 농촌진흥청의 이 내용에 관해서 고성군에서는 '농촌진흥청의 경영 분석은 독선적이며 객관성이 결여되어 있다'면서 반박했다. 그리고 그 이유를 자세하게 공개했다.

먼저, 농촌진흥청의 계산에서 생명환경농업의 비용이 많이 나온 이유는 농기계 및 각종 농자재용기 구매비를 비롯한 초기투자 비용을 모두 한 해 생산비로 포함해 버렸기 때문이다. 농기계는 최소한 7년 이상 사용하며 농자재용기는 반영구적이기 때문에 감가삼각비로 계산해야 함에도 불구하고 모두 한 해 생산비로 계산해 버린 것이다. 그 결과 생산비 즉 비용이 높게 나왔던 것이다.

다음, 농촌진흥청 계산에서 수확이 적게 나온 이유는 경남 밀양에 있는 농촌진흥청의 작물시험장에서 자체 재배한 결과를 토대로 하여 발표했기 때문이다. 농촌진흥청은 생명환경농업의 핵심 기술 중의 하나인 포트식 육묘도 하지 않고 산파식 육묘를 사용할 정도로 생명환경농업에 관한 기본 지식이 결여되어 있었다.

부산일보에서는 '기자 수첩'을 통해 '농촌진흥청의 발목 잡기'라는 제목으로 전문가 집단인 농촌진흥청이 고성군의 새로운 시도를 도와주지는 못할망정 오히려 발목을 잡고 있다면서 비판했다.

미국의 데이비드 아커 교수는 그의 저서 '사일로 스패닝'에서 사일로를 타파하고 깨뜨리는 것이 경영과 마케팅의 성패를 결정짓는다고 말했다.

"어떤 나라이건, 어떤 기업이건, 모두 사일로들로 가득 차 있다. 이러한 사일로들이 활개 치는 상황이 되어서는 그 나라와 그 기업에 어떠한 발전 가능성도 없다. 사일로는 서서히 조직의 에너지를 분산시켜 병들게 한다. 따라서 사일로는 타파하고 깨뜨려야 한다."

성스러운 소를 죽여야만 한다고 강조했던 '큰 생각 전략'의 저자 번트 슈미트 교수는 '큰 생각'을 방해하는 가장 큰 요소는 '편협한 생각'이라고 했다. 슈미트 교수가 말하는 '편협한 생각'이 바로 아커 교수가 말하는 '사일로'일 것이다.

세계적인 바이오 기업인 몬산토는 화학 기업에서 바이오 기업으로 성공적으로 변신한, 대표적인 혁신 기업 중의 하나이다. 이 회사의 사장인 휴 그랜트는 혁신에 성공한 비결을 '사일로가 없는 기업 문화' 즉 '부서 간에 벽이 없는 기업 문화'를 만들었기 때문이라고 말했다.

2008~2009년 세계 경제 위기가 발생한 것도 바로 이 사일로 때문이라고 말하고 있다. 경제학이 사일로에 갇혀 생각의 개방성을 잃어버렸기 때문이라는 것이다. 경제학자 중에서 시장 전체가 유동성을 상실하는 상황이나 모든 종류의 자산이 동시에 폭락하는 상황을 예견한 사람은 아무도 없었다. 물론 인접 학문 역시 저마다 사일로에 갇혀 서로 소통을 하지 못한 것도 큰 원인이었다.

농촌진흥청이 가지고 있는 사일로도 있었지만, 우리 고성군 농민들이 가지고 있는 사일로도 컸다. 화학농업도 아니고 친환경농업도 아닌 전혀 새로운 농업을 시도한다고 했을 때, 제일 먼저 반대의 목소리를 높인 사람들은 고성군 농민들이었다.

"군수가 농사에 대해서 얼마나 안다고 그래? 책에서 공부 좀 하고 농업 전문가인 것처럼 하는데 말이야. 농사는 책으로 하는 것이 아니고 경험으로 하는 거야. 나는 농사를 50년 동안이나 지었어."

농사를 지으려고 하면 반드시 농약을 사용해야 한다는 것이 머릿속에 꽉 박혀 있는 농민들을 설득하는 것은 매우 힘들었다. 농민들이 가지고 있는 사일로를 타파하고 깨뜨리기가 결코 쉽지 않았다는 뜻이다.

고성군청 농업지도직 공무원들이 가지고 있는 사일로도 아주 견고했다. 지도직 공무원들의 주된 업무는 농민들을 대상으로 농업기술을 지도하는 일이었다. 각종 농작물의 재배 시기가 되면 농민들에게 그 농작물에 관한 농업기술을 가르친다. 그런데 내가 시도했던 생명환경농업은 지도직 공무원들이 가르치고 있던 내용을 뿌리째 흔들어 버리고 말았다.

따라서 지도직 공무원들 입장에서는 도저히 받아들일 수 없는 괴상한 이론일 수밖에 없었다. 그런데 그 이론을 군수가 주장하고 나섰으니 황당하기 이를 데 없는 상황이 되어 버렸다. 만일 생명환경농업을 받아들이게 되면 지금까지 자기들이 잘못된 내용을 가르쳤다는 사실을 인정하는 결과가 되어 버리기 때문이다. 지도직 공무원들과 간담회를 하면서 나는 시대적인 사명감을 강조했다.

"생명환경농업은 우리가 반드시 성공시켜야 할 시대적 사명입니다. 지구 환경을 보호하기 위해서이며 우리의 건강을 지키기 위해서입니다. 특히 우리 농업이 국제 경쟁력을 가지기 위해서는 생명환경농업을 반드시 성공시켜야 합니다."

나는 지도직 공무원들의 반응을 살피면서 말했다.

"생명환경농업은 지금까지 여러분이 농민들에게 가르친 내용과 배치된다는 사실을 잘 알고 있습니다. 그러나 이 세상의 모든 진리는 계속 변합니다. 생명환경농업은 농업의 새로운 진리입니다. 여러분은 농업의 새로운 진리 즉 생명환경농업 분야에서 우리나라 제일의 전문가가 될 수 있는 기회를 가지게 되었습니다."

그러나 지도직 공무원들은 내 말을 받아들이려고 하는 것 같지 않았다. 자기들의 고유한 영역을 침범한 생명환경농업이라고 하는 괴짜를 몰아내야 하겠다는 각오를 다지고 있는 모습들이었다. 평생 익혀온 지식을, 그리고 수십 년 동안 농민들에게 가르쳐 왔던 내용을, 하루아침에 쓰레기통에 버려야 한다는 사실에 지도직 공무원들은 황당하다 못해 어이가 없었을 것이다. 그런 지도직 공무원들의 심정을 나는 이해할 수 있었다. 나는 다시 말했다.

"여러분께서 지금 어떤 물건을 손에 잡고 있다고 가정합시다. 만일 여러분께서 다른 물건을 손에 잡으려고 한다면 가장 먼저 해야 할 일이 무엇이겠습니까? 지금 손에 잡고 있는 물건을 내려놓는 일입니다. 똑같은 원리입니다. 여러분께서 지금 가지고 있는 지식을 내려놓아야 새로운 지식을 여러분의 머리에, 여러분의 가슴에 받아들일 수 있을 것입니다. 저는 오늘 여러분께서 그런 결단을 내려 주실 것을 당부드립니다."

그러나 지도직 공무원들은 그런 결단을 내리려고 하는 것 같지 않았다. 그들이 오랫동안 축적하고 쌓아온 지식을 지키려고 다짐하는 모습이었다.

고성군 공무원 노동조합 C 위원장이 나를 찾아왔다.

"군수님, 생명환경농업에 대한 지도직 공무원들의 반발이 아주 심합니다. 군수님께서 말씀하시는 것처럼 생명환경농업이 우리 농업의 혁명이 분명합니까?"

"맞습니다. 우리 농업의 혁명입니다. 우리 농업이 앞으로 나아가야 할 방향입니다. 우리 고성이 먼저 시작하고 앞서가는 것뿐이죠."

C 위원장은 내 말을 믿지 못하겠다는 표정을 지으면서 말했다.

"그렇다면 지도직 공무원들은 왜 저렇게 심하게 반대를 합니까?"

"그 사람들은 농업 전문가들 아닙니까? 농업에 대한 풍부한 지식을 가지고 있지요. 그런데 내가 주장하는 생명환경농업은 자기들이 가지고 있는 지식과는 전혀 다른 새로운 내용입니다. 평생 배우고 익혀왔던 지식을 버린다는 것이 얼마나 힘들겠습니까?"

C 위원장은 고개를 끄덕이면서 말했다.

"이해가 되는군요. 지도직 공무원들이 저에게 강력하게 요청했습니다. 군수님께 항의해서 생명환경농업을 중단시켜 달라고 말입니다. 그래서 제가 '그 문제는 노동조합이 관여할 문제가 아니다. 전문가인 지도직 여러분들이 군수님을 설득하든지, 아니면 군수님과 맞장토론을 하든지, 여러분들이 자체적으로 해결하라'고 했습니다."

고성군청 지도직 공무원뿐만 아니라 경남 농업기술원 및 농촌진흥청 지도직 공무원들의 반대 목소리도 계속 들려 왔다. 그들은 고성군의 생명환경농업을 한목소리로 비판했다.

"농업에 관한 전문 지식도 없는 군수가 검증되지 않은 농법을 무모하게 추진하고 있다."

그러나 사실 그들은 모두 완고한 사일로에 갇혀 문을 굳게 닫고 있었다. 시간이 지나면서 고성군 지도직 공무원들은 하나둘씩 생명환경농업을 향해 마음의 문을 열기 시작했다. 즉 그들이 갇혀 있던 사일로에서 나오기 시작했다는 말이다. 드디어 그들은 대한민국 농업의 새로운 역사를 만드는 선구자의 길로 나아가기 시작했다.

군수님, 겁나지 않습니까?

생명환경농업 현장에서 J 장관이 내게 말했다.

"군수님, 생명환경농업을 추진하는 것이 겁나지 않습니까?"

J 장관의 갑작스러운 질문에 나는 잠시 당황했다.

"장관님, 그게 무슨 말씀입니까?"

J 장관은 내 얼굴을 쳐다보면서 진지하게 말했다.

"생명환경농업이 성공한다면 무슨 문제가 있겠습니까? 그러나 만일 성공하지 못할 경우 모든 책임을 군수님께서 감당해야 할 것 아닙니까? 설령 기후가 좋지 않아 농사를 망칠 경우에도 그 탓을 생명환경농업 때문이라고 말할 것 아닙니까?"

J 장관은 나를 진심으로 걱정해서 하는 말이었다. 농사는 기후에 많이 좌우된다. 그런데 만일 농사가 잘못되면, 설령 그것이 기후 때문이라고 하더라도, 그 원인이 생명환경농업 때문이라고 몰아세울지도 모

른다는 것이다.

그렇다면 지금 내가 어떻게 해야 한단 말인가? 두렵다고 해서 물러설 수 있는 상황도 아니지 않은가? 배는 이미 항구를 떠났고, 우리는 목적지 항구를 향해 힘겨운 항해를 하는 중이다. 배를 다시 돌려서 출발지 항구로 돌아갈 수 있는 상황이 아니다. 몇 개월 전에 있었던 일이 생각났다. 고성군 농촌지도자 협의회의 K 회장이 나를 찾아와서 말했다.

"군수님, 충북 괴산군의 자연농업학교라는 곳에서 아주 선진화된 농법을 가르치고 있습니다. 제가 농업기술센터 담당 직원에게 이 학교를 소개했는데, 제 말을 아예 무시해 버립니다."

K 회장은 내 표정을 잠시 살핀 후 계속 말했다.

"군수님께서는 생명환경농업을 선포하지 않으셨습니까? 이 학교에 가서 교육을 받으시면 생명환경농업에 크게 도움이 될 것입니다."

다짜고짜 충북 괴산군의 어느 학교를 소개하니 황당하기 짝이 없었다. 그러나 생명환경농업의 방향을 잡기 위해 고심하고 있던 나에게는 반가운 소식이기도 했다. 농업정책과의 S 과장에게 이 학교에 관해서 자세히 알아보도록 지시했다. 며칠 후 S 과장이 헐레벌떡 달려와서 흥분된 어조로 말했다.

"군수님, 아주 놀라운 교육 장소입니다. 다른 농업 교육과는 차원이 다릅니다. 군수님께서 지향하시는 방향의 교육을 하고 있습니다."

"그게 무슨 말입니까? 차근차근 설명해 보세요."

나는 S 과장을 진정시키면서 자세히 말해 달라고 요구했다.

"군수님, 이 학교에서는 일반 친환경농업과는 전혀 다른 내용을 가르치고 있습니다. 친환경농약을 구매하여 사용하는 것이 아니라 농민들이 직접 천연농약을 만들어 사용하는 방법을 가르칩니다."

"내가 지향하는 방향과 같다고 했는데, 그 말은 무슨 말입니까?"

"군수님께서는 지금의 친환경농업은 경쟁력 없는 농업이라고 늘 말씀하시지 않았습니까? 이 학교의 조한규 소장님도 똑같은 내용을 강조했습니다."

"아니, 그게 정말입니까? 일반 친환경농업과 다르단 말입니까? 친환경비료와 친환경농약을 구매하지 않고 농민들이 직접 만들어 사용한단 말입니까?"

솔직히 말해서, 나는 생명환경농업이라고 하는 새로운 농업을 시도하겠다고 선포는 했지만, 어떻게 해야 할지 그 내용과 방향을 정하지 못하고 있었다. 내가 가지고 있었던 한 가지 분명한 생각은 지금의 친환경농업으로는 경쟁력 있는 농업을 만들 수 없다고 하는 사실 뿐이었다. 그런데 S 과장이 전해온 소식은 참으로 놀랍고 반가운, 마치 구세주와도 같은 반가운 소식이었다. 무모하기 짝이 없던 나의 생명환경농업 도전이 가능할 수 있다는 느낌이 들었다.

얼마후 나는 30여 명의 고성군 농민들과 함께 이 학교에 입학하여 5박 6일간의 교육을 받았다. 내가 직접 교육을 받고 그 내용을 알아야 자신 있게 추진해 나갈 수 있다고 생각했기 때문이다. 이 교육을 통해서 나는 친환경농업이 등장하게 된 배경과 지금의 친환경농업이 경쟁력을 가질 수 없는 이유를 정확히 알 수 있었다. 아울러 우리 농업이 나아가야 할 방향도 분명하게 설정할 수 있었다.

그런데 이토록 훌륭한 농사 방법이 왜 빨리 전국으로 확산되지 않을까? 궁금증을 견디지 못하고 조 소장에게 물어보았다.

"소장님, 이 농사방법이 좋다고 하면 왜 빨리 전국으로 확산되지 않습니까? 여기서 교육을 받고 나가는 사람들도 많지 않습니까?"

"농사를 짓는 농민들이 기존의 생각을 버려야 이 방법을 받아들일 수 있을 텐데, 그것이 쉽지 않답니다. 바로 옆에서 이렇게 좋은 방법으로 농사를 짓고 있는 것을 뻔히 보면서도 말입니다."

나는 농업에 관한 이 '타성과 고정관념'을 무너뜨려야겠다고 결심했다.

"조 소장이 50년이 넘도록 주장하고 가르쳤지만 한 개인의 힘으로는 그 무서운 타성과 고정관념을 깨뜨릴 수 없었다. 이제 내가 조 소장으로부터 그 역할을 이어받아 이 역사적 사명을 이루어 내자."

지금까지 어떤 시장, 군수도 도전하지 못한 무서운 도전이었다. 내가 여기서 '무서운 도전'이라고 말하는 데는 이유가 있다. 만일 실패했을 경우 내가 감당해야 할 막중한 책임을 말하는 것이다. J 장관이 내게 '무섭지 않으냐?'고 묻는 내용도 그런 뜻이었을 것이다.

첫해에는 벼농사를 비롯하여 취나물, 참다래, 토마토, 단감 등 몇 가지 농작물에 대해서 먼저 생명환경농업을 시도해 보기로 했다. 벼농사의 경우, 개별 농가 단위로는 생명환경농업을 할 수 없으며 여러 농가가 공동체를 형성해야만 했다. 어떤 농가에서 생명환경농업을 하더라도 인근 논에서 농약을 사용하게 되면 그 영향을 받을 수 있기 때문이다. 따라서 도로, 하천, 언덕, 산 등을 경계로 하여 그 지역의 모든 농가가 동참하는 하나의 단지(같은 지역의 농가들이 만든 공동체)를 만들었다. 단지의 규모는 작게는 5만 평, 크게는 50만 평에 이르기도 했다. 이렇게 만든 생명환경농업 단지가 고성군 전 지역에 16개였다. 농민들로서도 큰 모험이었지만, 나로서는 위험하기 이를 데 없는 참으로 무모한 도전이었다.

생명환경농업에 관한 실험을 하고 농민들을 지도하기 위한 조직으로 '생명환경농업 연구소'를 만들었다. 생명환경농업 연구소에서는 일반 논보다 며칠 앞서 시험 재배를 하여 관찰한 다음, 그 결과를 농민들 지도에 활용했다. 나는 매일 생명환경농업 연구소를 방문하여 벼가 자라는 과정을 살펴보았다. 16개 단지의 생명환경농업 현장도 거의 매일 방문했다. 모내기가 한창인 한 단지를 방문했더니 할머니 한 사람이 나를 붙들고 거세게 항의했다.

"군수님, 무슨 농사를 이렇게 짓습니까? 나는 하지 않겠다고 했는데, 동네 이장님이 하도 권해서 마지못해 동참했습니다. 그런데 지금 이게 뭡니까?"

당황해하는 나를 쳐다보면서 할머니의 목소리는 더 커졌다.

"논을 한 번 쳐다보십시오. 텅 비어 있는 논이 보이지 않습니까? 올해 농사 완전히 망쳤으니 군수님께서 책임지십시오."

그 할머니는 생명환경농업을 하지 않고 늘 해오던 방법으로 농사를 짓겠다면서 버텼다고 한다. 그런데 할머니가 동참하지 않으면 10만 평가량 되는 논 전체가 생명환경농업을 할 수 없었다. 동네 이장이 할머니를 찾아가 사정을 하고 설득을 했고, 그래서 할 수 없이 동참하게 되었다고 한다. 모내기하고 보니, 할머니의 눈에는 완전히 낯선 모습의 논이었다. 즉 생명환경농업의 모심기 특징이 그대로 드러나 보였다. '듬성듬성하게 심고 적게 심는' 특징 말이다. 포기를 듬성듬성하게 심고 포기당 줄기 수도 적게 심었으니 논이 텅 비어 있는 것처럼 보일 수밖에 없었다. 올해 농사를 망치게 되었으니 군수인 나보고 책임지라는 것이 할머니의 항의 내용이었다.

"할머니, 걱정하지 마십시오. 올해 농사 잘될 겁니다."

"뭐라고요? 이렇게 텅 비어 있는 논을 보고도 농사 잘될 거라는 말을 어떻게 합니까?"

내 눈에도 논이 텅 비어 있는 것처럼 보였다. 더 이상 할머니에게 뭐라고 할 말이 없었다. 할머니의 항의와 하소연을 뒤로 한 채 생명환경농업 연구소로 향했다. 약 10일 전에 모내기한 시험재배 논을 쳐다보았다. 10일 전이나 지금이나 별로 차이가 없어 보였다. 말하자면 10일 전에 모내기한 시험재배 논이나 지금 막 모내기한 할머니의 논이나 텅 비어 있는 것처럼 보이기는 마찬가지였다. 갑자기 겁이 덜컥 나서 혼자 중얼거렸다.

"모내기한 지 10일이 지났는데 아무런 변화가 없잖아? 내가 배운 바에 의하면 지금쯤 벼 줄기 수가 증가하기 시작해야 하는데."

만일 이 상태로 벼 줄기 수가 증가하지 않는다고 하면 할머니의 말대로 올해 생명환경농업을 시도한 농민들은 한해 농사를 완전히 망치게 될 것이다. 그리고 나는 한해 농사 실패에 대한 책임을 져야 할 것이다.

생명환경농업 시험재배 벼를 바라보면서 몇 시간 동안 앉아 있기도 했다. 어느 날 벼 줄기 수가 증가하기를 간절히 기도하면서 논둑에 앉아 있는 내 귀에 갑자기 크게 외치는 소리가 들렸다.

"군수님, 여기 줄기 수가 많아졌습니다."

농업기술센터 H 소장이 나를 향해 외친 소리였다.

"군수님, 여기를 보십시오. 줄기 수가 이렇게 증가했습니다."

내 눈으로도 벼 줄기 수가 증가해 있는 것을 확인할 수 있었다. 우리는 너무 기쁜 나머지 마치 어린아이처럼 펄쩍펄쩍 뛰었다. 얼마나 감격스러운 순간이었던지 모른다. 그때부터 벼 줄기 수는 하루하루 빠른 속도로 증가하기 시작했다. 몇 주일이 지나자 포기당 벼 줄기 수가 20개 이상 되었다. 10배 가까이 증가한 것이다. 정말 기적 같은 일이 아닐 수 없었다. 바로 옆의 화학농업 논에서는 벼 줄기 수가 20개에도 채 이르지 못했다. 그러니까 겨우 2배 정도 증가한 것이었다.

텅 비어 있는 것처럼 보이던 논이 싱싱한 푸르름으로 변했다. 벼 줄기 수가 증가하면서 포기들이 '부채꼴 모양'으로 되어 햇빛이 잘 들고 공기도 잘 통할 수 있었다. 논 전체에 생명이 넘쳐나는 모양이었다(그림 13). 논을 바라보는 내 마음이 상쾌해졌다.

그러나 화학농업 논의 경우에는 생명환경농업 논과는 전혀 다른 모습이었다. 처음부터 너무 촘촘하게 심고 많이 심어 답답한 모양을 하고 있었다. 벼 줄기 수가 증가하면서 부채꼴이 아닌 '직립형'으로 되어 햇빛이 잘 들 수 없고 공기도 잘 통할 수 없는 구조였다(그림 13).

J 장관은 생명환경농업 논을 바라보면서 말했다.

"군수님, 정말 놀랍습니다. 일반 농업의 논과는 완전히 다르군요."

갑자기 사라진 KBS 환경스페셜

생명환경농업을 취재하던 KNN의 K 기자가 내게 한 말이다.

"군수님, 정말 놀랍습니다. 벼 줄기가 너무 튼튼하여 마치 갈대 줄기 같습니다. 뿌리도 일반 벼보다 훨씬 더 깊이 뻗어 내려간 것 같습니다. 제 눈으로 직접 확인하지 않았다고 하면 저도 이 사실을 믿지 않을 겁니다."

생명환경농업은 KBS, MBC, KNN 등 지역 방송과 지역 신문에는 많이 보도되었다. 사설에도 언급되었고, 기자 수첩에서도 몇 번 다루었다. 그러나 안타깝게도 중앙언론에는 거의 보도되지 않았다.

생명환경농업은 친환경농업의 문제점을 해결한 우리 농업의 혁명이며 우리 농업이 나아가야 할 방향이다. 지금까지 어느 시, 군에서도 시도하지 않았던 것을 우리 고성군에서 처음으로 도전하여 성공시키고 있었다. 그럼에도 불구하고, 중앙 언론의 주목은 전혀 받지 못하고 있었다.

그런데 뜻하지 않게 우리에게 기회가 왔다. KBS 환경스페셜에서 우리가 도전하고 있는 생명환경농업을 촬영하기 시작한 것이다. 드디어 우리가 도전한 생명환경농업을 온 국민에게 알릴 수 있는 기회가 왔다는 생각이 들었다. 우리는 촬영 팀들이 불편을 느끼지 않도록 최선을 다해 뒷바라지해 주었다.

일반적으로, 볍씨를 육묘상자에 뿌리기 전에 먼저 화학약품으로 소독한다. 그런데 생명환경농업에서는 화학약품을 사용하여 볍씨를 소독하지 않고 냉온탕침법을 사용하여 소독한다. 그 이유는 벼가 처음부터 화학약품을 접하게 되면 체질적으로 건강할 수 없다는 이유 때문이다. 사람의 경우에도 임신한 산모는 먹는 음식에 특별히 신경을 쓰지 않는가? 건강 먹거리를 권유하며, 술을 마시지 말고 담배도 피우지 말라고 하지 않는가? 생명환경농업에서 볍씨 소독에 화학약품을 사용하지 않는 이유도 같은 맥락이다. KBS 환경스페셜에서는 이러한 볍씨 소독 과정과 그 이유를 자세히 촬영했다.

화학농업과 친환경농업에서 하는 산파식 육묘와 생명환경농업에서 하는 점파식 육묘의 차이는 모내기 과정에서 두드러지게 드러난다. 앞서 설명한 대로 건강한 점파식 벼는 병해충에 대한 저항력이 크지만, 건강하지 못한 산파식 벼는 병해충에 대한 저항력이 약하다. 또한 산파식 벼는 태풍에 쓰러지는 경우가 많지만 생명환경농업의 점파식 벼는 태풍에 잘 쓰러지지 않는다(그림 5). 벼 줄기가 아주 튼튼하고 뿌리가 땅속 깊이 박혀 있기 때문이다. KBS 환경스페셜에서는 이런 현상들을 세심하게 촬영했다.

논은 훌륭한 습지이며 생태계의 보고로서 대단히 큰 가치를 지니고 있다. 그런데 화학농업 논은 '죽음의 습지'이다. 농약으로 인해서 논에 어떤 생명체도 존재하지 않으며, 따라서 습지의 역할을 전혀 할 수 없기 때문이다. 그런 죽음의 습지에서 벼가 농약을 흠뻑 섭취하면서 홀로 자라고 있다. 우리는 그 벼에서 만들어진 쌀로 밥을 지어 먹는다. 그 쌀에 농약 성분이 많이 포함되어 있다는 사실을 까맣게 잊은 채 말이다. 그리고 그 죗값을 받는다. 암, 폐질환 등 예전에 없던 여러 가지 질병과 이상 현상에 시달리고 있는 것이 바로 그 죗값이다. 생명환경농업은 논을 '죽음의 습지'에서 '생명의 습지'로 바꾸었다. 사라졌던 각종 생물이 논으로 돌아왔다. 개구리의 울음소리도 들리기 시작했다. 미꾸라지, 송사리 등은 물론이고 멸종 2급인 긴꼬리투구새우도 나타났다(그림 7).

논에 있는 각종 생물은 쉴 새 없이 움직인다. 미꾸라지, 송사리, 올챙이는 말할 것도 없고, 지렁이를 비롯한 땅속 생물들도 부지런히 움직인다. 우리 눈에 보이지 않은 미생물의 움직임도 활발하다. 흙속에 있는 각종 생물과 미생물이 활발하게 움직인다는 말은 흙 자체가 생명력을 가지고 움직인다는 뜻이다. KBS 환경스페셜에서는 고성능 카메라를 이용하여 각종 생물들과 흙의 이러한 움직임을 아주 세밀하게 그리고 박진감 넘치게 촬영했다.

KBS 환경스페셜에서는 또 한 가지 아주 흥미로운 사건을 절대 놓치지 않았다. 산파식 벼와 점파식 벼가 성장하면서 각각 직립형으로 만들어지고 부채꼴로 만들어지는 과정과(그림 12), 그 결과 병해충에 대한 저항력이 달라지는 현상을 시간별로 자세히 촬영했다. 아주 흥미로운 영상이 만들어졌을 것이다. 촬영 현장을 유심히 지켜보면서 혼자 생각했다.

"KBS 환경 스페셜은 영향력이 아주 큰 프로그램이야. 여기서 촬영한 내용이 방송되면 많은 사람이 깜짝 놀랄 거야. 농업에 사용하는 농약이 우리 환경을 어떻게 파멸시키는지, 또 우리 건강을 어떻게 망가뜨리는지 알게 될 거야."

공룡세계엑스포를 성공시켰을 때와는 전혀 다른, 차원 높은 보람을 느끼면서 강한 자부심마저 가질 수 있었다. 대한민국을 위해 일한다는, 아니 인류를 위해 기여한다는 큰 자부심 말이다.

그런데 이게 어찌된 일인가? 그렇게 열심히 촬영하던 KBS 환경스페셜 촬영 팀이, 우리와 인간적인 정까지도 깊이 들었던 그 촬영 팀이, 그만 발길을 뚝 끊고 말았다. 줄기당 벼 낟알 수, 수확하고 난 후의 토양 비교, 생산된 벼의 수확량 비교, 쌀의 성분 비교 등 아직 촬영할 부분이 남았는데 말이다.

수개월이 지나 방영 예정 일자가 가까이 되었을 때 나는 담당 PD에게 전화를 했다.

"K PD님, 방영 일자가 얼마 남지 않았는데 준비는 잘 되어갑니까?"

내 전화에 K PD는 몹시 당황해하는 목소리로 말했다.

"아, 군수님, 그게 지금 좀…. 외국에 나가서 촬영을 해야 하는데 외국에 나가는 일이 잘 안 되네요. 그래서 방영에 차질이 있을 것 같습니다."

KBS 환경스페셜은 결국 방영되지 않았다. 10여 차례 고성을 방문하여 며칠씩 머무르면서 촬영한 그 비용이 결코 적지 않았을 텐데 말이다.

고성군에는 '생명환경농업 연구회'라는 단체가 있다. 생명환경농업을 하는 농민들이 자발적으로 만든 단체의 이름이다. 어느 날 이 단체의 모임에서 한 농민이 KBS 환경스페셜이 방영되지 않는데 대해서 강한 불만을 토로했다. 마치 그 책임이 나에게 있다는 듯이 나를 쳐다보며 말했다.

"여기서 촬영한 KBS 환경스페셜은 왜 방송을 안 하는 겁니까? 그렇게 부지런히 촬영하더니 말이야!"

"저도 잘 모르겠습니다. 궁금해서 한 번 전화를 했는데, 외국에 나가지 못해서 방영이 안 된다고 대답을 하더군요."

"외국에 못 나간다는 게 말이 됩니까? 우리 같은 사람도 외국에 나가고 싶으면 얼마든지 나가는데 말이야! 외국에 나가는 게 뭐가 그리 힘들다는 겁니까?"

마치 나에게 항의하듯이 버럭 화를 내었다. 그 농민은 화를 참지 못하고 다시 말했다.

"뭐가 있는 겁니다. 우리가 모르는 뭐가 있단 말입니다. 그렇게 부지런히 촬영하더니 왜 갑자기 발길을 뚝 끊고 방송도 안 하는 겁니까? 한번 생각해 보세요. 그게 방송되면 어떻게 되겠습니까? 전국으로 나가는 방송 아닙니까?"

"뭐가 있단 말입니까?"

나도 모르게 순간적으로 되물었다.

"군수님, 그걸 몰라서 묻는겁니까? 한번 생각해 보십시오! 그게 전국적으로 방송되면 비료회사, 농약회사에 얼마나 타격이 크겠습니까? 그러니 뭐… 비료회사, 농약회사에서 그냥 가만히 있었겠습니까? 어떻게 해서라도 방송을 막아야지."

"설마 그럴 리야 있겠습니까?"

나는 나 자신을 위로하듯이 말했다.

어느 날 고성 출신 산악인 엄홍길 대장을 만나 대화하던 중 KBS 환경스페셜 이야기를 했다. 이야기를 듣고 있던 엄 대장이 말했다.

"군수님, 제가 한번 알아보겠습니다. 상황이 어떻게 된 것인지 말입니다."

얼마 후 엄 대장이 전해온 말이다.

"군수님, KBS 자체 제작팀이 아니고 외주 제작사라고 합니다. 그래서 KBS 측에서는 내용을 전혀 모르고 있었습니다."

그렇다면 외주 제작사는 그렇게 열심히 촬영해 놓고 왜 갑자기 중도에 포기해 버렸을까? 군수인 나에게 중단하게 된 이유를 한 마디도 설명하지 않고 왜 갑자기 잠적해 버렸을까? 아무리 생각해도 나로서는 그 촬영 팀을 이해할 수 없었다.

두 전직 대통령이 남긴 교훈

01
녹색 운동가의 길을 놓쳐버린 이명박 대통령

앙꼬 없는 찐빵이 되어버린 이명박 대통령의 녹색성장

2008~2009 세계 경제위기에 대한 진단을 하면서 고미야마 히로시 전 도쿄대 총장은 '지식의 통합과 서로 다른 학문 간 토론'의 중요성을 강조했다.

"2008~2009 세계 경제위기는 지식이 너무 많아져 궁극적으로 전체상(全體像)을 아무도 파악할 수 없게 된 것이 큰 원인으로 작용했다. 이러한 문제의 해결을 위해서는 지식의 통합과 서로 다른 학문 간 토론이 필요하다. 환경 문제만 해도 농업, 화학, 정부 등 각 부문의 사람들이 모여 의논하다 보면 지식의 통합이 이루어지고, 기막힌 해답을 찾을 수 있다."

나는 고미야마 히로시 총장이 환경 문제를 이야기하면서 농업 분야를 제일 먼저 언급한 사실에 의미를 부여하고 싶다. 현재 이 지구 상에 존재하는 환경 위협 요소 중에서 농약(화학비료, 합성농약, 제초제)이 가장 심각한 요소라는 사실을 그는 잘 알고 있었던 것 같다. 자연농법의 창시자라 불리는 일본의 후쿠오카 마사노부가 농약을 사용하지 않는 자연농법을 주장한 것도 농약이 우리 지구를 파멸시키는 것을 더 이상 방관할 수 없다고 생각했기 때문이다. 미국의 생물학자인 레이철 카슨이 논밭에 뿌려지는 농약으로 인한 생태계의 광범위한 파괴를 지적했던 것도 같은 이유 때문이었을 것이다.

미국의 생물학 교수인 게릿 하딘이 쓴 공유지의 비극이 현실적으로 가장 잘 드러난 것이 논밭에 살포하는 농약일 것이다. 환경 오염으로 지구가 죽어가든 말든 내 논밭의 수확량이 많기를 바라면서 사용하는 농약은 이제 우리 생태계를 거의 질식 상태로 만들어버리고 말았다. 개천과 강과 바다에 살던 그 많은 생물이 자취를 감추고 있다. 무논에 울어대던 개구리 울음소리도 전설의 이야기가 되어가고 있다. 생태계의 보고라고 하는 논 습지가 죽음의 습지가 되어버렸기 때문이다. 법정 스님은 심각하게 파괴되어가고 있는 오늘의 생태계에 대해서 이렇게 한탄했다.

"이 땅에서 새와 들짐승 같은 자연의 친구들이 사라지고 나면 생물이라고는 달랑 사람들만 남게 되리라. 그때 가전제품과 쓰레기와 자동차와 매연에 둘러싸여 있을 우리 자신을 한번 상상해 보라. 얼마나 끔찍한 일인가? 그것은 사람이 아닐 것이다. 지금까지 있었던 생물이 아닌 괴물일 것이다."

정말 끔찍하지 않은가? 사람이 아니고, 생물도 아니고, 괴물이라고 표현하지 않았는가?

2008년 8월 15일 광복절 기념사에서 이명박 대통령은 '녹색성장'을 선포했다. 이 대통령이 녹색성장을 선포하기 7개월 전인 2008년 1월 4일 나는 '생명환경농업'을 선포했다. 말하자면, 내가 생명환경농업을 선포하고 나서 7개월 후 이 대통령이 녹색성장을 선포한 것이다.

이 대통령이 녹색성장을 선포했을 때 나는 너무 기뻐서 뛰는 가슴을 억누를 수 없을 정도였다. 내가 선포한 생명환경농업이 이 대통령이 선포한 녹색성장의 중심이라고 하는 사실을 확신했기 때문이다. 내게 이렇게 반문할지도 모른다.

"그게 무슨 말인가? 농촌 군수가 선포한 생명환경농업이 어떻게 대통령이 선포한 녹색성장의 중심이 될 수 있단 말인가?"

농촌 군수가 선포한 생명환경농업이 대통령이 선포한 녹색성장의 중심이 될 수밖에 없는 데에는 충분한 이유가 있다. 먼저 고미야마 히로시 전 도쿄대 총장이 한 말을 깊이 새겨보자. 환경 문제의 중심에 농업과 화학을 두고 있지 않은가? 그리고 정부가 함께해야 한다고 말하고 있지 않은가? 농업과 화학과 정부가 서로 의논하여 기막힌 해답을 찾아야 환경 문제를 해결할 수 있다고 하지 않은가? 말하자면 환경 문제를 해결하기 위해서는 농업이 중심이 되고, 거기에 화학이 함께하고 정부도 함께해야 한다는 말이다. 그래서 지식의 통합을 이루어 기막힌 해답을 찾아야 한다고 말했다. 어디 그뿐인가? 후쿠오카 마사노부, 레이철 카슨, 게릿 하딘, 법정 스님 등 모두가 환경을 파멸시키는 농약 살포의 심각성을 지적하지 않았는가?

녹색성장에서 녹색은 환경을 의미하며 성장은 발전을 의미한다. 그러니까 녹색성장은 환경과 발전이 함께 조화를 이루어 나가도록 한다는 뜻이다. 말하자면, 환경을 해치지 않는 환경친화적인 발전을 추구한다는 뜻이다. 따라서 이 대통령의 녹색성장에는 당연히 농업이 중심이 될 수밖에 없다. 녹색성장의 키워드는 환경이며, 환경의 키워드는 농업이기 때문이다.

농업이 환경의 키워드인 이유는 앞서 여러 사람이 지적했듯이 농업에 무분별하게 사용하는 농약이 오늘날 환경을 해치는 가장 심각한 요소이기 때문이다. 이를 해결하기 위해서 등장한 것이 친환경농업이다. 그러나 친환경농업은 '고비용 저수확'이라고 하는 구조적인 문제점 때문에 정부 지원에 의존하여 겨우 명맥을 유지해 나가고 있다. 친환경농업의 이 문제점을 해결한 것이 내가 시도한 생명환경농업이다.

생명환경농업과 녹색성장은 추구하는 방향이 일치한다. 즉, 둘 다 환경 보호를 추구한다. 녹색성장은 경제성장이라고 하는 개념을 하나 더 추가했으며, 생명환경농업은 농업의 경쟁력 강화라고 하는 개념을 하나 더 추가했다.

생명환경농업이 녹색성장의 중심이 되어야 하는 이유는 현실적 관점에서도 충분히 설명할 수 있다. 먼저, 에너지 절약 측면이다. 우리나라의 연간 비료 사용량은 약 60만 톤이다. 그 비료 생산을 위해 사용된 벙커C유량은 연간 약 300만 리터이다. 비료 생산을 위해서 이처럼 엄청난 양의 에너지가 사용되고 있다. 생명환경농업에서는 천연비료를 농민들이 직접 만들어 사용하기 때문에 이 에너지를 100% 절약할 수 있다. 비료 생산으로 인해 야기될 수 있는 탄소 배출을 100% 없앨 수 있다는 뜻이다.

다음은, 환경 보호 측면이다. 앞서 언급했듯이 우리가 사용하고 있는 농약은 환경을 해치는 가장 심각한 요소이다. 소, 돼지, 닭 등 가축 분뇨로 인한 환경 오염도 매우 심각하며 우리 한반도를 악취의 반도로 만들어 가고 있다. 생명환경농업을 하게 되면 농약으로 인한 환경 오염 문제가 완전히 해결된다. 가축 분뇨 문제 또한 깨끗하게 해결된다.

이렇게 설명을 했는데도 생명환경농업이 녹색성장의 중심이 아니라고 말할 수 있겠는가?

녹색성장을 추진하기 위해서 국무총리 직속으로 '녹색성장 위원회'가 만들어졌다. 국무총리와 민간인 한 사람이 공동으로 위원장을 맡고 있었다. 민간인 위원장은 농업, 생물, 물과는 무관한 분야의 모 대학 퇴임 교수가 맡았다. 나는 생각했다.

"저분이 국정의 핵심 분야인 녹색성장을 훌륭하게 추진해 나갈 수 있을까? 저분이 환경과 농업의 관계에 대해서 얼마나 알고 있을까? 오늘날 농업에서 사용하는 농약이 우리 환경을 해치는 일등 주범이라는 사실을 저분은 알고 있을까?"

녹색성장위원은 각 부처 장관들이 당연직 위원으로 되어 있고, 민간인 위원이 20명 임명되어 있었다. 민간인 위원은 전략, 교통, 언론, 건축, 기계, 환경, 에너지 분야의 전문가들로 구성되어 있었다. 고미야마 히로시 전 도쿄대 총장의 말대로 지식의 통합과 서로 다른 학문 간 토론을 위해서 각 분야의 전문가가 함께 참여하는 것은 좋은 일이다. 환경을 논의하는 데 전략도 필요하고 교통도 필요할 것이다. 언론, 건축, 기계도 필요할 것이다. 그런데 정작 있어야 할 분야의 전문가는 포함되지 않았다. 환경에서 가장 중요하다고 고미야마 히로시가 강조한 농업 분야 전문가는 없었다. 환경에서 대단히 중요한 생물 분야와 물 분야 전문가도 없었다. 위원회의 기능 및 활동 어디를 찾아보아도 농업 분야, 생물 분야, 물 분야는 발견할 수 없었다.

대한민국 안보를 논의하는 세미나가 있다고 가정해 보자. 군 간부와 안보, 법학, 경제학, 건축, 언론, 기계, 환경 분야의 전문가가 참석했다. 그런데 군사전략 분야와 외교 분야의 전문가는 한 사람도 참석하지 않았다. 이 세미나가 효과적인 세미나로서 제대로 역할을 할 수 있을까? 녹색성장위원회의 위원 명단은 바로 그런 명단이었다. 농업 분야, 생물 분야, 물 분야의 전문가가 쏙 빠져버린 녹색성장위원회는 안보 세미나에 군사전략 분야, 외교 분야의 전문가가 빠진 것과 전혀 다르지 않다는 것이 내 생각이다.

고미야마 히로시 전 도쿄대 총장은 농업과 화학을 환경 문제의 중심이라고 했다. 레이철 카슨은 지구 환경을 보호하고 인류 건강을 지키기 위해서 농약과 같은 화학적 해충 방제 대신 천적, 천연농약과 같은 생물학적 해충 방제를 주장했다. 일본의 후쿠오카 마사노부는 농약으로 인한 지구 환경 파괴를 방관할 수 없다면서 농약을 사용하지 않는 자연농법을 스스로 실천하고 주장했다. 미국의 게릿 하딘 교수는 '공유지의 비극'이란 책을 통해서 농약의 무분별한 사용이 우리 지구를 파멸시키고 있음을 안타까워했다.

그런데 대한민국의 녹색성장에는 농업이라고 하는 이름조차 없으니 이를 어떻게 설명해야 할까? 나는 허탈한 마음을 감추지 못하고 혼자 긴 한숨만 내쉬었다.

"아, 이 대통령의 녹색성장은 앙꼬 없는 찐빵이구나!"

녹색 운동가의 길을 놓쳐버린 이명박 대통령

2009년 5월 5일, 제87회 어린이날을 맞아 이명박 대통령은 어린이 260명을 청와대 녹지원에 초청했다. 여기서 한 어린이가 이 대통령에게 어릴 적 꿈이 무엇이었느냐고 질문했다. 이 질문에 이 대통령은 이렇게 대답했다.

"어렸을 때는 나중에 커서 초등학교 교장 선생님이 되는 것이 꿈이었어. 지금은 대통령을 그만두면 환경 운동, 특히 녹색 운동가가 되고 싶어."

나는 이 대통령의 이 말을 한 치의 의심 없이 그대로 받아들였다. 대통령 퇴임 후 녹색 운동가가 되겠다는 이 대통령의 꿈! 대통령으로서 가질 수 있는 가장 멋있는 꿈이라고 생각했다.

미국의 지미 카터 전 대통령은 1981년 1월 20일 퇴임 후 고향으로 돌아가 세계 평화의 전도사이자 집 없고 헐벗은 사람들의 후원자로서 대통령 시절보다 더 멋진 '대통령 이후'를 보여 주었다. 수십여 년 동안 국제 분쟁을 중재하는 노력을 하고 인권 운동에 앞장선 공로를 인정받아 2002년 노벨 평화상 수상자로 선정되기도 했다.

만일, 이 대통령이 퇴임 후 녹색 운동가가 되겠다고 하는 그 꿈을 이룰 수만 있다면 지미 카터 대통령보다 더 멋진 '대통령 이후'를 보낼 수 있을 것이라는 생각이 들었다. 이 대통령은 녹색성장을 국정의 핵심과제로 선정하는 시대적인 혜안을 가졌다. 임기 중에 녹색성장을 성공적으로 추진하고, 퇴임 후 그 일을 개인적으로 이어갈 수만 있다면 이 대통령의 꿈은 분명히 이루어질 것이라는 생각을 했다.

우리나라에서 노벨상은 2000년 12월 10일 김대중 대통령이 처음으로 받았다. 민주주의와 인권을 향한 40여 년에 걸친 긴 투쟁 역정과 6·15 남북 공동선언을 끌어내 한반도 긴장 완화에 기여한 공로를 국제사회에서 인정하여 노벨 평화상 부분에서 세계 81번째로 수상했다.

만일, 이 대통령이 재임 중 녹색성장을 훌륭하게 추진하고 퇴임 후 개인적으로 이 일을 이어나간다고 가정하자. 그리하여 청와대 녹지원에서 어린이들에게 약속한 것처럼 녹색 운동가로서 꾸준히 활동한다고 가정하자. 이 대통령은 녹색 운동 또는 환경 부분에서 노벨상을 받는 우리나라 최초의 퇴임 대통령이 될 수 있을 것이라고 나는 확신했다. 이 얼마나 감격스러운 일인가? 이 대통령 개인으로서도 영광이지만 우리나라로서도 큰 경사가 아닐 수 없을 것이다.

내가 선언하고 추진하는 농업의 혁명인 생명환경농업! 이 대통령이 선언하고 추진하는 정부의 핵심 정책인 녹색성장! 나는 생명환경농업과 녹색성장의 역사적인 만남을 만들어내고 싶었다. 생명환경농업은 농촌 군수가 추진해야 할 사업이 아니며, 정부 차원에서 범국민운동으로 승화시켜 추진해야 한다는 사실을 계속 주장했던 이유도 생명환경농업과 녹색성장의 만남을 이루어내고 싶은 강한 바람에서였다. 나는 생각했다.

"왜 이 대통령은 정부의 핵심 정책인 녹색성장의 내용에 대해서 좀 더 심도 있게 공부하지 않을까? 왜 이 대통령은 농업이 녹색성장의 내용에 포함되지 않은 것을 깨닫지 못하고 있을까?"

내가 생명환경농업의 중요성에 대해 아무리 주장을 해도, 생명환경농업이 녹색성장의 중심이라고 아무리 목소리를 높여도, 정부로부터는 아무런 메아리가 없었다. J 농림축산식품부 장관은 생명환경농업에 대한 확신도 없었고, 이를 정부 차원에서 추진하고자 하는 의지 또한 없었다. 해당 부처의 장관이 추진하고자 하는 의지가 없는데 어떻게 정부 차원에서 생명환경농업을 추진할 수 있겠는가?

나는 마치 전쟁터에 나서는 장수처럼 비장한 각오를 하기에 이르렀다.

"이 중요한 일을 하기 위해서는 내가 농림축산식품부 장관이 되어야 해. 그것이 생명환경농업과 녹색성장의 역사적인 만남을 만들어 내는 유일한 방법이야. 그것이 우리나라를 위한 일이며, 대통령을 위한 일이며, 나 자신의 꿈을 이루는 길이 될 거야. 대통령에게 농업의 중요성을 설명하고, 생명환경농업이 우리 농업의 혁명이며 녹색성장의 중심이라는 사실을 설명할 수 있을 거야."

이 대통령이 고성을 방문한 것은 2009년 7월 31일이었다. 나는 이 대통령을 생명환경농업 연구소로 안내하기를 원했다. 그래야 생명환경농업을 추진하기 위해 준비해 놓은 미생물과 천연농약(천연비료 포함)을 대통령에게 직접 보여줄 수 있기 때문이었다. 그뿐만 아니라 생명환경농업 연구소의 논에 심겨 있는 생명환경농업 벼와 화학농업 벼의 차이점도 직접 눈으로 확인시켜 줄 수 있기 때문이었다. 그러나 청와대의 농업 비서관은 대통령의 생명환경농업 연구소 방문을 반대했다.

"생명환경농업은 아직 검증되지 않은 농법입니다. 대통령을 생명환경농업 연구소로 모실 수는 없습니다. 농업 현장으로 모시도록 일정을 잡아 주십시오."

"검증되지 않은 농법이라니, 그게 무슨 말씀입니까? 왜 알맹이는 빼고 겉만 보시게 합니까? 대통령께서 정확한 내용을 아실 수 있도록 하는 것이 참모의 역할 아닙니까?"

"대통령의 고성군 방문은 고성군 행사가 아니고 청와대 행사입니다. 농업 현장으로 모시도록 일정을 잡아 주십시오."

결국, 이 대통령의 생명환경농업 연구소 방문은 이루어지지 못했으며, 대신 한 참다래 농장을 방문하는 것으로 일정이 잡혔다. 생명환경농업 연구소처럼 생명환경농업을 대통령에게 체계적으로 설명할 수는 없었지만, 우리가 할 수 있는 범위 내에서 최선을 다해 준비했다. 현황판을 만들었으며 배양된 미생물을 참다래밭의 군데군데에 쌓아두었다. 농민들이 직접 만든 천연농약도 대통령이 볼 수 있도록 농장 입구에 준비해 놓았다.

현장 안내와 설명은 농장을 경영하는 C 사장이 직접 했다. 그러나 미생물을 쌓아놓은 곳에 가서는 내가 직접 설명했다. 나는 미생물을 가리키면서 말했다(그림 19).

"이것은 우리 농민들이 직접 배양하여 만든 미생물입니다. 이 미생물을 토양에 살포하면 빠른 속도로 번식합니다. 그렇게 되면 미생물을 먹이로 하는 지렁이를 비롯한 각종 생물이 많아지게 됩니다. 말하자면 토양이 살아 숨 쉬는 토양으로 변합니다."

내 설명을 듣고 있던 이 대통령이 갑자기 물었다.

"이 흙에 미생물이 들어 있단 말이야? 미생물 어디 있어? 내 눈에는 잘 안 보이는데?"

좀 민망했지만 나는 설명을 하지 않을 수 없었다.

그림 19 이명박 대통령에게 미생물을 가리키며 설명하고 있다

"미생물은 우리 눈에는 보이지 않습니다. 현미경으로 관찰해야 보입니다. 그래서 이름이 미생물입니다."

점심은 농장 바로 옆에 있는 정자나무 아래에서 고성군 농민 대표 약 20여 명과 함께 했다. 식사를 하기 전에 내가 대표로 건배사를 했다.

"대통령님께서는 지난 어린이날에 어린이들을 청와대로 초청하여 자리를 마련한 적이 있습니다. 그때 앞으로 이루고 싶은 꿈이 무엇이냐고 하는 한 어린이의 질문에 세계적인 녹색 운동가가 되고 싶다고 말씀하셨습니다. 오늘 고성의 생명환경농업 현장을 방문한 것이 대통령님의 그 꿈을 이룰 수 있는 계기가 되기를 바랍니다. 아울러 우리나라가 세계적인 녹색 강국이 되는 큰 전환점이 될 수 있기를 진심으로 바랍니다."

대통령이 어린이들에게 녹색 운동가가 되고 싶다고 한 약속을 상기시켰다. 그리고 대통령이 고성의 생명환경농업 현장을 방문한 의미를 크게 부여했다.

나는 이 대통령이 내가 한 건배사에 담긴 깊은 의미를 이해할 수 있기를 바랐다. 그리고 생명환경농업에 대해 관심을 가져 주기를 희망했다. 또한 생명환경농업이 녹색성장의 중심임을 이해해 주기를 진심으로 바랐다. 그러나 생명환경농업과 녹색성장의 역사적인 만남은 이루어지지 못했다. 즉, 이 대통령은 녹색 운동가의 길을 놓쳐버리고 말았다.

녹색성장과 생명환경농업이 만났다고 하면

이명박 대통령이 퇴임하고 나서 1년 후 강원도 평창에서는 '제12차 세계 생물다양성 총회'가 열렸다. 이 대회에는 170여 개국의 대표단과 국제기구, 환경단체, 산업계 관계자 등 역대 최대 규모인 2만여 명이 참가했다.

이 대통령이 재임 시절 '녹색성장'을 국정의 핵심 정책으로 삼았기 때문에 이 대회와 밀접한 관계가 있다고 말할 수 있다. 그런데 안타깝게도 퇴임한 이 대통령은 이 대회와 아무 관계 없는 사람이 되어 버렸다. 왜 이런 일이 일어났을까? 그런데 이런 가정을 해 보자.

"만일 이 대통령이 대통령 재임 시 나를 농림축산식품부 장관으로 임명했다면 어떻게 되었을까?"

이 질문에 대한 답을 나는 자신 있게 이렇게 말할 수 있다.

"이 대통령은 평창에서 열린 세계 생물다양성 총회에서 아주 자신만만한 모습으로 기조연설을 할 수 있었을 것이다."

그 기조연설에서 이 대통령은 자기가 재임 중 이루어 낸 생명환경농업과 녹색성장에 관해 소개했을 것이다. 특히, 논 습지의 중요성을 많이 강조했을 것이다. 논 습지가 지구 환경을 보호하기 위한 습지로서의 역할을 다하기 위해서는 농업을 화학농업에서 생명환경농업으로 바꾸어야 한다고 힘주어 말했을 것이다.

기조연설이 끝난 후 이 대통령은 2만여 명의 참석자들로부터 우레와 같은 기립 박수를 받았을 것이다. 형식적인 박수가 아니라 진심으로 우러나오는 박수를 받았을 것이며, 박수가 지속한 시간도 다른 여느 박수보다 길었을 것이다. 이 대통령은 가슴이 뭉클해오는 뿌듯함을 느꼈을 것이며, 어쩌면 눈시울을 살짝 적셨을지도 모른다. 언론을 통해서 그 광경을 지켜본 우리 국민도 이 대통령이 대단히 자랑스러웠을 것이다.

그러나 지금 내가 말한 것은 너무 아쉬워 상정해 본 하나의 가정에 불과하다. 우리가 잘 알다시피 실제 그런 일은 일어나지 않았다. 재임 중 야심 차게 녹색성장을 부르짖었던 이 대통령은 생물다양성 총회에 초대받지 못했다.

왜 이런 말도 안 되는 일이 발생했을까? 환경을 살리기 위한 녹색성장을 국정의 핵심정책으로 부르짖었던 대통령이 퇴임한 지 1년밖에 되지 않는 시점에 환경을 주제로 한 생물다양성 총회가 다른 나라도 아닌 우리나라에서 개최되었다. 그런데 그 대통령이 대회에 초대받지 못한 이유가 무엇인가? 이 질문에 대해 주최 측에서는 아마 이렇게 대답할 것이다.

"녹색성장을 구호로만 외쳤을 뿐 실제로는 행하지 않았기 때문이다. 녹색성장의 중심이 되어야 할 농업 분야, 생물 분야, 물 분야가 포함조차 되지 않았다. 다시 말해서, 녹색성장의 내용에 알맹이가 없었다."

그러나 나는 이 질문에 대해 다른 각도로 이렇게 대답하고 싶다.

"생명환경농업과 녹색성장의 역사적 만남이 없었기 때문이다."

만일, 내가 농림축산식품부 장관이 되었다고 가정해 보자. 그것은 녹색성장과 생명환경농업의 역사적 만남이 이루어졌다는 뜻이다. 바로 그 순간 이 대통령의 녹색성장은 새로운 엔진을 달고 힘차게 다시 출발했을 것이다. 전 세계의 환경운동가들이 한국의 녹색성장을 바라보는 시각이 크게 달라졌을 것이다. 기존의 녹색성장을 국민에게서 인기를 얻기 위해 외치는 떠들썩한 구호라고 생각했다면, 새로운 엔진을 달고 다시 출발하는 녹색성장은 구호가 아닌 진실된 실천이며 행동이라고 생각했을 것이다. 기존의 녹색성장이 앙꼬 없는 찐빵이었다고 하면, 새로 출발하는 녹색성장은 앙꼬 있는 따끈따끈하고 맛있는 찐빵이 되었을 것이다.

우리나라에는 우포늪(그림 20)을 비롯하여 모두 22개의 습지가 람사르 습지로 등록되어 있다. 그러나 이들 습지 못지않게 중요한 것이 우리나라의 논 습지(그림 21)다. 그동안 우리는 논 습지의 중요성을 전혀 깨닫지 못하고 있었다. 그러나 생명환경농업과 녹색성장의 만남을 통해서 논 습지의 중요성을 우리 국민이 모두 깨닫게 되었을 것이다. 죽어가는 논 습지를 생명이 살아 넘치는 논 습지로 만들기 위한 운동이 전개

그림 20 물안개가 자욱한 우포의 모습

그림 21 논 습지

되었을 것이다. 이 운동은 범국민운동이 될 수 있었을 것이며, 우리나라 논 습지는 모두 람사르 습지로 등록될 수 있었을 것이다.

논 습지에서 사라져버렸던 희귀동물들이 나타나기 시작했을 것이며, 그 희귀동물들이 나타날 때마다 각 언론에서 관심 있게 보도했을 것이다. 세계의 환경운동가들이 이를 관찰하기 위해 우리나라로 모여들었을 것이다. 우리 조상들의 지혜가 담긴 둠벙이 복원되기 시작했을 것이다. '논 습지'와 '둠벙'은 생명환경농업의 나라, 녹색성장의 나라 대한민국을 상징하는 아이콘이 될 수 있었을 것이다.

바로 이즈음 우리는 전혀 예측하지 못한 복병을 만났을지도 모른다. 녹색성장과 생명환경농업의 만남을 계기로 크게 피해를 본 사람들이 드디어 그 분노를 폭발했을 가능성이 있다. 바로 농약회사(비료회사 포함)이다. 농약회사는 직원들을 해고하는 구조조정을 할 수밖에 없다면서 정부를 향해 목소리를 높였을지도 모른다. 전국에 있는 농약 가게들도 집단 반발하면서 시위를 벌였을지도 모른다. 그 반발과 시위는 예상보다 컸을 수도 있다.

아이가 성장하기 위해서는 성장통을 겪게 된다고 한다. 그 성장통을 이겨내야만 성장의 기쁨을 맛볼 수 있다. 농약회사의 반발과 전국에 있는 농약 가게들의 항의는 우리나라가 환경 강국으로 나아가기 위한 성장통이다. 우리는 이 성장통을 이겨내기 위한 노력을 함께 했을 것이다. 그 노력은 우리나라가 자연과 환경을 죽이는 나라에서 자연과 환경을 살리는 나라로 바뀌기 위한, 그래서 세계적인 환경 강국으로 발돋움하기 위한 참으로 값진 노력이다.

이 세상에서 해결할 수 없는 문제는 없다. 어려운 문제일수록 더 기막힌 해답이 있다는 말도 있지 않은가? 진실로 가장 큰 문제는 문제가 있다고 하는 사실을 모르는 것이다. 농약으로 인해 우리 국토가 파멸되어 가고 있으며 우리 건강이 악화되어가고 있다는 사실을 모른다고 하면 그것이야말로 진짜 큰 문제이다. 우리는 문제를 알았고, 그 문제를 해결하는 과정에서 나타나는 여러 가지 어려움은 함께 지혜를 모으면 극복해 나갈 수 있다. 우리는 농약회사와 전국에 있는 농약 가게들의 반발을 전 국민의 지혜로 해결해 내었을 것이다.

나는 생명환경농업의 기본 원리에 대해서 이 대통령에게 자세히 설명했을 것이다. 생명환경농업이 녹색성장의 중심이 되어야 하는 이유도 하나하나 설명했을 것이다. 이 대통령은 생명환경농업의 기본 원리와 생명환경농업이 녹색성장의 중심이 되어야만 하는 이유를 이해했을 것이다. 이 대통령은 다시 고성을 방문하여 생명환경농업 현장을 둘러보고 농작물이 튼튼하게 잘 자랄 수 있는 메커니즘을 깨달았을 것이다. 어쩌면 이 대통령은 생명환경농업에 나보다 더 깊이 몰입하고 심취했을지도 모른다. 이 대통령은 자기가 어린이들에게 약속했던 녹색 운동가의 길로 한 걸음 한 걸음 다가가고 있었을 것이다.

축산에서도 아주 큰 변화가 일어났을 것이다. 지금 우리나라 축산은 소위 '현대화사업'이 진행되고 있으며, 정부에서 많은 예산을 지원해 주고 있다. 아파트형 구조, 밀폐형 공간, 시멘트 바닥, 각종 최신식 시설로 만들어진 것이 축산 현대화 사업의 축사 구조이다. 건축 비용이 평당 약 500만 원 정도라고 하니 사람들이 사는 아파트에 버금간다. TV에 출연한 모 셰프가 자랑스럽게 돼지고기를 들어 올리며 말했다.

"이 돼지고기는 아주 위생적이고 깨끗합니다. 도시의 아파트처럼 건축된 요즘의 현대식 축사는 옛날과 달리 대단히 위생적이고 깨끗하기 때문입니다."

순간 방청석에서 '와'하는 함성이 터져 나왔다. 그 셰프의 말에 한 치의 의심 없이 동의하는 환호성이었다. 어이가 없어도 너무 어이가 없었다. 고급 아파트 같은 밀폐형 축사에서 생산된 돼지고기를 아주 위생적이고 깨끗하다고 하니 말이다.

돼지는 시멘트 바닥이 아닌 흙바닥 위에서 살아야 한다. 그것이 돼지의 본능이며, 그래야 각종 질병에 대한 저항력도 강해진다. 옛날에는 돼지 축사 바닥이 흙이었다. 그 흙바닥 위에 짚이나 풀을 깔아 주었다. 돼지는 주둥이로 흙바닥을 파기도 하고 흙바닥 위에서 몸을 뒹굴기도 했다. 축사는 탁 트인 개방형이었다. 말하자면 공기가 잘 통하고 적당히 햇빛이 드는 구조였다.

그런데 축산 현대화 사업의 밀폐형 축사는 앞서 말한 바와 같이 사람이 사는 아파트와 같은 구조이다. 돼지가 시멘트 바닥을 주둥이로 팔 수 없으며 시멘트 바닥 위에서 몸을 뒹굴 환경도 못 된다. 공간이 협소할 뿐만 아니라 시멘트 바닥에는 축산 분뇨가 묻어 있고 차갑기 때문이다. 밀폐형 공간이기 때문에 햇빛이 아예 들지 않으며 바람이 시원하게 통하지 않음은 말할 필요도 없다. 이런 환경에서 돼지는 많은 스트레스를 받게 되며, 각종 질병에 대한 저항력을 가질 수 없다. 각종 질병이 발생할 수 있는 무척 비위생적인 환경이라는 말이다. 질병을 예방하기 위해서 항생제를 계속 시멘트 바닥에 뿌려야 하고, 항생제를 사료에 섞어 먹여야 하고, 돼지에게 각종 항생제 주사를 투여해야 한다.

셰프가 자랑스럽게 들고 있던 돼지고기는 그렇게 해서 얻어진 것이다. 절대로 위생적인 고기가 아니며 깨끗한 고기도 아니다. 아파트처럼 생긴 구조물을 보고 깨끗한 것으로 착각했던 것 같다.

생명환경축사는 현대화 사업의 축사 구조와 정반대라고 생각하면 된다. 옛날 우리나라의 축사 구조를 과학적으로 발전시킨 것이며, 가축이 본능에 충실할 수 있고 각종 질병에 대한 저항력을 가질 수 있게 만든 것이다. 축사 바닥은 미생물 바닥으로 만들었다. 돼지가 자유롭게 주둥이로 바닥을 파고 뒤집을 수 있다. 몸도 마음대로 뒹굴 수 있다. 아주 평화롭게 낮잠을 즐길 수도 있다(그림 10).

배설된 분뇨는 미생물에 의해서 발효되어 버린다. 분뇨가 발효되어 없어져 버리므로 별도로 모아서 처리할 필요도 없다. 이런 환경이 진짜 위생적이고 깨끗한 환경이다. 이를 지켜본 이 대통령은 아마 감탄사를 연발했을 것이다. 이 대통령이 잘하는 말이 있다.

"이거 내가 해 봐서 잘 아는데 말이야."

그러나 여기서는 이 말을 사용할 수 없었을 것이다. 대신 이렇게 말했을 것이다.

"와, 이거 놀랍네. 이것은 내가 안 해 봐서 잘 몰라."

생명환경축산은 우리가 알고 있는 축산의 상식을 바꾸어버렸다. 나는 이 대통령에게 또 이렇게 설명했을 것이다.

"대통령님, 생명환경축산을 하게 되면 구제역과 AI가 발생하지 않습니다."

이 말에 이 대통령은 깜짝 놀랐을 것이다.

"아니, 어떻게 그것이 가능해? 구제역과 AI가 해마다 우리를 얼마나 괴롭히는데."

나는 그 이유를 자세히 설명했을 것이다.

"생명환경축산에서는 가축들이 아주 건강하게 자랍니다. 미생물 바닥에서 가축이 본능에 충실하면서 살아갈 수 있기 때문입니다. 단위 면적당 사육하는 마릿수도 일반 축산의 절반입니다. 이런 환경에서는 가축들이 전혀 스트레스를 받지 않습니다. 가축들이 구제역, AI 등 각종 질병에 대한 저항력이 강한 이유입니다."

이 대통령은 생명환경농업보다 생명환경축산에 더 많은 매력을 느꼈을지도 모른다. 이 대통령은 퇴임하면서 생명환경농업과 생명환경축산에 관해 거의 전문가가 되어 있었을 것이다. 진정한 녹색 운동가의 길을 걸어갈 모든 준비가 되어 있었다는 뜻이다.

앞서 내가 가정한 상황, 즉 이 대통령이 평창의 세계 생물다양성 총회에서 기조연설을 하고, 우레와 같은 박수갈채를 받게 되는 상황은 가정이 아니라 엄연한 현실이 되었을 것이다.

02
일자리 대박을 놓친 박근혜 대통령의 창조경제

일자리 창출을 위한 산업의 구조 개혁

일자리 문제, 특히 청년 일자리 문제는 우리 사회의 커다란 이슈가 되어 있다. 아니 골칫거리가 되어 있다고 말하는 것이 옳을 것이다. 청년 실업 문제로 인해서 온 국민이 불안에 떨고 있는 것이 오늘의 우리 현실이기 때문이다. 따라서 청년 실업 문제는 더 이상 지체할 수 없는 커다란 사회적 문제가 되어 버렸다.

대학을 졸업해도 일자리 구하기가 하늘의 별 따기가 되어 버린 것이 오늘의 우리 현실이다. 대학을 졸업한 후 취직이 되지 않아 울며 겨자 먹기로 대학원에 진학하는 진풍경이 벌어지고 있는 실정이다. 그런데 막상 대학원을 졸업하고 나면 취직의 문은 더욱 좁아져 버린다. 사정이 이러하다 보니 정부는 물론 여당, 야당 할 것 없이 일자리 창출을 부르짖고 있다. 각종 선거에 출마한 후보자들은 모두 일자리를 많이 만들겠다고 다짐한다. 어떤 대선후보는 일자리 대통령이 되겠다는 슬로건을 내걸면서 대선출마를 선언했다. 그가 대통령이 되면 우리나라의 일자리 문제는 깨끗하게 해결될 수 있을까? 정말 그럴까?

일자리를 만든다는 것이 말처럼 그렇게 쉬운 것이 아니다. 일자리를 마치 물건 만들듯이 '뚝딱' 하고 만들 수 없는 일이기 때문이다. 그래서 그 약속들과 공약들은 대부분 거짓말이 되고 거짓 공약이 되어 버리고 만다.

지금 우리 사회에서 가장 큰 복지는 무엇이 되어야 하는가? 이 질문에 대해서 나는 조금의 망설임도 없이 대답한다.

"지금 우리 사회에서 가장 큰 복지는 일자리 창출이다."

일자리 창출이 최고의 복지라고 하는 사회적인 공감대가 형성될 때 우리 사회는 건전한 사회가 되고 행복한 사회가 될 수 있을 것이다. 우리의 국제 경쟁력은 높아질 것이며 우리나라는 일류국가로 발돋움할 수 있을 것이다.

오늘날 우리나라 국민이, 특히 젊은이들이 가장 몰입하고 있는 것이 무엇이냐고 물으면 나는 이렇게 말하고 싶다.

"오늘날의 우리 국민은, 특히 젊은이들은 IT의 늪에 푹 빠져 있다."

우리 사회가 온통 IT 세상이다. 정부도, 언론도 모두 IT를 강조한다. ICT가 창조경제의 핵심이라면서 목소리를 높이지 않았던가? 4차 산업혁명이 곧 일어나게 되고 그 결과 사물인터넷(IoT)이 일반화될 것이며, 우리 사회가 진정한 초연결사회로 접어들게 될 것이라고 모두 흥분에 들떠 있다. 우리 모두 IT 마니아가 되어 버린 느낌이다. 상황이 이렇다고 하면 당연히 우리 사회에서 가장 큰 복지인 일자리 창출은 바로 IT, ICT에서 이루어져야 할 것이다.

그런데 과연 그러한가? IT, ICT로 '말미암아' 몇 개의 일자리가 창출되었는가? 여기서 나는 특별히 '말미암아'란 단어를 사용했다. IT, ICT로 '인해서' 몇 개의 일자리가 만들어졌는가를 강조해서 질문한 것이다. 어느 자동차 회사의 이야기이다.

"매출이 63조에서 133조로 증가했다. 그러나 직원은 10%밖에 증가하지 않았다."

매출이 2배 이상 증가했는데 직원은 겨우 10% 증가했다는 사실은 무엇을 의미하는가? 두 가지 의미를 부여할 수 있다.

첫째, IT의 발달로 인해서 자동화와 단순화가 많이 이루어졌으며, 그 결과 사람이 하던 일을 컴퓨터가 대신하게 되었고, 따라서 매출은 두 배나 증가했지만, 일자리는 거의 증가하지 않았다고 하는 사실이다.

둘째, 회사의 사업은 팽창하고 수익은 증대했지만, 그 과실은 우리 모두가 아닌 소수의 사람이 가져갔다고 하는 사실이다.

이러한 현상이 어디 이 자동차 회사뿐이겠는가? 모든 분야의 모든 회사에 공통된 사항이다. 어디를 가도 사람 대신 컴퓨터가 일하고 있는 모습을 쉽게 목격할 수 있다. 일자리가 사라지는 모습이 우리 눈에 그대로 비쳐 오지 않는가? 이러한 현상은 당분간 계속될 것이다. 이것이 바로 IT가 우리에게 안겨 준 시대적 선물이다.

왜 이런 일이 발생했는가? 컴퓨터가 우리 손을 대신하게 되었고, 우리 두뇌를 대신하게 되었기 때문이다. 앞으로 우리의 감각까지 대신한다면 우리 인간들은 숨 쉬는 것 이외에는 별로 할 일이 없어질 것이다. 그런 시대가 우리를 향해 성큼성큼 다가오고 있다.

물론 IT의 발달에 따라 IT 분야를 전공하는 교수, 연구원, 학생들을 위한 새로운 일자리는 계속 만들어질 수 있을 것이다. 그리고 그들은 더 많은 수익도 얻을 수 있을 것이다. 그들은 IT를 계속 연구할 것이고, 새로운 연구 내용을 발표할 것이다. 그 내용은 실용화되면서 우리들의 일자리를 또 빼앗아 갈 것이다.

IT가 발달할수록 우리 모두의 일자리는 하나씩 우리로부터 떠나갔다. 참으로 부끄럽게도 우리는 지금까지 우리의 일자리가 떠나가는 소리를 애써 외면해 왔다. 우리가 IT에 너무 매료되어 있었고 따라서 우리의 눈이 멀어버렸기 때문이다. 청춘남녀가 사랑에 빠지면 눈에 콩깍지가 씌운다고 하듯이, 우리도 IT에 너무 빠져버려 눈에 콩깍지가 씌었던 것 같다.

가슴에 손을 얹고 조용히 귀를 기울여 보라. IT, ICT, AI가 강조되는 순간마다 일자리가 멀리 떠나가는 소리가 우리 귀에 들리는 것 같지 않은가? 그런데도 정부와 언론은 IT, ICT, AI가 일자리를 많이 창출할 것이라고 굳게 믿었으며 창조경제의 중심이라고 강조했다. 지금 이순간도 4차 산업혁명이 우리를 행복하게 해 줄 것이라고 맹신하고 있다.

우리는 IT 시대에 살고 있다. 따라서 IT에 대한 여러 메커니즘을 이해할 필요는 있다. 그러나 우리가 모두 IT 마니아가 되거나 IT에 몰입할 필요까지는 없다. 마치 이 분야에 엄청난 일자리가 있는 것처럼 홍분하거나 잘못 이해해서는 더욱 안 될 것이다. 지금 우리는 정신을 바짝 차려야 한다. 그리고 IT가 모든 것을 해결해 줄 것이라고 하는 잘못된 믿음에서 벗어나야 한다.

우리에게 가장 중요한 일자리 창출! 그러나 말로만 일자리 창출을 부르짖을 뿐 아무도 정확한 답을 내놓지 못하고 있다. 자동차, 조선, 휴대폰, 반도체 등 우리 사회의 주요 산업에 일자리 추가 창출은 현실적으로 불가능하다. 컴퓨터가 사람 대신 일을 하고 사람의 역할을 하기 때문에 일자리는 오히려 점점 더 줄어들고 있다. 결론적으로 말해서, 지금 우리나라 경제를 주도적으로 이끌고 있는 기존 산업에서의 일자리 추가 창출은 그 한계에 도달했다.

아무리 창조경제를 외치고 4차 산업혁명을 부르짖어도, 온 국민을 향해 아무리 자신 있게 일자리 대통령을 외쳐도, 일자리가 주렁주렁 달려 나올 수 없는 것은 지금의 우리 산업 구조상 어쩔 수 없는 일이다. 아니 창조경제를 외칠수록, 4차 산업혁명을 부르짖을수록, 일자리는 오히려 더 줄어들 수밖에 없다. 창조경제의 중심에 ICT를 포진시켰기 때문이며 4차 산업혁명은 3차 산업혁명을 진화시킨 것이기 때문이다. 그 결과 모든 업무의 자동화와 단순화가 더욱 촉진되기 때문이다.

그런데 설상가상으로 일자리 창출에 뜻하지 않은 비상사태가 발생하고 말았다. 정부에서 국가 경제를 살리기 위해서 조선, 해운업 등을 위주로 하여 기업의 구조 조정을 하겠다고 발표했기 때문이다. 구조조정을 하지 않고서는 우리 경제가 다시 살아날 수 없기 때문에 나온 극약 처방이라고 했다. 구조조정에 반대 입장을 견지해 오던 야당도 정부가 주장하는 구조조정을 지지했다.

구조 조정을 한다는 말은 무엇을 의미하는가? 일자리를 줄인다는 말이다. 즉 인력을 감축한다는 뜻이다. '구조 조정'이라는 말은 정부와 정치권이 목소리를 높이는 '일자리 창출'이라는 말과 정반대되는 단어 아닌가?

일자리 창출을 외치면서 동시에 구조 조정을 해야 하는 모순된 상황에 빠져 버리고 말았다. 참으로 아이러니한 현상이 벌어지고 있는 것을 우리는 두 눈으로 지켜보았다. 그렇다면 일자리 창출, 특히 청년 일자리 창출에 대한 해답은 정녕 없는 것일까?

정부가 발표한 구조 조정에 대해서 안철수 국민의당 의원은 구조 조정을 넘어 구조 개혁을 해야 한다고 주장했다. 구조 조정 수준으로는 일자리 창출이 어렵다면서 총체적인 산업의 구조 개혁을 이렇게 주장했다.

"미국의 경우 마이크로 소프트, 아이비엠, 메리어트 등 글로벌 수준의 경쟁력을 가진 대기업들은 한 분야만 전문으로 한다. 우리나라에서는 소수의 재벌그룹이 다양한 업종을 하고 있으며, 이는 결코 지속가능하지 않다. 재벌은 문어발식 산업구조에서 탈피하여 한두 분야에 목숨을 걸어야 한다. 그리하여 글로벌 수준의 대기업으로 재편해야 한다."

우리나라 대기업의 문어발식 산업구조를 바꾸어야 한다는 주장에는 전적으로 동의한다. 그러나 그것이 우리가 직면하고 있는 일자리 창출에 대한 정확한 답일까? 안 의원의 주장은 양극화 해소와 경제민주화에는 크게 기여할 수 있지만 일자리 창출에는 크게 기여하지 못한다는 것이 내 생각이다.

내가 말하는 산업의 구조 개혁은 안 의원이 주장하는 산업의 구조 개혁과는 그 의미가 전혀 다르다. 안 의원은 우리나라 재벌의 문어발식 산업구조를 개혁하는 '재벌의 구조 개혁'을 주장했지만, 나는 새로운 주력산업을 만들어 새로운 일자리를 창출하는 '산업의 구조 개혁'을 주장하고 있다.

해방 이후 우리나라 산업에는 몇 차례의 구조 개혁이 이루어져 왔으며 그 과정을 통해서 주력산업이 바뀌어 왔다. 주력산업이란 새로운 일자리를 만들어내고 새로운 시장을 개척하면서 그 사회의 경제를 이끌어가는 산업을 말한다. 1970년 이전까지는 농업이 우리나라의 유일한 산업이었다. 다시 말해서 농업이 우리의 주력산업이었다.

1970년대에 우리나라에 산업화가 이루어지면서 경공업과 중화학공업이 주력산업으로 등장했다. 이때 젊은이들은 새로운 일자리를 찾아 농촌에서 도시로 이동해가기 시작했다. 1980년대에 자동차공업과 조선산업이 새로운 주력산업으로 자리매김했다. 자동차산업과 조선산업에서 새로운 일자리가 만들어지고 새로운 시장이 개척되었다는 말이다. 1990년대에 접어들어 반도체산업과 휴대폰산업 등 IT산업이 우리나라의 주력산업으로 화려하게 등장했다. 이것이 바로 3차 산업혁명이다. 3차 산업혁명의 IT산업은 우리 경제의 활성화를 위한 새로운 시장을 개척하면서 주력산업으로서의 역할을 톡톡히 했다. 그러나 여기서 만들어지는 새로운 일자리는 '자동화'를 촉진시킴으로써 기존의 일자리를 감소시키는 역할을 하게 되어 사회 전체적으로는 일자리 창출에 실패하고 말았다.

경제 민주화를 위한 '재벌의 구조 개혁'도 필요하지만 경제 민주화와 일자리 창출을 동시에 해결하기 위해서는 새로운 주력산업을 만드는 '산업의 구조 개혁'을 지체하지 말고 추진해야 한다.

우리나라 경제를 살리기 위한 산업의 구조 개혁! 실업문제를 해결하고 청년 일자리를 창출하기 위한 산업의 구조 개혁! 심화된 양극화 현상을 해소하고 경제 민주화를 이루기 위한 산업의 구조 개혁! 대한민국이 저성장을 탈피하고 국민소득 2만 불대를 벗어날 수 있는 산업의 구조 개혁! 그 해답을 이렇게 제시한다.

"생명환경농업을 전국적으로 실천하는 것이다."

그 이유가 무엇이냐고 묻는가? 나는 자신 있게 답한다.

"생명환경농업은 농업과 축산업의 경쟁력을 크게 높일 수 있는 우리 농업과 축산업의 혁명이기 때문이다. 농업과 축산업을 젊은이들이 선호하는 산업으로 탈바꿈시킬 수 있는 새로운 패러다임이기 때문이다. 미래 주력산업이 될 LT 산업으로 가는 길을 열어주기 때문이다. 우리 산업에 큰 승리를 안겨줄 대한민국의 트로이 목마이기 때문이다."

우리는 지금 '새로운 주력산업을 만드는 산업의 구조개혁'을 더 이상 미루어서는 안 된다. 우리나라의 경제 발전도, 청년 일자리 창출도, 저성장 탈출도, 양극화 해소도, 경제 민주화 달성도, 더 이상 미룰 수 없는 시급한 과제이기 때문이다.

창조경제의 중심은 생명환경농업이 되어야 했다

창조경제! 박근혜 대통령의 가장 중요한 핵심 정책이었다. 사실, 창조경제란 단어는 우리에게 아주 생소한 단어였다. 박 대통령이 창조경제를 핵심 정책으로 제시하면서 창조경제란 단어가 등장했으며, 언론에 수없이 보도되면서 이제 우리 귀에 친숙한 단어가 되어버렸다. 그러나 정작 창조경제의 정확한 뜻을 아는 사람은 별로 많지 않은 것 같다.

창조경제란 말은 영국의 경영전략가인 존 호킨스가 2001년 펴낸 책 '창조경제'에서 처음 사용한 말이다. 영국 학자에 의해 만들어진 창조경제란 단어가 박근혜 정부의 5대 국정 목표 중에서도 핵심정책으로 자리를 잡게 되었다. 박 대통령의 핵심 정책인 창조경제에 대한 설명을 들어보자.

"창조경제란 한국 경제의 질적 도약을 위한 경제성장 패러다임의 전환이다. 넓은 의미에서 창조경제는 기존의 추격형 경제, 모방형 경제에서 벗어난 선도형 경제, 창의형 경제로 나아가기 위해 경제성장의 패러다임을 전환시키는 것을 의미한다. 이에 반해 좁은 의미의 창조경제는 첨단 과학기술 및 ICT 등을 기반으로 산업/기술 간 융합을 통해 성장 잠재력을 확충하고 이를 통해 좋은 일자리를 만들기 위한 것을 의미한다."

넓은 의미의 창조경제는 경제성장의 패러다임을 전환시켜 기존의 추격형 경제, 모방형 경제가 아닌 선도형 경제, 창의형 경제로 나아간다는 뜻이다. 얼마나 좋은 뜻이며 훌륭한 취지인가? 그런데 경제성장의 패러다임을 잘못된 방향으로 전환시키는 엄청난 실수를 하고 말았다. 즉, 문화 융성을 창조경제의 중심에 놓고 문화창조를 강조하는 커다란 실수를 저지르고 말았다.

문화는 우리의 생활 속에서 긴 세월을 거치면서 형성되는 것이기 때문에 '문화창조'란 말은 근본적으로 적절한 표현이라고 할 수 없다.

설령, 새로운 아이디어로 우리가 가진 문화를 창의적으로 발전시켜 나간다 하더라도 거기에서 얼마나 많은 일자리가 창출되겠는가? 문화 창조가 우리 경제를 선도형 경제, 창의적 경제로 끌고 나간다는 것은 현실과는 거리가 먼 이야기이다.

좁은 의미의 창조경제는 첨단 과학기술 및 ICT를 기반으로 산업/기술 간 융합을 통해 성장 잠재력을 확충하고 이를 통해 좋은 일자리를 창출하자는 것이다. ICT를 각 산업에 접목할 수는 있다. 아니 접목하는 것은 너무나 당연하다. 그러나 그것이 가장 중요한 목표가 되어서는 안 된다. 그 이유는 두 가지 측면에서 설명할 수 있다.

첫째, ICT를 각 산업에 접목하는 것은 각 산업의 기술 수단을 향상시키는 것이지, 각 산업이 지향해야 할 정책적인 방향은 아니기 때문이다. 예를 들어, 올림픽 경기에서는 이미 IT, ICT를 접목하고 있다. 그 덕택에 육상과 수영은 1/100초 단위까지 정확하게 측정하여 순위를 매길 수 있게 되었다. 배구, 펜싱, 배드민턴, 태권도 등의 경기에서는 챌린지를 신청하여 사람의 눈으로 확인할 수 없는 부분을 컴퓨터로 확인할 수 있다. 이러한 것들은 경기를 진행하는 과정에서 필요한 기술 수단이지, 경기의 핵심은 아니다. 경기의 핵심은 경기 내용을 어떻게 더 발전시키느냐 하는 것이다.

둘째, ICT를 각 산업에 접목하는 것을 중요한 목표로 하게 되면 ICT 분야의 일자리는 늘어나겠지만, 전체적인 일자리는 감소할 수밖에 없기 때문이다. 일자리 창출이 창조경제의 궁극적 목표인데, 정작 그 방법은 일자리를 감소시키는 방향으로 설정해 버렸다. 엄청난 모순을 저지르고 만 것이다.

왜 이런 잘못을 저질렀을까? IT, ICT가 모든 것을 해결해 줄 것이라고 하는 맹신이 아니고서는 어떻게 이런 잘못을 저지를 수 있단 말인가?

여기서 잠시 오스트리아의 신학자이며 철학자인 이반 일리히가 쓴 '성장을 멈춰라'에 나오는 내용을 살펴보자. 이 책에서 이반 일리히는 우리 인간을 편리하게 해 주는 '도구(tools)' 발전의 역사를 설명한다.

"우리 인간을 편리하게 해 주는 '도구' 발전의 역사는 크게 두 개의 분수령이 있다. 도구가 인류의 복지에 기여할 수 있게 된 시점이 첫 번째 분수령이다. 한편, 도구가 과잉 발전하여 오히려 인간이 도구에 지배당하고 삶의 목표를 도구가 설정하는 대로 따라가야 하는 시대로 진입하는 시점이 두 번째 분수령이다."

일리히는 두 시점을 비교하면서 과잉 발전한 도구가 인간을 어떻게 지배하는지, 그리고 인간다운 삶의 목표를 어떻게 상실하게 하는지 분석했다. 특히, 두 번째 분수령 이후 지나치게 효율성만을 강조한 도구들이 등장하면서 근무 환경을 파괴하고 인간 삶의 균형을 깨뜨리기 시작한다는 사실을 강조했다.

이반 일리히는 마치 지금의 우리 현상을 생각하면서 도구 발전의 역사를 말한 것 같다. 우리를 향해 외치는 이반 일리히의 목소리가 귀에 들리는 것 같지 않은가?

"지금 인류는 도구 발전의 두 번째 분수령을 지나고 있다. ICT, AI를 전면에 내세우면서 효율성만을 지나치게 강조하고 있다. ICT, AI를 외칠수록 인류는 도구에 의해 지배당하는 도구의 노예가 될 것이다. 근무 환경은 파괴될 것이며 삶의 균형은 깨질 것이다."

로봇이라는 도구가 사람을 대신하여 집 안 청소를 하는 것은 한참 지난 옛날이야기가 되어 버렸다. 이제 인공지능을 가진 도구가 등장하여 사람의 두뇌를 대신하는 시대가 되지 않았는가? 알파고는 그 대표적인 예다. 우리 인간이 할 일과 있어야 할 자리를 모두 도구에 빼앗기고도 정부와 언론은 마치 큰 경사라도 난 것처럼 열광하고 있다. 이러한 상황을 어떻게 설명해야 할까?

이세돌과 알파고 대국 이후 정보기술(IT)계와 바둑계가 한국형 알파고 제작에 팔을 걷어붙였다고 한다. 바둑 발전을 위해서 한국형 알파고를 개발하는 것은 좋다. 흥미를 위해서 도구(바둑 프로그램)와 사람이 대결하는 것도 크게 반대하지 않는다. 여기서 성급하게 이렇게 질문할 수도 있을 것이다.

"그렇다면 무엇이 문제인가?"

내 대답을 듣고 신중하게 생각해 보기 바란다.

"사람들이 모두 여기에 너무 깊이 빠져 있다는 것이 문제다. 마치 인류사에 큰 경사가 난 것처럼 흥분하고 있다는 것이 큰 문제다."

여기까지만 해도 괜찮다.

"알파고가 우리에게 일자리를 제공해 주고 우리를 행복하게 해 줄 것이라 오해하고 있다는 것이 더 큰 문제다. 알파고가 우리의 일자리를 빼앗아가고 나아가 우리가 있어야 할 자리마저 빼앗아 갈 것이라는 불행한 사실을 전혀 깨닫지 못하고 있다는 것이 훨씬 더 큰 문제다."

지금 우리가 IT, ICT에 몰입해 있는 정도의 상황이면 우리는 완전히 도구의 노예가 되어버린 상태라고 해야 할 것이다. 우리가 인간성을 상실해 버리고 온전히 도구에 의존하는 또 하나의 도구로 전락하고 말았다는 생각이 든다. 또다시 우리를 향해 외치는 이반 일리히의 목소리가 들리는 것 같다.

"더 이상 인간이 도구의 노예가 되어서는 안 된다. 인간의 본래 위치를 되찾아라. 잃어버린 인간성을 회복하라"

이반 일리히의 목소리를 기억하면서 나는 이 책의 앞부분에 다음과 같이 적어 놓았다.

"아직 태어나지 않은 세대에 이 책을 바친다.

사람의 일과 사람의 자리를 기계에 넘겨주면서 인간성을 상실해 버린다는 것은 상상조차 할 수 없는 대한민국을 만들어 주길…"

이반 일리히의 목소리가 자꾸 귓전을 때린다.

"이제 IT는 막다른 골목에 도달했다. 여기서 더 나아가면 인간이 서야 할 자리는 더 이상 존재하지 않는다."

우리의 설 자리를 잃지 않기 위해서 더 이상 IT, ICT에 전적으로 의존하는 태도를 버려야 한다. 인간이 앉아 있어야 할 자리를 찾아올 수 있는 분야, 인간성을 회복할 수 있는 분야, 그리고 일자리를 창출할 수 있는 분야로 우리의 관심을 돌려야 한다. 그렇다면, 우리를 IT, ICT의 깊은 늪에서 구해줄 구세주가 과연 어떤 분야일까? 이 질문에 나는 주저하지 않고 대답한다.

"우리를 IT, ICT의 늪에서 구해줄 구세주는 우리가 지금까지 등한시하고 내버려 두었던 '농업'이다."

천덕꾸러기처럼 취급되었던 농업을 우리나라의 새로운 '신산업'으로 만들어야 한다. 그 신산업을 젊은이들이 선호하는 산업, 젊은이들이 매력을 느끼는 산업으로 만들어야 한다. 성급한 사람은 이렇게 질문할 것이다.

"가능한 말을 해야 할 것 아닌가? 농업을 어떻게 젊은이들이 좋아하는 신산업으로 만들 수 있단 말인가?"

그 질문에 대한 훌륭한 답이 있다.

"생명환경농업을 전국으로 확산시켜 이를 체계화하고 조직화하면 농업은 우리 시대의 신산업이 될 수 있다."

농업의 정책적인 방향을 창조하는 것, 이것이 진정한 창조농업 아닌가? 다시 한번 말한다.

"ICT를 농업에 접목하는 것은 기술 수단의 발전이지만, 생명환경농업을 농업에 접목하는 것은 정책적인 방향의 발전이다. 따라서 생명환경농업을 추진하는 것이 진정한 창조농업이다."

생명환경농업은 창조농업으로서 우리 농업의 구조와 경영을 혁신하고 우리 농업의 방향을 재설정할 수 있었을 것이다. 그리하여 우리나라 창조경제의 중심 역할을 했을 것이며, 우리 경제를 이끌어 가는 견인차가 되었을 것이다.

창조경제의 중심인 생명환경농업은 우리나라 산업의 구조 개혁을 선도해 나갔을 것이며, LT 산업으로 가는 위대한 길을 열어주었을 것이다.

안타깝게도 박근혜 대통령은 농업을 중요하게 생각하지 않았고 생명환경농업을 눈여겨보지 않았다. 그 결과 농업은 창조경제의 중심에 설 수 없었으며 생명환경농업은 그 역할을 할 수 없었다.

일자리 대박을 놓친 박근혜 대통령의 창조경제

창조경제에 관한 글을 읽다가 다음과 같은 구절을 발견했다.

"ICT의 발전을 통해 우리 사회는 진정한 초연결 사회를 구현하는 방향으로 변화하고 있다. 인간과 인간, 인간과 사물, 사물과 사물이 인터넷과 모바일로 연결되는 이러한 초연결 사회야말로 창조경제가 구현될 수 있는 기반이다. 우리나라는 특히 이러한 초연결 사회의 가능성이 가장 높은 사회의 하나다. 단순하게 경제를 넘어서 사회 전체가 창조 사회로 가는 길을 ICT가 깔고 있다."

ICT가 발전하면 우리 사회가 초연결사회로 되는 것은 분명한 사실이다. 그런데 그다음의 설명이 나를 어리둥절하게 만들었다. '초연결 사회'를 일컬어 창조경제가 구현될 수 있는 기반이라니! 창조경제의 가장 궁극적인 목표가 일자리 창출이라는 사실을 모르고 하는 소리인가? 그런 사회에서 우리 국민의 일자리는 어디에서 찾으며, 우리 국민의 행복은 어디에서 찾으란 말인가? 컴퓨터의 노예가 되는 것 외에 해야 할 일도, 있어야 할 곳도, 심지어 생각할 필요도 없어지게 될 것이 아닌가? 그런 사회에서 일자리 창출 운운하는 것은 참으로 우스꽝스러운 일일 수밖에 없다.

우리나라는 초연결사회가 될 가능성이 가장 높은 나라라고 하는 말에 나도 동의한다. 지금도 우리나라는 세계 인터넷 강국임을 자랑하고 있지 않은가? 그런데 그다음의 말이 아무래도 마음에 걸린다.

"단순하게 경제를 넘어서 사회 전체가 창조 사회로 가는 길을 ICT가 깔고 있다."

이런 경우를 일컬어 '어이가 없다'라고 말하는 것 같다. 너무 어이가 없어서 묻는다.

"도대체 대한민국을 어떤 나라로 만들고 우리 국민을 어떻게 하겠다는 것인가?"

인간과 인간, 인간과 사물, 사물과 사물이 인터넷과 모바일로 연결되는 초연결 사회! 모든 사물에 컴퓨터가 들어가 있고, 컴퓨터가 사람 대신 일을 하고 사람이 있어야 할 곳에 있고 심지어 사람 대신 느끼기까지 하는 사회! 그런 사회가 우리가 원하는 창조 사회인가?

IT 전문가들만 일할 자리가 있고 나머지 사람들은 실직자로 전락한 사회! 새로운 ICT 프로그램을 개발하여 성공한 사람은 재벌이 되고 그것을 이용하는 나머지 사람들은 가난한 사회! 그런 대한민국은 생각하기도 싫은 불행한 사회일 뿐이다.

어렵게 생각하지 말고 아주 쉽게 생각해 보자. 시내버스와 고속버스 안에서 상냥하게 손님들을 맞이하던 안내양이 사라진 지는 아주 옛날이야기가 되어 버렸다. 안내양의 일자리를 컴퓨터가 대신해 버린 것이다. 그 일자리 숫자가 얼마인가? 안내양에게 지급될 임금은 컴퓨터 회사와 프로그램 개발자에게 주어졌다. 여기서 부(富)의 편중 현상이 발생했다.

고속도로 톨 게이트에서는 '하이패스'라는 이름의 자동화 시스템이 등장하면서 사람이 하던 일을 컴퓨터에 넘겨주어 버렸다. 여기서도 사람의 일자리는 대량으로 사라져 버렸고, 그곳에서 일하던 사람들은 모두 실직자가 되어 버렸다. 그 많은 직원에게 지급되던 임금은 하이패스와 관련된 컴퓨터 회사에 주어졌다. 부의 편중 현상이 또 발생했다.

서울을 비롯한 대도시의 지하철에서도 마찬가지 현상이 발생했다. 승차권 판매, 승하차 확인 등 모든 일이 컴퓨터에 의해 처리되고 있다. 그 많은 직원은 모두 직장에서 쫓겨나 어디로 갔을까? 그들이 받던 임금은 이제 컴퓨터 회사가 대신 받고 있다. 부의 편중 현상이 더욱 심화되었다.

고속버스 승차권 판매, KTX 승차권 판매 및 승하차 확인 등에서도 마찬가지 현상이 발생했다. 엄청난 일자리 증발과 해고 현상을 우리 눈으로 직접 보고 있지 않은가? 부의 편중 현상이 심화되어가고 있는 현실을 피부로 느끼고 있지 않은가?

지금 이 순간에도 전 세계가 온통 야단법석이다. 인공지능, 사물인터넷, 로봇기술 등의 융합으로 이루어지는 기술 혁신을 통해서 핵폭탄급 4차 산업혁명이 일어나고 있다면서 흥분하고 있다.

자율주행 차가 등장하게 되면 운전을 직접 할 필요도 없어지게 될 것이다. 어디 그뿐인가? 앞으로 운전기사들은 모두 직장을 잃어버리게 될 것이며, 그 많은 일자리가 모두 증발하고 말 것이다. 드론이 등장하여 택배회사 직원들도 모두 일자리를 떠나야 할 전망이다. 여기서 증발하는 일자리는 또 얼마나 많겠는가? 우리 모두가 나누어 가지던 재화는 자율주행 차와 드론을 개발한 회사가 모두 가져갈 것이다.

이처럼 IT, ICT, IoT, AI 기술이 발달하면서 우리의 일자리는 없어져 가고 동시에 우리 사회의 재화(財貨)를 나누어 가질 기회는 사라져 가고 있다. 즉 고용창출이 사라지고 동시에 부의 편중 현상이 심화되어 가고 있다. 우리 사회의 문제점인 양극화를 만들어가고 있다는 뜻이며, 경제 민주화가 사라져가고 있다는 말이기도 하다.

이 슬픈 현실 앞에서 우리는 편리해졌다면서 웃어야 할까? 이런 현상은 공장, 관공서 등 우리 사회의 모든 곳에서 발생하고 있으며 관련 기술의 발달과 함께 더 많이 일어날 것이다. 자동화가 이루어지는 순간부터 고용 감소와 일자리 증발은 속도를 내기 시작했고, 우리는 이 슬픈 현실에 점점 무감각해져 가고 있다.

인공지능이 개발되고 발전됨으로써 우리 인류에게 어느 정도의 행복을 안겨줄 수 있으며 얼마만큼의 일자리가 창출될 수 있을까? 이세돌 기사와 알파고의 대국을 보면서 '와! 기가 막히네!'라고 하는 한 번의 감탄사를 쏟아내는 것 외에 어떤 것이 우리에게 주어지는가? 인공지능이 개발되고 발전되면서 인간의 기능과 역할은 자꾸 축소되어 가고 인간의 설 자리는 계속 없어져 갈 수밖에 없다.

우리 냉정하게 생각해 보자. 이세돌 기사와 알파고의 대국을 지켜보면서 우리는 즐거워할 것이 아니라 오히려 슬퍼해야 할 것이 아닌가? 이제 더 이상 IT, ICT를 너무 강조해서 이야기하지 말고 그 발전에 크게 흥분하지도 말자. 거의 한계점에 도달했다는 생각이 들지 않는가? 그리고 우리가 모두 그 분야에 종사할 수도 없지 않은가?

물론, 구글을 위시하여 그와 관련된 기업들과 그 분야 전문가들은 자꾸 이벤트를 벌이고, 중요성을 강조하고, 새로운 내용을 공개할 것이다. 마치 IT, ICT, IoT, AI가 우리를 한없이 행복하게 만들어 줄 것처럼, 심지어 일자리 창출까지 이루어 줄 것처럼 호도할 것이다. 그리고 이런 주장을 펼치는 나를 무식한 사람이라 깎아내릴지도 모른다.

그러나 지금 우리는 바짝 정신을 차려야 한다. 그 어떤 유혹에도 넘어가지 말아야 하며, 그들의 유혹에 덩달아 춤을 추어서는 더욱 안 될 것이다.

박근혜 대통령은 '통일은 대박'이라고 말했다. 맞는 말이다. 통일은 우리 민족에게 분명 대박이 될 것이다. 그러나 그 대박은 우리만의 의지로 되는 것이 아니다. 이 지구 상에 유일한 세습 독재자인 김정은이라고 하는 상대가 있기 때문이다. 따라서 통일은 빨리 올지 늦게 올지 아무도 예측할 수 없다. 그런데 여기 우리 의지만으로도 가능한 대박이 있다.

"생명환경농업을 실천하면 우리에게 '일자리 대박'이 찾아올 것이다."

만일 정부가 의지를 가지고 생명환경농업을 추진하면 우리의 상상을 초월하는 많은 숫자의 일자리가 만들어질 수 있을 것이다. 나의 이러한 설명에 대해서 다음과 같이 반응할지도 모른다.

"일자리 대박이라고? 그게 무슨 대박이야? 말도 안 되는 소리 하고 있네."

"농업에 일자리가 생긴다니, 그게 무슨 뚱딴지같은 소리야?"

"농사는 70대 노인들이나 하는 일인데, 그런 농사를 짓겠다고 하는 젊은이가 어디 있어?"

이러한 반응들은 모두 농업과 관련한 타성과 고정관념에서 나온 말이다. 내가 시도하여 성공한 생명환경농업에서는 농업과 관련한 이러한 타성과 고정관념이 모두 깨어지게 될 것이다. 생명환경농업을 실천하게 되면 농업은 젊은이들이 선호하는 매력 있는 산업으로 바뀔 수 있기 때문이다. 국제 경쟁력 있는 '신산업(新産業)'으로 변화될 수 있기 때문이다.

다만, 그렇게 되기 위해서는 어떤 과정을 겪어야 한다. 가장 중요한 것은 정부에서 강한 의지를 가지고 있어야 한다. 생명환경농업을 정부 차원에서 추진하면서 범국민운동으로 승화시켜야 한다. 농업에 대해서 우리가 가지고 있는 무서운 타성과 고정관념을 무너뜨리는 범국민 운동 말이다. 그 과정에서 고통을 감내하는 인내의 시간을 가져야 할 것이다.

열차의 선로 폭에 관한 흥미 있는 이야기가 있다. 2011년 6월 그 임무를 마치고 퇴역한 유인 우주왕복선 엔데버호에 사용된 로켓의 너비는 143.5㎝였다. 사실 당시 기술자들은 로켓을 좀 더 크게 만들고 싶었지만, 그것은 가능하지 않았다. 그 이유는 열차의 선로 폭이 좁았기 때문이다. 즉 로켓을 열차로 운반해야 했고, 중간에 터널을 통과해야 하기 때문에 너비를 열차 선로 폭에 맞추어야 했다.

그렇다면 열차 선로의 폭은 왜 그렇게 좁게 만들어졌을까? 열차 선로의 폭은 19세기 초 영국에서 처음 정해졌다. 당시 석탄 운반용 마차 선로를 지면에 깔아 열차 선로를 만들었는데, 이때 마차 선로의 폭은 말 두 마리가 끄는 마차 폭에 맞춰 만들어졌다. 결국, 우리 인간은 2,000년 전 말 두 마리가 끄는 마차 폭으로 정해진 그 선로 폭의 굴레에서 벗어나지 못하고 있다.

농업은 우리나라가 근대화되기 이전부터 우리와 운명을 함께 해왔다. 농업은 가난하고 배고픈 시절을 우리와 함께하면서 배고픔의 대명사인 것처럼 인식됐다. 1970년대부터 산업화가 이루어졌고, 이때 젊은이들은 일자리를 찾아 농촌에서 도시로 이동해 갔다. 그리고 농업은 노인들의 전유물이 되고 말았다. 그런 과정을 거치면서 우리들의 머릿속에 깊이 박히게 된 농업에 관한 이미지는 이렇다.

"농업은 배고픔 그 자체이다. 농업에는 미래가 없고 희망도 없다. 농업은 젊은이들이 하는 일이 아니며 노인들이 하는 일이다."

이런 농업에서 아무도 미래를 찾으려 하지 않는다. 농업에는 단 한 오라기의 희망도 없는 것처럼 생각하고 있다. 열차 선로 폭이 왜 지금의 너비로 되었는지 아무도 생각하지 않듯이 농업이 왜 경쟁력이 없는지 아무도 생각하지 않는다.

2,000년 전에 정해진 열차 선로는 지금 바꿀 수 없다. 우리의 상상을 초월할 정도로 큰 비용을 지불해야 하기 때문이다. 그런 큰 비용을 지불하면서까지 열차 선로 폭을 바꾸어야 할 필요도 없다. 그러나 농업은 바꿀 수 있다. 큰 비용을 지불하지 않아도 되며, 반드시 바꾸어야 할 필요도 있다. 양질의 일자리 창출을 가능하게 하는 '일자리 대박'이며 우리나라를 세계적인 농업 강국으로 만들 수 있는 아주 효율적인 방법이기 때문이다.

대박 이야기가 나왔으니 검은 백조 이야기를 하지 않을 수 없다. 검은 백조란 도저히 일어날 것 같지 않지만, 만약 발생할 경우 엄청난 충격을 몰고 오는 사건을 일컫는 말이다.

1697년 호주 대륙에서 검은 백조가 발견되기 전까지 유럽 사람들은 모두 백조는 흰색이라고 생각했다. 그때까지 발견된 백조가 모두 흰색이었기 때문이다. 검은 백조가 발견된 후 이 용어는 진귀하거나 절대로 존재하지 않을 것이라고 생각했으나 실제 발생하거나 발견되는 현상을 뜻하게 되었다. 여기서 '검은 백조'는 바로 '대박'을 의미한다.

생명환경농업은 우리나라의 새로운 주력 산업으로서 우리에게 '일자리 대박'이라는 선물을 안겨줄 것이다. 다시 말해서 우리나라 산업에 나타난 '검은 백조'가 될 것이다.

박 대통령의 창조경제는 일자리 창출과는 크게 관련이 없는 문화융성과 문화창조라고 하는 구호에 매달리면서, 정작 우리 산업의 일자리 대박이며 검은 백조인 생명환경농업은 바라보지 못했다. 박 대통령의 창조경제는 일자리 대박을 놓쳐버렸다.

우리의 행복과 건강을 위하여

01
생명환경농업에서 샘솟는 행복

IT산업은 우리를 불행하게 만들고 말았다

포켓몬 고 열풍이 전 세계를 한바탕 휩쓸고 지나갔다. 그렇지 않아도 스마트폰에 매료된 세상이었는데, 그 스마트폰에 더욱더 열광해야 할 이유가 생겨버렸다. 포켓몬 고는 강력한 자석처럼 사람들을 끌어당기면서 우리 사회를 흥분의 도가니로 몰아넣고 말았다. 영국에서는 결혼식에 참석한 하객들이 결혼 축하 대신 포켓몬 잡기에 열중하여 세계의 톱 뉴스가 되기도 했다. 포켓몬에 몰입된 나머지 낭떠러지에서 떨어지는 인명 사고도 발생했다. 학교에서도, 시장에서도, 길거리에서도, 모두 포켓몬 잡기에 흠뻑 빠져 있었다. 어른, 아이, 남자, 여자 할 것 없이 온통 포켓몬 세상이었다. 심지어, 이런 표현까지 등장했다.

"앱 하나로 우리가 모두 자연스럽게 하나가 된다. 위 아 더 월드(We are the World)가 실현되고 있다."

우리나라도 예외가 아니었다. 많은 사람이 포켓몬 고에 열광하여 강원도 속초로 가는 버스표가 일찌감치 매진되었다. 속초시에서는 재빠르게 포켓몬 고 사용자를 향한 관광객 유치에 나섰다.

촛불이 마지막 탈 때는 그 몸체까지 태우면서 가장 세게 활활 타오른다. 포켓몬 열풍은 바로 IT산업의 마지막 촛불임을 적나라하게 보여주었다. IT산업은 포켓몬 고의 열풍을 마지막으로 그 정점을 찍었다는 생각을 했다. 아니, 정점을 찍어야 한다고 생각했다. 우리 사회가 올바른 방향으로 나아가기 위해서이며, 지금 우리 사회가 안고 있는 여러 가지 문제점을 해결하기 위해서이다.

IT 산업은 지금까지 숨가쁜 속도로 달려왔다. ICT가 창조경제를 이끌어간다면서 열광했으며, Big Data, Mobile, Wearable을 의미하는 BMW라고 하는 신조어가 생기기도 했다. 이세돌과 알파고의 바둑 대결이 올림픽 인기 종목 결승전처럼 방송에 생중계되는 진풍경이 벌어지면서 IT산업은 그 정점을 찍고 있었다. 드디어 포켓몬 열풍에 휩싸이면서 마지막 촛불이 타는 장면을 연출했다. 그리고 AI, IoT, Robot의 융합에 의한 소위 4차 산업혁명이 마지막 타고 있는 IT산업의 촛불에 기름을 듬뿍 부었다.

IT산업이 우리 사회의 주력산업으로 자리매김하면서 즉 3차 산업혁명이 일어나면서 우리에게 어떤 변화가 왔는지 생각해 보자. 세상의 모든 정보가 내 손바닥 안에 들어와 있게 되었고, 스마트폰과 노트북은 우리들의 가장 친한 친구가 되어버렸다. 컴퓨터의 하드웨어가 우리의 손발을 대신하고 소프트웨어가 우리의 두뇌를 대신하여 일해 주는 시대가 되었다.

비행기 표, 기차표, 고속버스표를 사기 위해 먼 거리를 가야 할 필요도, 전화할 필요도 없이 스마트폰으로 모두 해결된다. 교통카드 한 장으로 지하철과 시내버스를 이용하는 것은 물론이고, 심지어 편의점에서 물건도 살 수 있다. 귀찮게 현금을 지갑에 넣어 다닐 필요도 없어졌다. 신용카드나 체크카드 한 장이면 어디에서 무슨 물건이든 살 수 있기 때문이다. 심지어 카드도 가지고 다닐 필요가 없다. 모바일 카드가 있으니 말이다.

이 모든 것들이 IT산업이 우리에게 선사한 편리함이다. 그러나 우리 한 번 조용히 생각해 보자. 우리에게 '편리함'을 가져다준 이러한 변화들이 과연 우리에게 '행복'까지도 가져다주었을까? 이 질문에 대한 답을 얻기 위해 IT, ICT에 푹 빠져있는 우리들의 일상을 잠시 멈추고 진정한 행복이 어떤 것인지 깊이 생각해 보자.

먼저, 프랑스의 유명한 정신과 의사였던 프랑수아 를로르가 쓴 '꾸뻬 씨의 행복 여행'을 통해서 행복이 어떤 것인지 살펴보기로 하자.

정신과 의사인 꾸뻬는 파리의 중심가 한복판에 병원을 가지고 있는 성공한 의사였다. 그의 병원은 상담을 원하는 사람들로 항상 넘쳐났다. 그와 상담하는 사람들은 꾸뻬에게 자신의 문제와 자신이 가지고 있는 마음의 불안에 대해서 솔직하게 털어놓았다. 그런데 아이러니하게도, 그들 대부분은 불행해야 할 어떤 뚜렷한 이유를 가지고 있지 않았다. 다시 말하면, 그들은 불행한 삶을 산 적이 없었으며 불행한 삶을 살고 있지도 않았다. 그럼에도 불구하고 그 사람들은 마음이 진실로 병들었으며, 아주 불안해했고, 진짜 불행한 삶을 살고 있었다.

꾸뻬를 찾아오는 사람들은 계속 많아졌고, 그로 인해서 꾸뻬는 행복한 것이 아니라 오히려 불행해졌다. 상담과 약 처방만으로는 그 사람들을 진정한 행복에 이르게 해 줄 수 없다는 사실을 깨달았기 때문이다. 드디어 꾸뻬는 자신의 일에 회의를 느끼기 시작했다.

"이 사람들은 정말 아픈 환자들인가? 다른 지역보다 더 부유하고 더 풍족한 삶을 즐기는 사람들이 사는 이곳 파리에 다른 지역보다 훨씬 더 많은 정신과 의사들이 있어야 하는 이유는 무엇인가? 불행한 사람들을 행복하게 만들어 줄 수 있는 진정한 방법은 무엇인가?"

이러한 회의들이 계속 그를 덮쳐오면서 꾸뻬는 점점 지쳐가는 자신을 발견했다.

"나 역시 지금의 삶에 만족하지 못하고 있다."

드디어 꾸뻬는 세계 여행을 떠난다. 중국과 미국 등 여러 나라에서 많은 사람을 만나고, 또 여러 전문가와 대화하면서, 그는 행복해질 수 있는 비결에 대해서 다음과 같은 결론을 내린다.

첫째, 행복의 가장 중요한 비결은 다른 사람과 자기 자신을 비교하지 않는 것이다. 우리는 곧잘 다른 사람과 자기 자신을 비교한다. 그리고 자기 자신이 그들에 비해 부족하고 모자란 부분이 있음을 알게 되고, 그래서 자신은 불행하다고 생각한다. 이러한 마음가짐으로는 절대 행복해질 수 없다. 자꾸 남과 비교하니까 자기 삶이 초라하게 여겨지고, 기가 죽고, 시기심과 질투심이 생겨나고, 그래서 불행해지는 것이다. 남이 고급 차를 가지고 있든, 고급 아파트에 살든, 돈 많은 부자이든, 출세를 했든, 자기 자신을 그 사람들과 비교하지 말아야 한다. 행복은 주어진 자기 몫의 삶에 충실할 때 얻어질 수 있는 귀한 보석이기 때문이다.

둘째, 행복해지기 위한 그다음 중요한 비결은 자신이 좋아하는 일을 하는 것이다. 사람은 자기 자신이 하고 싶은 일, 자기 자신이 좋아하는 일을 할 때 가장 행복해진다. 그 일이 남에게 피해를 주지 않는다고 하면 어떤 일이든 상관없다. 하기 싫은 일을 억지로 한다고 생각해보자. 그 삶은 한 마디로 지옥의 연속일 뿐이다.

셋째, 행복해지기 위해서는 집과 채소밭을 가지는 것이 좋다. 집은 행복의 보금자리이다. 여기에 채소밭이 있어 흙에서 살아 있는 생명을 가꾼다고 하면 행복은 샘물처럼 솟아오를 것이다. 자신이 뿌린 씨앗에서 싹이 트고 떡잎이 나와 자라나는 과정을 보고 있으면 마음이 뿌듯해질 것이다. 또한, 채소밭은 항상 보살펴야 하기 때문에 부지런해질 수 있고 따라서 우리 몸도 건강해질 수 있다. 자연에 대한 고마움도 느낄 수 있으며, 생명에 대한 신비도 만끽할 수 있다.

넷째, 행복해지기 위해서는 자신이 다른 사람에게 쓸모 있는 존재가 되는 것이 좋다. 자신의 삶이 다른 사람에게 유용해야 하며, 자신이 다른 사람에게 의미 있는 존재가 되어야 한다는 뜻이다. 우리에 갇혀 있는 짐승처럼 살아서는 안 되며, 여러 사람과의 관계 속에서 자신이 다른 사람들에게 쓸모 있는 존재가 되어야 한다.

다섯째, 행복해지기 위해서는 모든 사물을 긍정적으로 바라보는 것이 좋다. 같은 장미꽃을 바라볼 때도 어떤 사람은 '아름다운 장미에 왜 가시가 있어?'라고 부정적으로 바라보는가 하면, 어떤 사람은 '가시가 있는데도 불구하고 이렇게 아름다운 꽃이 피네.'라면서 긍정적으로 바라본다. 누가 더 행복할 것인지는 뻔하지 않은가?

여섯째, 행복해지기 위해서는 다른 사람의 행복에 관심을 가지는 것이 좋다. 우리는 여러 사람과의 관계 속에서 살고 있으므로 다른 사람을 배제한 자신만의 행복은 근원적으로 있을 수 없다. 행복은 함께 나눌 때 몇 배로 커지고 깊어진다.

마지막으로, 행복해지기 위해서는 '우리가 살아 있음의 기적을 느끼는 것'이다. 살아 있다고 하는 사실, 그것은 하나의 기적이다. 그러나 우리는 그 중요한 사실을 느끼지 못하고 있다. 살아 있다는 것, 그 자체가 놀라운 기적이며 경이로움 아닌가?

정신과 의사인 프랑수아 를로르는 '꾸뻬 씨의 행복 여행'이라는 책에서 자기를 대신하여 정신과 의사 꾸뻬를 등장시켜 행복을 찾아 나서게 하고, 그가 찾은 행복의 비결에 관해서 이같이 설명하고 있다.

'우리에게 편리함을 안겨준 IT 산업의 발전이 과연 우리에게 행복까지도 가져다주었을까?'라는 질문에 대한 답을 얻기 위해 '꾸뻬 씨의 행복 여행'에 함께해 보았다. 이제 IT 산업이 우리에게 행복을 가져다주는지 그 답을 얻기 위해 꾸뻬 씨가 말한 7가지 비결에 IT 산업을 대입해 보자.

첫째, 행복해지기 위해서는 다른 사람과 자기 자신을 비교하지 말라고 했다. 이 부분에서 IT 산업은 우리를 불행하게 만들고 말았다. 그 이유는 IT 산업이 등장한 이후 우리 사회의 양극화 현상이 크게 심화되었기 때문이다. 재화를 균등하게 나누어 가질 수 있는 기회가 사라지게 됨으로써 부유한 자와 가난한 자가 확연히 나누어지게 되었으며, 그 결과 우리가 아무리 비교하고 싶지 않아도 저절로 비교되는 사회가 되어버렸다.

둘째, 행복해지기 위해서는 자신이 좋아하는 일을 해야 한다고 꾸빼 씨는 말했다. IT 분야를 전문으로 하는 극소수의 사람들에게는 IT 산업이 행복을 가져다준다고 말할 수 있다. 그 사람들은 그 일을 좋아하기 때문이다. 그러나 대부분의 사람들에게 IT산업은 불행을 가져다주고 말았다. 자기가 좋아하는 일을 컴퓨터에 빼앗겨 버렸기 때문이다.

셋째, 집과 채소밭을 가지는 것이 행복해질 수 있는 비결이라고 했다. IT는 이런 정서와는 아예 거리가 멀다. 집과 채소밭은 여유를 이야기하지만, IT는 속도를 이야기하기 때문이다. 집과 채소밭은 자연을 이야기하지만, IT는 컴퓨터를 이야기하기 때문이다. 따라서 이 부분에서 IT는 우리에게 오히려 불행을 가져다준다고 말할 수 있다.

넷째, 행복해지기 위해서는 자신이 다른 사람에게 쓸모 있는 존재가 되는 것이 좋다고 했다. IT산업에 종사하고 있는 극소수의 사람들은 우리 생활을 편리하게 해 주기 위한 도구를 개발하고 있다는 점에서 다른 사람에게 쓸모 있는 일을 하고 있다고 말할 수 있다. 물론 결과적으로는 다른 사람의 일자리를 빼앗아가는 일이 되고 말지만 말이다. 그러나 대부분의 사람들은 다른 사람에게 쓸모 있는 존재가 되고 싶어도 될 수가 없다. 컴퓨터에 일자리를 빼앗기고 있어야 할 자리마저도 빼앗기기 때문이다.

다섯째, 행복해지기 위해서는 모든 사물을 긍정적으로 바라보는 것이 좋다고 했다. 이 부분에서도 IT산업은 결코 좋은 점수를 받을 수 없다. SNS에서 문제점으로 부각되고 있는 개인에 대한 인신공격과 악플과 가짜 뉴스는 사물을 부정적으로 바라보는 데에서 출발하기 때문이다. 개인에 대한 칭찬과 선플과 진짜 뉴스가 SNS를 통해서 널리 전파되는 경우는 매우 드물다.

여섯째, 행복해지기 위해서는 다른 사람의 행복에 관심을 가지는 것이 좋다고 했다. 지하철이나 시내버스를 타고 있는 사람들이 모두 휴대폰에 정신을 빼앗기고 있는 것을 볼 수 있다. 앉아 있는 사람이나 서 있는 사람이나 모두 휴대폰과 대화하고 있으며, 다른 사람에게는 아예 관심이 없다. 이런 풍경은 지하철과 시내버스에서만 볼 수 있는 것이 아니다. 시간만 나면 휴대폰 또는 컴퓨터와 대화하려고 하는 것이 오늘날 우리의 현실이다. 이처럼 IT산업은 사람과 사람의 관계를 단절시키고 대신 사람과 기계의 새로운 관계를 만들어 버렸다. 다른 사람에게 관심이 없고 기계에 관심 있는 사람이 다른 사람의 행복에 관심을 가진다는 것은 매우 힘든 일이다. 따라서 이 부분에서도 IT 산업은 결코 우리에게 행복을 가져다준다고 말할 수 없다.

마지막으로, 행복해지기 위해서는 우리가 살아 있음의 기적을 느끼는 것이라고 했다. IT산업은 컴퓨터를 통한 단순화와 자동화, 소프트파워를 통한 사물의 지능화를 통해서 사람과 사물의 새로운 관계를 만들었다. 채소밭을 가꾸며 자연과 함께 하는 사람이 살아 있음의 기적을 느끼는 것은 자연스러운 일이지만, 컴퓨터와 소프트파워에 일자리와 있어야 할 위치를 빼앗기고 인간성마저 박탈당한 사람이 살아 있음의 기적을 느낀다는 것은 아무래도 자연스럽지 못하다.

지금까지 꾸뻬 씨가 제시한 '행복의 비결' 에 IT산업을 대입시켜 보았다. IT산업에 종사하고 있는 일부 사람의 경우에는 IT산업이 행복을 가져다준다고 말할 수 있다. 그러나 우리 대부분에게는 IT산업이 결코 행복을 가져다주지 못하며, 오히려 우리를 불행하게 만들고 말았다.

화학농업은 우리의 행복을 빼앗아가 버렸다

농업이 우리나라의 주력산업 위치에서 밀려나기 시작할 무렵 농약(화학비료, 합성농약, 제초제)이 등장했다. 농약이 등장하게 됨으로써 농작물의 수확량이 크게 증가할 수 있었다. 그러나 수확량의 증가를 위해서 우리가 지불한 희생은 너무 컸다.

"농약은 우리의 행복을 빼앗아가 버렸다."

농약은 아주 심한 독성을 가지고 있다. 자동차를 타고 가다 보면 농약 냄새가 순식간에 차 안으로 들어오는 것을 느낄 경우가 종종 있다. 어디에서 이런 지독한 냄새가 나는가 하고 주위를 살펴보면, 한참 떨어진 거리에 있는 논에서 농약을 살포하는 광경을 볼 수 있다.

내가 어릴 때는 농약을 사용하지 않았다. 농약 냄새라고는 상상도 할 수 없는 상쾌하고 깨끗한 공기가 시골의 공기였다. 그러나 농약이 등장한 후 농촌의 공기가 완전히 바뀌었다. 농촌 여기저기에서 농약 냄새가 우리의 코를 찌르고 있다. 녹색평론의 김종철 발행인은 변해버린 지금의 농촌을 이렇게 묘사하고 있다.

"작년 여름 김해 근처 시골에 방을 하나 빌려 잠시 쉬어 보겠다고 갔다가 하룻밤 자고 도로 대구로 돌아올 수밖에 없었습니다. 시골이 조용할 것이라는 예상이 빗나갔기 때문입니다. 농약 냄새가 사방에서 바람을 타고 들이닥치는 것도 참을 수 없었지만, 고속도로를 달리는 자동차 소음에 무방비 상태였습니다."

고속도로를 달리는 자동차 소음이야 김 발행인이 머물렀던 곳이 고속도로 바로 인근이었기 때문에 어쩔 수 없는 일이었을 것이다. 그것은 농촌과 무관한 것이며, 도시라 하더라도 고속도로 옆이면 그런 소음이 들렸을 것이다. 만일 김 발행인이 고속도로에서 멀리 떨어진 농촌 지역에 방을 하나 빌렸다면 그런 고통은 없었을 것이다.

내가 중요하게 생각하는 것은 농약 냄새이다. 두 팔을 크게 벌리고 심호흡을 하면서 천천히 들이마시면 가슴속까지 시원해지는 상쾌하고 깨끗한 공기가 시골의 공기다. 그런 깨끗한 공기를 자랑하는 시골을 독한 냄새의 세상으로 만들어버린 것이 농약이기 때문이다.

여기서 우리 잠깐 농작물에 사용하는 농약의 피해에 대한 구체적인 수치를 한 번 살펴보자. 현재 우리나라에서 농약으로 인한 사망자가 연 3,500여 명에 이른다. 이 충격적인 비극을 어떻게 해석하면 좋을까?

1964년에 우리나라 농약 살포 횟수는 연 2회에도 못 미쳤는데, 1978년에는 연 8.5회를 살포했다고 한다. 14년 만에 4배가량 증가한 것이다. 그 후 농약 사용 횟수는 계속 증가했으며, 지금은 농약 살포가 일상이 되어버렸다고 해야 할 것이다.

1967년 우리나라의 농약 사용량은 1,577톤이었다. 14년 후인 1981년에는 16,032톤으로 세계 네 번째로 농약을 많이 사용하는 나라가 되었다. 그 후 농약 사용량은 계속 증가하여 2012년 28,200톤을 기록하면서 당당히 세계 1위의 자리에 올라섰다. 농약 사용량 세계 챔피언의 나라 대한민국! 축하의 팡파르라도 울려야 할까?

농약 사용은 우리 농업에 있어서 심각한 문제가 아닐 수 없다. 국립

보건원의 조사 발표에 의하면 농민의 82%가 농약 중독을 경험하고 있으며, 이 중 31%는 요양 또는 치료가 요망된다고 한다. 이 말은 농약 중독된 사람 중에서 31%가 이미 암 또는 폐 질환을 일으키기 시작했다는 뜻이다. 우리 국민의 농약 중독이 어느 정도인지 살펴보자. 너무 놀라지 말기 바란다.

"우리나라의 농약 중독 발생률은 미국 등 선진국과 비교하면 100배나 높게 나타나고 있다."

그 이유가 무엇일까? 미국, 영국, 일본 등 다른 나라에서는 농약을 적게 사용하려는 노력을 하고 있지만, 우리나라에서는 정부와 민간 단체 모두 농약을 적게 사용하려는 노력을 거의 하지 않고 있으며, 농약 사용에 대해서 거의 무방비 상태이기 때문이다.

건강을 위해서 여러 종류의 야채를 골고루 먹으라고 권고한다. 그러나 그 야채에 들어있거나 묻어 있을지도 모를 농약의 엄청난 피해에 대해서는 아무도 말하지 않는다. 샐러드 바에 놓여 있는 여러 종류의 야채를 먹어 각종 농약들이 혼합되면 그 독성은 더 강해질 수밖에 없다는 사실도 전혀 언급하지 않는다. 소, 돼지 등의 고기가 불에 타서 검게 된 부분은 암을 유발할 가능성이 있다고 말하면서 농약에 오염된 음식이 암을 유발할 가능성이 있다는 말은 아무도 하지 않는다. 이 미스터리를 어떻게 이해해야 할까?

프랑스의 장 피에르 카르티에와 라셸 카르티에 부부가 저술한 '농부 철학자 피에르 라비'에서 주인공 피에르 라비는 농약을 사용하는 농업을 '흙을 떠난 농업'이라고 규정지었다.

"지금의 농업은 흙을 떠난 농업이 되었다. 대지는 이제 죽은 무기물일 뿐이다. 그렇지만 이보다 더 심각한 일은 우리 아이들도 흙에서 키우지 못하고 흙 바깥에서 키우고 있다는 사실이다."

근본적으로 농업은 흙에서 이루어져야 한다. 여기서 흙이란 살아 숨 쉬는 흙을 말한다. 우리는 흙이 숨 쉬는 소리를 들을 수 있어야 하고, 흙에서 솟아 나오는 생명의 신비를 느낄 수 있어야 한다. 그런데 오늘날의 화학농업은 그러한 자연의 신비를 뿌리째 흔들어 버리고 말았다. 책의 주인공인 농부 철학자 피에르 라비는 숨 쉬며 살아 있는 흙에서 이루어지는 농업은 그 자체가 '기적'이라고 말했다.

프랑수아 를로르가 쓴 '꾸뻬 씨의 행복 여행'에서 꾸뻬 씨는 집과 채소밭을 가지는 것이 행복해질 수 있는 비결이라고 했다. 자기가 뿌린 씨앗에서 싹이 나고 떡잎이 나와 자라나는 과정을 보면 마음이 뿌듯해진다고 했다. 자연에 대한 고마움과 신비를 느낄 수 있다고 했다. 농부 철학자 피에르 라비가 말한 '기적'은 꾸뻬 씨가 말한 '행복의 비결'과 똑같은 의미일 것이다.

화학농업으로 인해 무기질이 되어가고 있는 오늘날의 농업에는 그러한 '기적'과 '행복의 비결'이 결코 존재하지 않는다. 더 많은 생산을 위해 땅을 계속 죽여가고 있기 때문이다. 다시 말해서 오늘날의 화학농업에서는 '진정한 행복'이 사라져 버렸다는 말이다.

화학농업으로 인해 생태계가 어떻게 파괴되고 있으며 우리의 진정한 행복이 어떻게 사라지게 되었는지 한 번 생각해 보자. 어린 시절 개천에서 발가벗고 놀던 기억이 난다. 개천을 통해 흐르던 맑은 물소리가 지금도 귀에 생생하게 들리는 것 같다. 개천을 쭉 따라가 보면 여기저기 작은 웅덩이에 미꾸라지, 송사리, 가재, 다슬기 등 여러 가지 생물이 무리를 지어 살고 있었다. 작은 웅덩이에 있는 돌을 움직이면 그 속에 있던 미꾸라지, 송사리, 가재가 잽싸게 도망쳤고, 우리는 그 놈들을 잡느라 정신이 팔려 물에 풍덩 빠져 버리기도 했다. 그러나 생명의 숨소리를 우리에게 들려주던 그 개천은 지금 죽음의 개천이 되어 버렸다. 그 많던 생물들은 모두 어디로 가 버렸을까? 바위와 돌에 옹기종기 붙어있던 다슬기들의 모습도 찾아보기 어렵게 되어 버렸다. 논밭에서 개천으로 흘러들어온 농약 때문이다.

개천이 흘러가서 만들어진 강에는 더 큰 물고기들이 살고 있었다. 강에 있는 큰 돌멩이나 바위를 움직이면 시커먼 민물장어가 후다닥 도망가곤 했다. 그놈을 쫓아가느라 무릎 깊이의 강물에 넘어져 온몸에 물을 뒤집어썼던 기억이 지금도 생생하다. 그러나 그런 물고기들은 지금 강에서 사라져 버렸다.

어린 시절 내가 살던 동네 앞바다는 모든 생물이 풍부했으며 항상 생동감 흘러넘치는 바다였다. 그곳에 가면 언제든지 풍부한 해산물을 이것저것 원하는 대로 얻을 수 있었다. 그러나 지금 그 바다는 더 이상 옛날의 바다가 아니다. 옛날처럼 풍성한 해산물을 채취한다는 것은 생각도 할 수 없으며, 많은 생물이 사라져 생동감도 자취를 감추고 말았다. 해안에 많이 서식하면서 바다 정화작용을 하던 잘피가 지금 거의 사라져 버렸다고 하는 사실 하나만으로도 오늘의 바다가 얼마나 마지막 단계에까지 와 있는가를 말해준다.

개천과 강과 바다가 모두 생명력을 잃어버렸다. 이보다 더 큰 재앙이 어디 있겠는가? 여기에는 신비도, 기적도, 행복도 존재하지 않는다. 일찍이 미국의 데이비드 프라이스 박사는 이러한 우리의 현실을 다음과 같이 표현했다.

"사람들은 환경이 파괴되어 결국 공룡처럼 멸종할지도 모른다는 두려움에 떨면서 살게 되었다."

레이철 카슨은 우리에게 이렇게 경고했다.

"농약은 토양, 물, 음식을 오염시키면서 고기가 뛰놀지 않는 개울과 새가 울지 않는 정원과 숲을 만들고 있다. 아무리 안 그런척 행동해도 인간은 자연의 일부다. 이 세상 곳곳에 만연한 환경 오염으로부터 인간은 도망칠 수 있는가?"

농업에 사용하는 농약(화학비료, 합성농약, 제초제)은 현실적으로 가장 심각한 환경파괴 요소이다. 그런데 참으로 이해할 수 없는 것은 환경단체들이 이러한 농약 사용에 대해서 침묵을 지키고 있다는 사실이다. 논밭과 비교하면 면적도 훨씬 작고 농약 사용량도 비교가 안 되는 골프장의 농약 사용에 대해서는 크게 목소리를 내면서도 농업에 사용하는 농약에 대해서는 아예 입을 다물고 있으니 하는 말이다.

골프장 농약의 경우에는 점오염원이다. 즉 언제든지 오염원을 추적할 수 있으며 체계적으로 관리할 수도 있다. 그러나 농업에 사용하는 농약은 비점오염원이다. 어디가 오염원인지 발견하기 힘들고 관리하기도 어렵다. 그만큼 훨씬 더 심각한 오염이라는 말이다.

화학농업은 아름다운 금수강산을 피폐화시키고 우리들의 건강을 위협하고 심지어 목숨까지도 노리는 '위험농업'이 되면서 우리의 행복을 빼앗아가 버렸다.

친환경농업이 가져오지 못한 행복

"군수님, 농사지으려고 하면 농약을 반드시 쳐야 합니다. 한 번 생각해 보십시오. 비료를 뿌리지 않으면 열매가 작고 수확도 적습니다. 농약을 사용하지 않으면 그 무서운 병해충을 어떻게 예방합니까? 잡초는 정말 무섭습니다. 그 잡초를 손으로 제거할 수 없지 않습니까? 현실적인 말씀을 하셔야죠."

70 평생 농사만 지어온 분이 농약을 사용하지 않으면 절대 농사를 지을 수 없다면서, 마치 나를 나무라기라도 하듯이 큰 소리로 말했다. 물론 이 분은 내가 시도하는 생명환경농업이 기존의 친환경농업과 다르다고 하는 사실까지는 알지 못했다. 농약을 사용하지 않는다고 하니까 일반적인 친환경농업으로 생각하고 있었다.

농약을 사용하면 높은 수확량을 얻을 수 있고, 병해충도 그때그때 퇴치할 수 있다. 그리고 잡초는 단 한 방에 완전히 없애 버릴 수 있다. 그러나 농약 사용으로 인한 희생은 우리가 상상할 수 없을 정도로 너무 크다. 농약과 관련하여 이런 한탄의 목소리가 들린다.

"이제 우리는 둘 중의 하나를 선택해야 한다. 토양과 식물을 진정한 삶으로 돌려보내 주든지, 아니면 지구 전체가 함께 죽든지, 둘 중의 하나를 선택해야 한다."

농약이 사용되기 시작한 것은 1940년대부터였으며 농약 사용에 대한 자제의 목소리가 본격적으로 터져나오기 시작한 것은 1970년경이었다. 그 결과 탄생한 것이 친환경농업이다. 그러나 안타깝게도 친환경농업은 시작된 지 40년의 세월이 훨씬 더 지났지만 널리 확산되지 못하고 있다.

우리나라에서도 친환경농업을 확산시키기 위한 많은 노력이 행해졌다. 친환경농업 육성법이 만들어져 정부에서 친환경농업을 하는 농가와 단체에 예산을 지원해 주고 있다. 그런데도 친환경농업은 널리 확산되지 못하고 있다. 그 이유가 무엇일까?

이 질문에 대한 답을 얻기 위해 프랑스의 장 피에르 카르티에 부부가 쓴 '농부 철학자 피에르 라비'의 이야기로 다시 돌아가 보자.

알제리 사막 한가운데에서 어린 시절을 보낸 피에르 라비는 프랑스인 부부에게 입양된다. 피에르 라비는 청년 시절 파리의 한 기업에서 단순 기능공으로 일한다. 그러나 그는 도시 생활에 회의를 느낀다. 현대인들이 열광하는 발전이 공정한 발전이 아니라 몇몇 사람들의 부(富)를 위해 만들어진 시스템에 불과하다는 사실을 깨닫는다. 그 모든 것은 두 가지 원칙, 즉 '무한한 성장'과 '무한한 이익'에 근거를 두고 있으며, 그 원칙들이 불러올 파괴적인 결과를 상상하게 된다.

피에르 라비는 마침내 도시를 떠나 프랑스 남부의 한 시골 마을로 내려간다. 말하자면 귀농을 한 것이다. 농촌에 살게 되면 도시와는 달리 '생산 제일주의 사상'을 무시할 수 있을 것이라고 생각하면서 용감하게 귀농을 실천에 옮긴 것이다. 그러나 아, 이게 어찌 된 일인가? 산업화의 방식은 이미 시골에까지 침투해 있었다. 피에르 라비는 처음 3년 동안 도시에서 경험한 것과 마찬가지로 생산성 증대라는 개념에 바탕을 둔 화학농업의 농사 방식을 경험한다. 도시를 떠나왔기에 이제는 생산 제일주의의 강박관념에 등을 돌리게 되었다고 생각했지만, 농촌에서 그 강박관념을 다시 보게 된 것이다.

마침내 그는 대지를 황폐하게 하고 인류에게 피해를 주는 생산 제일주의의 논리에 강하게 반발하기 시작한다. 그는 자연 친화적인 농법들을 연구하고 시험하며 자신의 땅을 가꾸기 시작한다. 그것은 농약과 같은 현대적인 방법이 아니라 전통적인 방법에 가까운 것이었다. 흙을 살리기 위해 유기물과 부식토를 이용했다.

이런 방법을 통해서 그는 생태계를 전복시키지 않고도 충분히 한 가정을 부양할 수 있음을 증명해 보인다. 피에르 라비의 전통적인 농법은 단지 한 가정을 먹여 살리는 데 그치지 않았다. 자신처럼 농촌으로 살러 오는 사람들이 생겨나자, 그는 자신의 경험을 나눠 주며 그들의 정착을 도왔다. 이를 바탕으로 아프리카의 여러 나라에서도 자신이 성공시킨 농사법을 적용할 수 있었다. 사막에서 태어난 그는 다시 사막으로 돌아간 것이다. 피에르 라비는 우리 사회의 '성장 제일주의'에 대해서 다음과 같이 말한다.

"더욱 심각한 문제는 '한계가 없다'고 하는 사실이다. 우리 사회는 '끝없는 성장'의 기반 위에 세워져 있다. 그리고 우리는 '끝없는 소비'가 이런 사회를 지탱해 나간다는 신념을 가지고 있다."

피에르 라비는 그가 어린 시절을 보냈던 아프리카 사막 유목민의 지혜에 대해 이렇게 말한다.

"유목민들은 낙타에 짐을 실을 때 중요한 것만 실었다. 다시 말하면 생존에 꼭 필요한 것들 이외에는 모두 버렸다. 그들에게 '검소함'은 일상이었다. 그들은 '자유' 그 자체였다."

그는 생산 제일주의에 근거한 오늘날의 화학농업을 이렇게 비판한다.

"우리에게 식량을 공급하는 대지는 해마다 '조금 더 많이' 토지를 손상하는 인간의 행위 때문에 점점 피폐화되어 가고 있다. 우리에게 먹을거리를 공급해 주는 대지를 존중하고 사랑하며 보호하는 일은 생명을 유지하기 위해서 절대적으로 필요하다."

그는 현대적인 방법이 아닌 전통적인 방법으로 농사를 지으면서 흙과 대지를 살렸다. 대신 그는 절제의 정신을 가졌다. 먹을 만큼만 생산하는데 만족할 줄 알았다. 그리고 삶의 여유를 즐겼다. 음악도 연주하고, 책도 읽고, 글도 썼다. 말하자면 피에르 라비는 행복을 누릴 줄 알았다.

친환경농업이 널리 확산되지 못하는 이유를 알기 위해 장 피에르 카르티에가 쓴 '농부 철학자 피에르 라비'를 잠시 초대하여 그의 삶을 살펴보고 그의 이야기를 들어보았다.

오늘날의 화학농업에서 농약을 무제한적으로 사용하는 근본 목적이 무엇인가? 피에르 라비가 말한 것처럼 우리 농업이 생산 제일주의에 매달려 있기 때문이다. 조금 더 많이 '생산'하기 위해서 조금 더 많이 '농약'을 사용하고 있다.

그렇다면, 친환경농업이 등장하게 된 배경은 무엇인가? 화학농업으로 인해 크게 손상당하고 있는 인류 건강을 지키기 위해서, 그리고 피폐화되어가는 대지를 살리기 위해서 등장했다. 그래서 친환경농업에서는 농약(화학비료, 합성농약, 제초제) 대신 인류 건강에 피해가 없고 토양을 해치지 않는 친환경농약(친환경비료 포함)을 사용한다.

친환경농업은 인류 건강 보호와 지구 환경 보호라고 하는 두 가지 목적을 아주 훌륭하게 수행하고 있다. 친환경농업에서 생산된 농산물은 우리의 건강식품이 되었으며, 환경 파괴의 우려도 사라졌기 때문이다. 그렇다고 하면 친환경농업은 널리 확산되어야 하지 않겠는가? 등장하게 된 두 가지의 목적을 잘 수행하고 있으니 말이다.

그런데 우리가 전혀 예상하지 못한 문제가 있었다. 그 문제는 친환경농업 농민들이 아직도 피에르 라비가 지적한 '생산 제일주의'의 개념에 사로잡혀 있다고 하는 사실이다. 다시 말하면, 친환경농업을 하더라도 수확이 더 많기를 희망하며 더 많은 소득을 올릴 수 있기를 바란다고 하는 사실이다. 그런데 현실은 그렇게 될 수 없었다. 친환경농업은 '고비용 저수확'이라고 하는 구조를 가지고 있기 때문이다.

만일 친환경농업 농민들이 피에르 라비처럼 먹을 만큼만 생산하는 것에 만족하면서 음악을 연주하고, 책을 읽고, 글을 쓰는 마음의 자세와 정신적 여유를 가진다고 하면 아무런 문제가 없을 것이다. 친환경농업 농민들은 아주 만족할 것이며, 진정한 행복을 누릴 수 있을 것이다. 그러나 친환경농업 농민들이 그런 생활을 하고 그런 여유를 가질 수 있는 현실이 되지 못한다.

대부분의 친환경농업 농민들은 수확량이 적은 것을 매우 안타깝게 생각한다. 그리고 수확량을 더 늘리고 싶은 강한 유혹을 받고 있다. 만일 이 유혹을 끝내 뿌리치지 못하고 소량의 농약을 사용한 농가가 있다고 가정해 보자. 이 사실은 어떤 방법과 경로를 통해서든 소비자에게 알려지게 될 것이고, 친환경농산물의 신뢰는 크게 추락하고 말 것이다. 이런 상황은 친환경농업의 발전에 커다란 걸림돌이 되고 말 것이다.

친환경농산물을 생산해 놓으면 이를 소비자들에게 적정한 가격에 판매할 수 있어야 한다. 여기서 적정한 가격이라고 하는 것은 일반 농산물보다 어느 정도 비싼 가격을 말한다. 그런데 만일 친환경농산물에 대한 믿음과 신뢰가 없다고 하면 어떤 상황이 벌어지겠는가? 유통과 판매에 대단히 큰 어려움이 따를 것이다.

정부에서는 친환경농업 농민들이 겪고 있는 어려움을 해결해 주고 친환경농업을 장려하기 위해서 친환경농업 육성법도 제정하고, 친환경농업 농가에 특별히 예산도 지원해 주고 있다. 그렇게 하다 보니, 친환경농업은 정부 지원에 의존해서 명맥을 이어가는 상황이 되어버렸다. 친환경농업이 우리에게 행복을 가져다주기 힘든 이유가 여기에 있다.

화학농업에 대한 저항 – 자연농법

농부 철학자 피에르 라비는 말했다.

"우리는 지구를 보호하고 사랑하고 가꾸기 위해서 이곳에 있는 것이지, 지구를 착취하고 지배하기 위해서 여기에 존재하는 것이 아니다."

그러나 화학농업에는 지구를 보호하고 사랑하고 가꾸겠다고 하는 철학 자체가 전혀 없다. 화학농업은 보호와 사랑이라는 단어와는 거리가 먼 농업이다. 화학농업에는 더 많은 생산과 더 많은 소득을 위해 철저한 착취와 지배만이 존재할 뿐이다.

화학농업의 이러한 문제점을 해결하기 위해서 등장한 것이 친환경농업이다. 친환경농업은 착취하고 지배하는 것이 아니라 사랑하고 보호하고 가꾸기 위해서 등장했다. 그러나 친환경농업은 이런 높은 이념에도 불구하고 '고비용 저수확'이라고 하는 구조적인 문제점 때문에 널리 확산되지 못하고 있다. 그런데 이런 상황을 상상해 보자.

"만일 친환경농업이 '고비용 저수확'이라고 하는 구조적인 문제점을 해결할 수 있다고 하면, 그래서 '저비용 다수확'이 될 수 있다고 하면 어떻게 되겠는가?"

이 질문에 대해 대부분 이렇게 대답할 것이다.

"그런 상황은 상상도 할 수 없다."

이 대답에 대해서 나는 다시 묻는다.

"그런데 만일 그렇게 될 수 있다고 하면 어떻게 되겠는가?"

아마 주저하지 않고 대답할 것이다.

"우리 농업의 혁명이 될 것이다."

생명환경농업 벼 첫 수확 행사에서 내가 한 축사 내용의 일부를 소개한다.

"우리가 시도하여 성공한 생명환경농업은 친환경농업의 문제점인 '고비용 저수확'을 '저비용 다수확'으로 바꾸었습니다."

내가 한 축사 내용의 핵심이 무엇인가? 우리 농업의 혁명이 될 수 있다는 뜻이 아닌가?

나는 충북 괴산의 '자연농업학교'에서 조한규 원장으로부터 새로운 농법을 직접 배웠다. 내 전공이 공학이지만 이때부터 내 전공은 농업이 되어버렸다. 내가 배운 이런 농법을 조 원장은 '자연농업'이라 불렀다.

조 원장의 자연농업은 일본 '자연농법'의 효시라 일컬어지는 후쿠오카 마사노부에 그 뿌리를 두고 있다는 것이 내 생각이다.

후쿠오카 마사노부는 '4무농법'이라고 하는 자연농법을 주장했다. 4무농법이란 땅을 갈지 않고(무경운), 비료를 살포하지 않으며(무비료), 농약을 사용하지 않고(무농약), 제초를 하지 않는(무제초) 농법을 말한다. 후쿠오카는 자연에 순응하는 무위(無爲)의 철학으로 이루어 낸 그의 농법을 '짚 한오라기의 혁명'이라는 책을 통해서 소개하고 있다.

후쿠오카는 25세의 나이에 직장을 버리고 고향인 에히메 현으로 돌아가 농사를 짓기 시작했다. 그는 불필요한 농업 기술을 하나씩 버리면서 정말로 하지 않으면 안 되는 일을 찾다가, 일체의 모든 것이 불필요하다고 하는 소위 무위의 농법에 도달하게 되었다. 그는 말했다.

"농기구나 농약, 비료 등이 없이도 그것과 동일한 수량 또는 그 이상의 쌀과 보리를 수확한 실천 사례가 여기 이렇게 여러분의 눈앞에 확실히 존재하고 있습니다."

말하자면 비료나 농약을 주지 않았는데도 수확량이 감소하지 않았으며 오히려 더 많을 수도 있다는 것이다. 무언가를 하지 않으면 안 되는 것이 아니라, 오히려 아무것도 하지 말아야 한다는 발상의 전환을 보여준 그의 사상과 삶은, 자기 파괴적인 현대 문명에 대한 대안을 찾으려는 세계인들의 뜨거운 관심과 지지를 받았다. 그는 '현대의 노자'라 불리었으며 인도, 미국, 필리핀, 캐나다, 아프리카 등 세계 여러 나라에 초대되기도 했다.

내가 조한규 원장으로부터 배운 자연농업은 후쿠오카의 농법과는 많이 달랐다. 조 원장이 자연농업을 내게 가르쳐 주었을 때 그는 70대중반을 넘기고 있었다. 그는 50년 넘게 자연농업을 연구하고 가르쳤다고 했다.

어느 날 이어령 전 문화부 장관을 만나 대화하던 중 조한규 원장에게서 이 새로운 농법을 배워 실천하고 있다고 말했다. 내 말을 듣고 있던 이 장관은 뜻밖의 말을 했다.

"군수님, 그분 돌아가시기 전에 많이 배워 놓으세요. 한국에서는 그분을 크게 알아주지 않지만, 일본에 가면 영웅 대접을 받습니다."

한국에서는 아무도 그를 인정해 주지 않았다. 학계에서도, 관청에서도, 그의 농법을 인정해 주지 않았다. 검증되지 않는 농법이라고 몰아세웠다. 그런데 이 장관은 나에게 그분 돌아가시기 전에 많이 배워 놓으라고 조언해 주었다.

나는 조 원장의 농법을 인정해 주고 그 농법을 직접 배운 우리나라 유일한 지방자치단체장이다. 내가 그분을 만나지 않았더라면 지금처럼 농업에 대한 많은 관심과 폭넓은 현장 지식을 가질 [illegible]을 것이다.

나는 '비료와 농약을 사용하지 않고 제초도 하지 않았는데 [illegible]이 감소하지 않았으며 오히려 더 증가했다'고 하는 후쿠오카의 주장에는 전혀 동의할 수 없다. 아마 조 원장도 나와 같은 입장일 것이다. 최종진 선생의 '벼'라고 하는 시를 소개한다.

벼

논두렁 길 걸어오는

주인의 발소리에
내 키는 쑥쑥 자라

참새떼 쫓는
주인의 목소리에
내 낟알은 점점 익어

고개 숙일 때쯤
마침내 나는 죽어
내 주인을 살리느니

농부의 발소리를 들으면서 벼는 자란다고 했다. 농부의 목소리를 들으면서 벼는 익는다고 했다. 바로 농부의 정성으로 벼는 자라고 익는다는 말이다. 후쿠오카의 자연농법은 이러한 농부의 정성을 무위로 돌려버렸다.

사람도 건강을 유지하기 위해서는 단백질과 탄수화물을 비롯한 여러 가지 성분이 포함된 음식을 골고루 먹어야 한다. 농작물도 마찬가지이다. 화학농업에서 수확량이 많은 이유는 농작물의 성장에 필요한 여러 가지 성분을 비료를 통해서 잘 공급해 주기 때문이다. 그런데 아무것도 하지 않아도 많은 수확량을 얻을 수 있다고 하니, 아무리 생각해도 이해할 수 없는 말이다. 그리고 있을 수 없는 일이다.

나는 후쿠오카가 거짓말을 했다고 생각하고 싶지는 않다. 거짓말을 했다고 하면 세계 여러 나라에서 그를 그토록 존경하고 따르겠는가? 그렇지만 나로서는 그가 주장하는 말을 도저히 믿을 수 없다.

아무것도 하지 않고 그냥 내버려 둔다는 후쿠오카의 무위 정신을 배척하지는 않는다. 농약을 무자비하게 뿌려대는 화학농업보다는 덜 파괴적이며 훨씬 인간적이니까 하는 말이다. 그러나 현실 농업에서 아무것도 하지 않는 것은 농업을 포기하는 것이 아닌가? 후쿠오카는 말했다.

"농부는 거의 일을 하지 않아도 좋다. 농부가 해야 할 유일한 일은 자연이 그 자체로 가지고 있는 생명력을 해치지 않는 것이다."

인류의 역사를 한 번 생각해 보자. 인류가 정착 생활을 하기 전 오랜 기간 유목 생활을 했다. 이리저리 떠돌아다니며 식물을 채집하고 동물을 사냥하며 삶을 유지했다. 그때 우리 인류는 식물이나 동물에 대해서 아무것도 하지 않았다. 그냥 채집하고 사냥했다. 말하자면 후쿠오카의 방법이었다.

신석기 시대에 접어들어 정착생활을 시작하면서 인류는 식물을 재배하기 시작했고, 동물도 사육하기 시작했다. 농작물이 잘 자랄 수 있도록 잡초도 제거해주고 퇴비도 주면서 관리를 했다. 가축도 물과 사료를 주고, 다른 동물이 침입하여 해치지 못하도록 울타리도 만들어 주면서 관리를 했다. 그런데 농작물이 잘 자랄 수 있도록 잡초를 제거해 주고 퇴비를 주는 등의 재배 행위를 하지 말라니! 잡초를 잡초라 부르지 말며 그 잡초가 농작물과 함께 자라도록 그냥 내버려 두라니!

잡초를 제거하고 퇴비를 주면서 농작물을 재배하는 것은 농부로서의 최소한의 도리이고 예의이다. 그것을 하지 말라는 것은 마치 가축의 울타리를 없애면서 호시탐탐 가축을 넘보는 야생동물과 사이좋게 지내라고 하는 것과 무엇이 다르겠는가?

농작물에 아무것도 하지 않고 그냥 자라도록 한다는 후쿠오카 마사노부의 무위의 농법은 농부의 권리를 빼앗는 것과 같다. 또한 그것은 절대로 농작물을 위하는 것이 아니다.

후쿠오카의 무위의 농법은 농약을 사용하는 화학농업에 대항하는 상징적인 몸부림이었을 것이다. 화학농업에 저항하는 소리 없는 외침이었을 것이다.

생명환경농업에서 샘솟는 행복

후쿠오카 마사노부의 자연농법은 아무것도 하지 않는 무위의 농법이다. 그 농법은 우리 인류에게 결코 진정한 행복을 가져다줄 수 없다. 그렇다면 왜 후쿠오카는 그런 농법을 주장했을까?

"앞서 언급했듯이, 후쿠오카의 자연농법은 농약으로 인해서 지구환경이 파멸되어 간다는 사실을 알리기 위한 상징적인 몸부림이었을 것이다. 농약으로 인해 인류 건강이 점점 악화되어 간다는 사실을 인식시키기 위한 외침이었을 것이다. 말하자면 악위(惡爲) 또는 해위(害爲)를 하느니 차라리 아무것도 하지 않는 무위(無爲)가 더 낫다는 몸짓이었을 것이다."

그렇다면 가장 좋은 방법은 무엇일까? 어떻게 하는 것이 농작물에 가장 유익하며, 우리 인간에게도 행복을 가져다주는 것일까? 이 질문에 대한 나의 대답이다.

“가장 좋은 방법은 자연과 농작물에 어떤 형태의 선위(善爲)를 행하는 것이다. 그렇게 할 때 우리 인간은 최고의 행복을 얻을 수 있다.”

우리나라는 산업혁명이 완성되자마자 또 다른 혁명을 맞이하게 되었다. 그것은 바로 정보혁명(3차 산업혁명)이었다. 산업혁명에서는 기계가 우리의 일손을 ‘도와주었다’. 그러나 정보혁명에서는 컴퓨터가 우리의 일손은 물론 우리의 두뇌까지도 ‘대신해 주는’ 시대가 되어버렸다.

‘대신해 주는’ 것은 ‘도와주는’ 것과는 차원이 다르다. 기계가 우리의 일손을 도와주는 개념과는 달리, 컴퓨터는 우리의 일손은 물론 두뇌까지도 불필요하게 만들어버렸다. 정보혁명에 의한 IT 시대는 이세돌과 알파고의 바둑 대결이라고 하는 코미디 같은 장면이 연출되고, 포켓몬 고가 등장하여 게이머들의 정신을 온통 빼앗아버리면서 절정을 이루었다.

IT 시대가 절정을 이룬 후 소위 유비쿼터스 혁명이 일어나 우리 사회를 지배하게 될 것이라고 한다. 유비쿼터스 사회를 이해하기 위해서 두 어린이 사이의 이런 대화를 가정해 보자.

“우리 집은 유비쿼터스 아파트야.”

“유비쿼터스 아파트가 뭐야?”

“응, 예를 들면 말이야, 내가 밖에 나갔다가 집에 돌아와 현관문 앞에 서면 ‘어서 오세요, 주인님’ 하면서 현관문이 열리는 거야. 방에 들어가면 저절로 불이 켜지지. 내가 창 쪽으로 다가서면 커튼이 저절로 쫙 열려. 냉장고 앞에 서면 냉장고 문이 열려. 그런 게 유비쿼터스 아파트야."

이런 아파트가 꼭 필요할까? 현관문에 있는 번호판 누르는 것이 그렇게 귀찮은가? 현관문의 지문 감식기에 손 한 번 만지는 동작이 그토록 힘든가? 방에 들어가서 전기 스위치 한 번 누르는 동작이 그렇게 힘든 일인가? 커튼 한 번 직접 올리는 것, 냉장고 문 한 번 당기는 것이 그토록 어려운 일인가? 손 하나 까딱하지 않고 모든 것이 해결되는 이런 아파트가 우리에게 유익한 아파트이고 우리가 행복을 느낄 수 있는 아파트일까?

유비쿼터스란 '언제 어디에나 존재한다'는 뜻의 라틴어에서 출발했다. 유비쿼터스 컴퓨팅의 아버지라 불리는 마크 와이저 박사는 사람을 포함하여 현실 공간에 있는 모든 것을 연결하여 사용자에게 필요한 정보나 서비스를 바로 줄 수 있는 기술을 유비쿼터스 컴퓨팅이라고 정의했다. 마치 촘촘히 짜인 실처럼 컴퓨터가 생활의 모든 곳을 연결하여 사람의 다양한 요구를 즉시 만족시켜 줄 수 있는 정보통신 환경을 의미하는 것이다. 즉, 사물인터넷(IoT)의 현실화를 말한다.

유비쿼터스 환경은 오래전 공상과학 만화에서 보았던 일들이 우리 생활에서 현실화된 것이다. 생활공간 속의 모든 것들이 지능화되고 네트워크화되어 언제나 어디서나 보이지 않게 마치 산소처럼 인간을 도와주게 된다는 말이다. 'IT 환경'에서는 모든 사물이 컴퓨터 안에 들어가 있었지만, '유비쿼터스 환경'에서는 컴퓨터가 모든 사물 안에 들어가 있게 되는 것이다. 이런 환경은 바로 오늘날 우리 사회를 떠들썩하게 만들고 있는 4차 산업혁명을 말하는 것이다. 이런 생활이 우리에게 과연 진정한 행복을 가져다줄 수 있을까?

옛날에는 버스 정류소에서 무작정 버스를 기다렸다. 버스가 일찍 도착하는 행운을 만날 수도 있었지만 한참을 기다리는 지루함을 감내해야 할 경우도 있었다. 그러나 지금은 스마트폰으로 내가 타고자 하는 버스가 정류장에 정확하게 몇 시 몇 분에 도착하는지 알 수 있으며, 그 시간에 맞추어 정류장에 나가면 된다. 정류장 전광판에도 도착 시각에 관한 정보가 정확하게 나타난다. 전혀 시간을 낭비할 필요가 없다. IT, ICT 기술이 우리에게 가져다준 편리함이다. 이처럼 IT 산업의 발전은 우리를 편리하게 해 주었고 시간의 효율성도 높여 주었다. 그래서 우리는 어느 정도 행복을 느꼈는지도 모른다.

그러나 지능을 가진 모든 사물이 인터넷으로 연결되고 우리의 손발은 물론 두뇌까지도 심지어 우리의 감각까지도 컴퓨터에 의존해야 하는 유비쿼터스 환경에서 과연 우리는 행복을 느낄 수 있을까? 그러한 환경이 진정 우리가 바라는 유토피아의 실현일까? 나는 자신 있게 결론을 내린다.

"그때 비로소 우리는 지긋지긋한 디스토피아에 도달해 있음을 느끼게 될 것이다."

IT가 우리의 손발을 불필요하게 만든 것은 이미 오래다. 우리의 일자리를 빼앗아가 버렸다는 말이다. 우리가 있어야 할 자리마저도 기계에 빼앗겼다. 우리는 그냥 가만히 있으면 된다. 앞으로 우리의 두뇌와 감각까지도 필요 없는 것으로 만들어 버리려 한다. 그것이 과연 유토피아일까?

일자리가 없어서 실업자가 증가하고 그래서 가난한 사람이 많아지는 세상! 우리의 일자리를 빼앗아간 도구를 개발한 소수의 사람만 재벌이 되어 있는 세상! 그런 세상이 유토피아가 될 수는 없다.

우리의 두뇌와 감각까지도 컴퓨터가 대신해 주고 수많은 알파고가 모든 분야를 지배하는 세상! 컴퓨터가 우리 대신 냄새까지도 맡아 주는 세상! 그런 세상은 유토피아는커녕 생각도 하기 싫은 디스토피아임이 틀림없다.

과유불급(過猶不及)이란 말이 있다. 넘치면 부족함만 못하다는 뜻이다. IT, ICT가 절정에 이르렀고, 많은 전문가들이 유비쿼터스 시대가 온다고 떠들었으며, 이를 대선 후보들이 4차 산업혁명이라고 포장하여 강조했고, 드디어 정부와 정치권과 언론이 한목소리로 4차 산업혁명을 합창하는 지금 우리는 이 말을 깊이 생각해 봐야 할 것이다.

그렇다면 우리가 바라는 행복한 세상, 진정한 유토피아의 세상은 어떻게 만들어질 수 있을까? 그러한 세상이 만들어질 수 있는 방법을 자신 있게 소개한다.

"생명환경농업을 정부가 주도하여 추진하면 된다. 그리고 생명환경농업을 기반으로 하여 LT 산업을 우리 시대의 주력산업으로 만들면 된다. 그리하여 우리나라를 세계적인 농업 강국으로 만들고 동시에 세계적인 LT 강국으로 만들면 우리가 원하는 진정한 행복을 찾을 수 있으며, 유토피아의 세상을 만날 수 있다."

생명환경농업은 친환경농업과는 정반대로 '저비용 다수확'이라고 하는 아주 큰 장점을 가지고 있다. 생산비는 적게 들고 수확은 많다고 하는 기막히게 훌륭한 장점 말이다. 내가 이런 사실을 이야기하면 대부분의 사람은 내 말을 믿으려 하지 않는다.

"그건 있을 수 없는 일이야. 친환경농약은 일반 농약보다 훨씬 비싸잖아? 친환경농업에서는 수확이 적다는 사실도 다 알고 있어. 우리가 수십 년 동안 경험한 사실이야."

생명환경농업을 아예 친환경농업의 한 부류로 취급하면서 나의 주장을 거짓이라고 결론 내려 버린다.

생명환경농업은 환경친화적이라고 하는 면에서는 친환경농업과 방향이 같다. 그러나 접근 방식에서 친환경농업과는 근본적으로 다르다. 다시 말해서 농작물에 선위(善爲)를 행한다는 사실에서는 기존의 친환경농업과 같다. 그러나 선위를 위한 접근 방식이 친환경농업과 다르다. 친환경농업의 선위가 '소극적'이라고 한다면, 생명환경농업의 선위는 '적극적'이라고 할 수 있다. 친환경농업의 선위가 '기계적'이라고 한다면, 생명환경농업의 선위는 '인간적'이라고 할 수 있다.

친환경농업에서는 친환경농약을 농약 가게에서 구매하여 사용한다. 분유를 가게에서 사서 아기에게 먹이듯이 말이다. 그러나 생명환경농업에서는 농민들이 직접 천연농약을 만들어 사용한다. 친환경농약을 단순히 구매하는 경우에 비해 훨씬 더 많은 정성이 들어가는 반면 비용은 훨씬 적게 든다. 아기에게 모유를 수유하면 훨씬 더 많은 정성이 들어가는 반면 비용은 훨씬 더 적게 들듯이 말이다. 생명환경농업이 친환경농업의 문제점인 '고비용 저수확'을 '저비용 다수확'으로 바꿀 수 있었던 이유 중 하나이다.

농부 철학자 피에르 라비는 우리가 이곳에 있는 목적이 지구를 보호하고 가꾸기 위한 것이지 지구를 착취하기 위한 것이 아니라고 강조하지 않았던가?

화학농업은 땅을 지배하려고 한다. 그리고 지구를 착취하려는 노력을 끊임없이 하고 있다. 그 결과 농약의 사용량은 해마다 증가하고 있다.

그러나 생명환경농업은 땅을 보호하려고 하며, 땅을 사랑하는 마음을 가지고 있다. 그리고 지구를 소중하게 가꾸는 것을 목표로 한다. 그뿐만 아니라 친환경농업이 가지고 있는 문제점을 해결하였다. 따라서 생명환경농업에서는 우리가 갈망하는 진정한 행복이 샘솟을 수 있다.

우리가 나아가야 할 방향 – 고르게 부유하게

1991년 '녹색평론'이 출간하면서 한 말이다.

"우리에게 희망이 있는가? 우리 자식들이 살아남고, 사람다운 삶을 누리도록 하기 위해 우리가 할 수 있는 것은 공동체를 만들고, 상부상조를 회복하고, 하늘과 땅의 이치에 따르는 농업 중심의 경제생활을 창조적으로 복구하는 것 외에 다른 선택이 없다."

그 후 녹색평론은 말했다.

"끝없이 팽창하는 산업경제와 산업문화가 물러나고, 새로운 차원의 농업 중심 사회가 재건되는 것만이 생태적, 사회적 위기의 모순을 벗어나는 유일하고도 건강한 길이다."

또한, 녹색평론의 김종철 발행인은 다음과 같이 말했다.

"이 논리가 근본적으로 옳은 것이라면 우리는 지금보다 훨씬 더 가난해지고, 또 고르게 가난해야 한다. 공존공영이 아니라 공빈공락이 우리가 추구해야 할 방향이다."

나는 가만히 생각해 보았다. 정말 이런 사회가 만들어질 수 있을까? 그리고 과연 우리가 추구하고 나아가야 할 방향이 공빈공락이어야 할까? 함께 즐거움을 가지기 위해서 왜 함께 가난해져야만 하는 것일까?

그가 진정으로 원하는 사회는 함께 가난해지는 사회가 아닐 것이다. 다만, 지나치게 물질을 추구하는 오늘의 우리 사회에 대한 경고였을 것이다. 김 발행인의 '고르게 가난해야 한다'는 말을 생각하면서, 엠마뉘엘 수녀의 '풍요로운 가난'을 떠올려 본다. 카이로에서 23년을 보낸 후 1993년 프랑스로 돌아온 엠마뉘엘 수녀는 이렇게 생각한다.

"세상에서 가장 가난한 장소를 벗어나 이제 부유한 나라의 안락함 속으로 들어오게 되었다."

그러나 그녀는 전혀 새로운 사실을 발견한다. 가난한 나라에서는 생각조차 하지 못한 갖가지 심각한 문제들이 엄청난 부와 풍요를 누리고 있는 파리에 산재해 있다고 하는 사실을 발견한 엠마뉘엘 수녀는 깜짝 놀란다. 길거리로 내몰린 실업자들과 노숙자들! 분열된 가정의 불행한 아이들! 버림받은 남편과 아내들! 어느 누구도 안전지대에 있지 않았다. 엠마뉘엘 수녀는 자기 자신에게 질문한다.

"카이로의 넝마주이가 느끼는 만족감은 어디에서 비롯되는 것이며, 파리의 부자가 느끼는 불안은 어디에서 오는 것일까?"

부유한 나라의 사람들은 삶을 즐기지 못하고 있었다. 말하자면 마음이 풍요롭지 못했다. 그런데 가난한 나라의 사람들은 기쁨에 가득 차 있었으며, 매 순간 기쁨을 누리고 있었다. 말하자면 마음이 풍요로웠다. 즉 '풍요로운 가난'을 즐기고 있었다. 이를 바라보는 것은 마치

한 편의 드라마를 보는 것 같았다.

우리나라는 지금 몇 년째 국민소득 2만 불대에 머물러 있다. 이런 우리나라가 다시 국민소득 5천 불이 되어 고르게 가난해지면서 우리 모두 행복해질 수 있을까? 그것이 우리의 목표가 되는 것이 과연 바람직한 것일까? 국민소득 4만 불이 되면서 고르게 부자가 되어 우리 모두 함께 행복해지게 된다면 훨씬 더 좋지 않을까?

아마 김 발행인은 농업 중심 사회가 되면 가난해지게 된다고 생각하는 것 같다. 많은 사람이 그렇게 생각하듯이, 농업은 경쟁력이 없는 산업이라고 생각하는 것 같다. 아니 농업은 산업이 아니라고 생각하는 것 같다. 그래서 김 발행인은 다음과 같이 생각하는 것 같다.

"농업은 우리가 가야 할 방향이다. 그런데 돈을 벌 수는 없다. 그래서 어쩔 수 없이 가난하게 살아야 한다. 그렇지만 고르게 가난하게 그리고 행복하게 살자. 그리고 우리 후손들에게 좋은 생태계와 문화와 전통을 물려주자."

지금의 우리 농업은 일종의 수공업 또는 가내공업 형태다. 옛날과 달라진 것이 있다면 트랙터, 이앙기, 콤바인, 건조기 등 편리한 기계들이 있기 때문에 많은 일손이 필요하지 않으며, 농사일이 옛날처럼 그렇게 힘들지 않다는 것이다.

지금 농사를 짓는 사람들은 그 연령이 대부분 70~80대다. 나이가 더 많아져 농사일을 할 수 없게 되면 논밭을 그냥 내버려두거나 다른 사람에게 농사를 짓도록 맡긴다. 수공업이나 가내공업 형태의 이런 농업으로 큰돈을 벌 것이라고 생각하는 사람은 아무도 없다.

그러나 최근 상황이 많이 달라졌다. 도시의 직장 생활을 포기하고 농촌으로 돌아온 젊은이들이 있다. 이 젊은이들은 자기의 논밭 이외에도 다른 사람들의 논밭을 임대하여 농사를 짓는다. 이 경우 우리가 생각하는 것 이상으로 큰 수익을 올릴 수 있다.

이런 젊은이 중에서 도시 직장을 포기하고 농촌으로 돌아온 것을 후회하는 사람을 본 적이 없다. 모두 행복한 생활을 즐기고 있다. 우선 도시의 직장 생활보다 수익이 높다. 그리고 일하는 근무지의 환경도 훨씬 좋다. 도시 직장의 환경은 얼마나 답답한가? 농업은 도회지의 얽매인 직장 환경과는 달리 자유롭고 개방적이다.

여기서 대단히 중요한 것은 도시의 직장 생활과는 달리 농업의 경우에는 본인의 노력 여하에 따라 수익이 더 많이 창출될 수 있다는 장점을 가지고 있다. 예를 들어 설명하는 것이 이해하는 데 더 도움이 될 것 같다.

어떤 젊은이가 7 Ha(21,000평)의 논을 경작한다고 하자. 벼농사의 수익을 평(3.3㎡)당 보수적으로 3,000원으로 잡자. 농약값과 토지임대료, 그리고 트랙터, 이앙기, 콤바인, 건조기 등 기계의 감가 상각비를 합하면 평(3.3㎡)당 2,000원 정도가 된다. 따라서 평(3.3㎡) 당 순수익은 1,000원이 되는 셈이다. 21,000 × 1,000원 = 2,100만 원이 된다.

연간 2,100만 원이면 큰 수익은 아니지 않으냐고 반문할지도 모른다. 그 액수는 분명 큰 수익이 아니다. 그러나 조금 전 말했듯이 그 외에 다른 수익이 창출될 수 있다. 본인의 노력 여하에 따라서이다. 예를 들어, 벼를 수확한 다음 그 자리에 보리, 밀, 호맥, 시금치 등 다른 작물을 경작할 수 있다.

평(3.3㎡)당 순수익을 계산해 보면 보리 또는 밀은 1,000원, 호맥은 800원, 시금치는 4,000원 정도가 된다. 농작물별로 순수익을 계산해 보면 다음과 같다.

보리 또는 밀의 경우 : 21,000 × 1,000원 = 2,100만 원.

호맥의 경우 : 21,000 × 800원 = 1,680만 원.

시금치의 경우 : 21,000 × 4,000원 = 8,400만 원.

벼 생산에서 얻은 수익 2,100만 원과 이들 작물에서 얻은 수익을 더하면 다음과 같이 된다.

벼 + 보리 또는 밀의 경우: 4,200만 원.

벼 + 호맥의 경우: 3,780만 원.

벼 + 시금치의 경우: 1억 500만 원.

결코 적은 수익이 아니지 않은가? 경작 면적을 더 증가시키면 수익 또한 더 증가할 수 있을 것이다. 예를 들어, 경작 면적을 14 Ha로 증가시키면 수익은 두 배로 증가될 수 있다. 또한, 해를 거듭하면서 경험이 많아지게 되면 수익은 더 증가할 수 있을 것이다. 그뿐만 아니라 과수, 시설채소를 할 수도 있으며 소, 돼지, 닭 등과 같은 축산을 할 수도 있다.

만약 이 젊은이가 생명환경농업을 한다고 하자. 농약을 사용하지 않기 때문에 농약으로부터 자유로워질 수 있을 것이다. 말하자면 근무환경이 아주 쾌적한 환경으로 바꾸어질 수 있을 것이다. 생명환경농업에서는 농약을 구매하지 않아도 되기 때문에 비용도 대폭 절감될 수 있을 것이다. 그뿐만 아니라 생명환경농업에서 생산된 농산물은 일반 농산물에 비해서 비싼 가격에 판매될 수 있을 것이다. 따라서, 이 젊은이가 생명환경농업을 하게 됨으로써 수익이 훨씬 많아질 수 있다는 말이다.

물론 위의 예에서 설명한 내용은 농업에 관한 기본 지식이 있고 어느 정도 농촌생활에 익숙한 사람의 경우를 말한 것이다. 농촌으로 온다고 해서 이런 상황이 즉시 만들어질 수 있는 것은 아니다.

우리 사회에는 기업 경영으로 큰 돈을 벌어 재벌이 된 사람은 많이 있다. 그러나 농업으로 큰 돈을 벌어 재벌이 되었다는 사람은 아직 들어보지 못했다. 그런 점에서 농업은 구조와 경영만 개선하면 모두 고르게 부자가 될 수 있는 산업이다. 즉 '고르게 부유하게'를 실천할 수 있는 산업이라는 뜻이다.

농업은 녹색평론의 김 발행인이 말한 바와 같이 우리가 나아가야 할 방향이 분명하다. 다만 '고르게 가난하게'를 '고르게 부유하게' 로 바꾸는 것이 더 좋다는 것이 내 생각이다. 엠마뉘엘 수녀의 '풍요로운 가난'이 생명환경농업을 통해서 '풍요로운 부'로 변화될 수 있을 것이기 때문이다.

생명환경농업을 실천함으로써 우리 모두 '풍요로운 가난'이 아닌 '풍요로운 부'를 누리며, '고르게 가난하게'가 아닌 '고르게 부유하게' 행복하고 건강한 삶을 살아가는 사회가 만들어질 수 있기를 기대해 본다.

02
우리의 건강과 생명을 보호하기 위하여

우리의 건강과 생명을 보호하기 위하여

"쇠고기, 돼지고기, 달걀, 닭가슴살 등의 단백질을 충분히 섭취해 주시기 바랍니다. 두부와 같은 식물성 단백질도 함께 섭취해 주십시오. 밥, 빵과 같은 탄수화물도 부족하지 않도록 드셔야 합니다. 물론 채소도 골고루 드셔야 합니다. 기름기 있는 음식은 피하셔야 합니다. 항암 치료를 이겨내기 위해서는 음식을 충분히 드시는 것이 대단히 중요합니다. 음식을 적게 드시면 항암 치료를 이겨내기 힘듭니다. 모든 음식은 반드시 익혀서 드셔야 합니다. 생선회와 같은 날것은 절대 드셔서는 안 됩니다."

암 환자가 수술을 받기 직전, 병원의 영양사가 환자와 환자 가족에게 일러주는 음식 섭취에 관한 지침 내용의 일부이다. 물론 평소에도 여러 가지 음식을 먹어 영양분을 골고루 섭취해야 한다는 사실을 우리는 잘 알고 있다. 그러나 병원 영양사가 환자와 환자 가족에게 일러주는 음식 섭취에 관한 지침은 아주 구체적이다.

우리는 생선회와 같은 날것을 아무 두려움 없이 먹지만, 항암 치료 중인 환자에게는 절대 금물이다. 우리는 익히지 않는 음식도 아무 생각 없이 먹지만, 암 환자에게는 금기 사항이다. 수술 후 병원에서 환자에게 제공되는 음식은 아주 세심하게 특별히 요리된 '무균식사'이다.

환자의 치료 과정을 지켜보면 우리가 먹는 음식이 우리 인체에 얼마나 중요한가를 새삼 깨닫게 된다. 우리가 어떤 음식을 어떻게 먹느냐에 따라 건강을 잘 유지할 수도 있으며 반대로 건강을 크게 해칠 수도 있다. 무병장수할 수도 있으며 건강을 잃고 일찍 세상을 떠날 수도 있다. 그러나 대부분의 사람은 건강에 미치는 음식의 영향이 대단히 중요하다는 사실을 잊은 채 살고 있다. 농약을 섭취하고 자란 농산물로 만들어진 음식이 우리 몸에 얼마나 나쁜 영향을 미치는지도 전혀 깨닫지 못하고 있다.

"농약 성분이 포함되거나 농약이 묻은 농산물이면 어때? 너무 신경 쓰지 않아도 돼. 늘 그런 농산물 먹고 살았지만 이렇게 건강하잖아?"

지금 몸이 건강하다고 해서 결코 자랑할 일이 아니다. 농약 성분이 포함되거나 농약이 묻은 음식을 아무 두려움 없이 먹는 그 사람의 몸속에 농약 성분은 소리 없이 차곡차곡 쌓이다가 어느 순간 무서운 병을 안겨줄 것이다. 그 무서운 병의 중심에는 '암'이 자신 있게 자리 잡고 있다. 그때 후회한 들 무슨 소용이 있으랴? 미국 언론에 자주 등장하는 문구를 소개한다.

"You're what you eat. You're what your grandparent ate."

우리가 먹는 음식에 의해서 우리 몸이 그대로 만들어지고, 심지어 조부모가 먹었던 음식이 손주의 몸에도 크게 영향을 미치게 된다는 말이다. '침묵의 봄'이라는 책을 통해 농약이 우리의 건강을 얼마나 심각하게 손상하는지를 지적한 레이철 카슨은 이렇게 말했다.

"농약과 같은 유독물질은 모체에서 자식 세계로 전해지기도 한다. 염화탄화수소 성분의 농약은 태아를 보호하는 방어벽인 태반을 자유롭게 통과할 수 있기 때문이다. 태아는 인생을 시작하는 순간부터 화학물질을 몸속에 축적한다는 뜻이다."

농약으로 인한 사망자가 우리의 상상을 초월할 정도로 많다고 하는 놀라운 사실은 이미 언급하였다. 그런데 정말 신기하고 이해할 수 없는 일이다. 이처럼 그 피해가 큰데도 불구하고, 이 부분에 대해서 아무도 관심을 가지지 않으니 말이다. 농민들은 농약을 살포하는 과정에서 수없이 사망해도 아무렇지도 않다는 말인가? 농민들은 농약에 중독되어 암, 폐 질환 등과 같은 무서운 병으로 아까운 목숨을 잃어도 괜찮다는 말인가?

그리고 이것이 어떻게 농민들만의 문제인가? 이 무서운 농약을 섭취하고 자란 농작물로 만들어진 음식을 먹는 도시 소비자들은 과연 안전한가? 분명히 말하지만 절대로 안전하지 않다. 그 징조는 벌써 여기저기에서 많이 나타나고 있다. 도시 어린이들의 아토피성 피부 및 각종 알레르기, 어린 소녀들의 비정상적인 월경, 젊은 부부의 불임, 기형아 출산, 미숙아 출산 등은 모두 먹거리에서 비롯된 이상 현상이며, 그 원인의 중심에 농약이 자리하고 있다는 것이 밝혀졌다. 미국의 의학전문지 소아과학에는 재배과정에서 농약을 사용한 채소와 과일을 많이 섭취한 아이들이 ADHD 즉 주의력 결핍과 과잉행동 장애에 걸리기 쉽다는 논문도 실렸다. 여기서 이렇게 말할지도 모른다.

"농산물 내에 잔류농약이 기준치 이하이면 아무 피해가 없지 않은가? 따라서 잔류농약이 기준치 이하가 되도록 잘 관리하는 것이 중요해."

농산물 내의 농약 잔류량이 정부기관에서 정한 기준치 이하이면 정말 안전한 것일까? '농약 잔류량'의 의미에 대해서 레이철 카슨이 주장한 내용을 들어보자.

"농약의 '잔류 허용량 기준' 제정은 결국 농약회사에게 '생산비용 절감'이라는 혜택을 주기 위해 많은 사람이 먹는 음식에 독성 화학물질 사용을 허가하는 것이나 마찬가지다. 동시에 사람들이 섭취하는 화학물질이 위험 수준이 아님을 확신시켜주는 정책기관을 만들어 그 유지 비용을 국민의 세금으로 충당하려는 수단이기도 하다. 그렇다고 하면 농약 문제에 대한 해결책은 무엇인가? 가장 필요한 것은 '염화탄화수소계, 유기인산계, 그 밖에 다른 독성 화학물질에 대한 잔류 허용량을 폐지하는 것'이다. 그리고 덜 위험한 농약을 만들어내도록 해야 하며 비화학적 방법을 개발하는 데에도 많은 노력을 기울여야 한다."

바르부르크 박사는 미량의 화학물질을 반복 흡수하는 것이 다량의 화학물질을 한 번 흡수하는 것보다 더 위험하다고 주장했다. 그래서 발암물질인 화학물질에 '안전 기준치'가 존재할 수 없다고 말했다. 레이철 카슨은 다음의 말로서 바르부르크 박사의 주장을 강하게 뒷받침했다.

"지금 우리가 처해 있는 상황은 오래전 이탈리아 보르자 가의 초대를 받은 손님보다 나을 것이 하나도 없다. 보르자 가에서는 손님을 초대해 놓고 독살해 죽이는 일이 다반사였다."

우리 모두가 농약회사의 초대를 받아 '안전 기준치' 이하라고 하는 미량의 농약을 계속 먹으면서 독살의 길을 걷고 있단 말인가? 나는 농약 회사 CEO들에게 묻고 싶다.

"당신들의 기업 윤리와 기업 가치는 무엇인가? 인류 건강은 전혀 생각하지 않고, 지구 환경은 아예 고려하지 않고, 회사의 이익만 추구하는 것이 당신들의 기업 이념이고 기업 윤리인가?"

나는 진심으로 이 질문에 대한 대답을 듣고 싶다. 나의 질문에 대한 농약 회사 CEO들의 대답은 참으로 궁색할 수밖에 없을 것이다. 해마다 엄청나게 많은 이익을 남기면서 큰돈을 벌고 있을지 몰라도, 자기들이 만든 제품 때문에 인류가 암과 폐 질환을 비롯한 각종 질병에 시달리고 있으며 지구 환경이 심각하게 파멸되어 가고 있다는 사실을 설마 모르지 않을 테니 말이다.

한동안 가습기 살균제 문제로 온 나라가 떠들썩했다. 옥시 전 대표가 대역죄인의 모습으로 검찰에 출두하는 모습이 언론에 보도되었고, 피해자들과 그 가족들이 울분에 찬 모습으로 옥시를 규탄하는 모습도 함께 보도되었다. 옥시 제품에 대한 불매운동이 시민단체를 중심으로 전국으로 크게 확산되었다. 정부에서도, 정치권에서도 옥시 가습기 살균제 문제를 비중 있게 다루었으며 검찰에서도 수사에 속도를 내었다. 가습기 살균제 피해 유가족들이 영국 본사까지 방문하여 항의했으며, 영국 본사 대표를 영국 검찰에 고발까지 했다.

2011년 병원에 입원 중이던 임산부 5명이 사망했고, 그 사망 원인이 옥시 제품인 가습기 살균제라는 것이 밝혀지면서 사회적인 문제로 대두되었다. PHMG라는 화학물질이 첨가된 가습기 살균제로 인해 급성 폐 질환을 일으켜 사망했다는 것이 이 사건의 내용이었다. 가습기 살균제 사용으로 인해 급성 폐 질환을 일으켜 사망한 사람이 현재 확인된 숫자만 5년 동안 239명이다.

옥시 사건은 발생해서는 안 될 우리 시대의 비극적 사건이다. 이미 파악된 사망자와 환자 이외에도 파악되지 않은 피해자 숫자가 얼마나 많겠는가? 파악된 사망자와 환자는 가습기를 많이 사용했거나 가까이에서 사용한 사람들일 것이다. 가습기 사용 횟수가 조금 적거나 가습기를 바로 가까이에서 사용하지 않은 경우, 당장 사망하거나 아프지 않을지 모른다. 그러나 그 사람들의 경우에도 수명이 단축되거나 각종 질환에 대한 저항력이 감소하는 등의 형태로 큰 피해를 보았을 것이다.

2008~2009년의 세계 경제 위기가 단순한 경제 위기가 아니라 윤리와 가치관의 위기라고 하는 주장이 설득력을 얻고 있다. 그런데 기업의 윤리와 가치를 내팽개친 이러한 일이 우리나라에서 어떻게 발생할 수 있단 말인가?

여기서 우리 잠깐 눈을 돌려 보자. 우리 인체에 피해를 주는 화학물질을 사용하는 곳이 가습기 살균제 외에는 없는가? 농작물에 사용하는 농약의 피해에 대해서 한 번이라도 생각해 본 적이 있는가? 농약으로 인한 사망 사건은 오래전부터 계속 발생하고 있다. 그러나 여기에 대해서는 모두 무감각해져 버렸다. 마치 남의 나라 일처럼 생각하는 것 같다. 농약의 살포 과정에서 사망하지는 않았더라도 여러 가지 형태로 그 피해를 본 농민들이 얼마나 많겠는가?

해마다 농약을 수없이 살포하는 실정이니 많은 농민이 '자신도 모르는 사이'에 그 피해를 보고 있을 것이다. 어쩌면 그 피해를 '알고' 있을 것이다. 그러나 그것이 얼마나 심각한지는 잘 '깨닫지 못하고' 있는 것 같다. 그것이 오늘날 많이 발생하는 '암'의 주요 원인이라는 사실은 전혀 모르고 있는 것 같다.

우리는 지금 가습기 살균제를 만든 옥시를 '살인기업'이라면서 성토하고 있다. 그렇다면 가습기 살균제보다 훨씬 더 심각한 피해를 주는 농약을 만드는 회사는 무슨 기업일까? 우리는 이 기업에 맞서 어떻게 대처해야 우리의 건강과 생명을 지켜낼 수 있을까? 정녕 이 물음에 대한 대답은 없는가? 이 비극을 해결할 수 있는 답은 없는가? 이 엄청난 비극을 우리는 그냥 안타깝게 바라보고 있어야만 하는가? 나는 자신 있게 말한다.

"농약으로 인한 이 엄청난 비극을 해결할 수 있는 유일한 답은 생명환경농업을 추진하는 것이다."

우리나라를 세계 최고급 농산물 생산국으로

정치권의 모 인사가 내게 한 말이다.

"군수님, 생명환경농업으로 돈 많이 번 사람 있습니까? 돈 많이 번 사람 있으면 많은 사람이 따라 할 겁니다. 돈이 된다고 하면 일부러 강조하지 않아도 사람들은 저절로 따라 하기 때문입니다. 그리고 군수님이 강력하게 주장하지 않아도 생명환경농업은 널리 전파될 것입니다. 그런 상황이 되면 군수님에 대한 평가도 크게 달라질 것입니다."

이 말에 나는 순간 망치로 뒤통수를 얻어맞은 것처럼 멍해져 버렸다. 내가 전혀 예상하지 못했던 말이기 때문이며, 생명환경농업을 개인이 돈을 벌어 재벌이 되는 수단이라고 생각하면서 추진해 본 적이 한 번도 없었기 때문이다. 생명환경농업을 추진하면서 내가 부르짖었던 구호에 나의 철학과 신념이 그대로 담겨 있다.

"생명환경농업은 우리 농업의 혁명이며 대한민국의 희망입니다."

이 구호는 고성군 여기저기의 현수막에 고정으로 걸려 있었다. 각종 행사 안내서에도 어김없이 게재되었다(그림 22). 내가 생명환경농업

그림 22 생명환경농업에 대한 구호

을 시도하고 강력하게 추진한 것은 우리나라 농업의 패러다임을 바꾸기 위해서였다. 그리하여 우리나라 농업의 국제 경쟁력을 크게 높이고자 하는 것이 목적이었다. 만일, 한 개인이 돈을 벌기 위한 수단으로서 생명환경농업을 시도했다면 그렇게 강력하게 추진하지 못했을 것이다. 중국의 한 성공적인 기업가에게 '당신에게 돈의 의미는 무엇인가?'라는 질문을 했을 때 그 기업가가 했던 대답을 소개한다.

"돈은 일하는 과정에서 저절로 생기는 부산물이다. 즉 지혜와 근면의 보답이다. 나는 젊은 사람들에게 '돈을 좇아가지 말라'고 이야기한다. 자신의 수입이 얼마인지 따지는 시간에 어떻게 하면 창조적이고 혁신적으로 나갈 수 있을지를 생각하라고 말한다."

그 기업가의 이 대답에 나는 가슴이 찡했다. 생명환경농업에 도전하고자 하는 사람들에게 들려줄 가장 적당한 말이라는 생각이 들었기 때문이다. 생명환경농업은 아주 창조적이며 혁신적인 농업이다. 돈을 좇아가면서 생명환경농업을 추진해서는 안 될 것이다. 우리 농업에 새로운 혁명을 일으킨다는 마음으로 생명환경농업에 매진하다 보면 돈은 기적처럼 찾아올 것이다.

생명환경농업이 일으키게 될 혁명은 돈을 벌기 위한 혁명이 아니며 행복을 얻기 위한 혁명이라고 말할 수 있다. 지금 농업에 종사하고 있는 사람들은 자기가 하고 있는 일에 대해서 만족하지 못하고 있다. 즉 행복을 느끼지 못하고 있다는 말이다. 지금 농업에 종사하고 있는 사람들이 행복을 느끼지 못하는 상황인데 누가 농업에 종사하기를 희망하겠는가? 따라서 생명환경농업에서 일으키고자 하는 혁명은 '행복을 느끼지 못하는 농업을 행복을 느낄 수 있는 농업'으로 바꾸고자 하는 것이다.

농업에서는 왜 행복을 느끼지 못하는가? 가장 중요한 원인은 농업에 대한 오랜 고정관념 때문이다. 농업은 경쟁력이 없는 산업이라고 하는 고정관념이 우리 모두의 머릿속에 깊이 박혀 있다. 농업으로는 먹고 사는 정도 이외는 아무것도 할 수 없는 것으로 생각하고 있다. 그런 농업에 종사하고 있다는 사실 자체가 만족스럽지 못하며 따라서 행복을 느끼지 못하는 것이다. 생명환경농업은 농업에 대한 그러한 고정관념을 깨뜨릴 수 있는 유일한 농업이다.

생명환경농업에서 생산된 농산물은 최고의 건강식품이며 최고급의 우수 농산물이 될 수 있다. 사람 몸에 해로운 농약을 사용하지 않으며, 농작물을 아주 건강하게 재배하기 때문이다. 생명환경농산물의 판매 과정을 지켜보면서 나는 생각했다.

"만일 생명환경농업을 정부에서 추진하게 되면 우리나라 농업의 국제 경쟁력을 크게 향상시킬 수 있겠구나. 우리나라를 세계 최고급 농산물 생산국으로 만들 수 있겠구나."

내가 이렇게 말하는 이유를 설명하기 위해 조미료와 관련한 흥미로운 이야기를 먼저 살펴보기로 하자. 우리나라 조미료의 역사는 1958년 '미원'과 함께 시작되었다. 미원은 MSG를 함유한 우리나라 최초의 조미료로서 시장에 나오자마자 우리 국민의 입맛을 완전히 사로잡았다. 그 감칠맛에 조미료 시장은 후끈하게 달아올랐다.

우리나라 최고의 기업인 삼성이 이를 보고 먼 산 쳐다보듯 할 수 없었다. '미풍'이라는 이름으로 조미료 시장에 잽싸게 뛰어들었다. 그러나 그 결과는 한 마디로 대참패였다. 그 이유는 이미 소비자들의 머릿속에 '미원'과 '조미료'가 동의어로 각인되어 있었기 때문이다. 요즘과 같이 큰 마트가 없고 대부분 작은 가게에서 생활용품을 사던 시절, 가게에 조미료를 사러 온 사람이 하는 일반적인 말이다.

"미원 하나 주세요."

'조미료 하나 주세요'라고 말하는 사람은 거의 찾아볼 수 없었다. 미원이라고 하는 글자가 소비자들의 머릿속에 깊이 박혀버렸으며 그 틈을 미풍이 헤집고 들어갈 공간이 없었기 때문에 일어난 현상이다. 알 리스와 잭 트라우트는 그들의 저서 '마케팅 불변의 법칙'에서 이런 현상을 '인식의 법칙'이라 설명하고 있다.

"많은 사람이 마케팅을 '제품'의 싸움이라고 생각한다. 그래서 최고의 제품이 결국에는 승리한다고 믿는다. 그러나 그것은 전혀 사실이 아니다. 마케팅에는 객관적 현실이란 존재하지 않는다. 사실 따위도 없다. 최고의 제품 역시 없다. 마케팅 세상에는 소비자의 기억 속에 자리 잡는 '인식'만이 존재할 뿐이다."

우리가 가지고 있는 상식과는 다른 아주 의미심장한 말이다. 대부분의 사람은 좋은 제품을 만들어 내야 시장에서 이길 수 있다고 생각한다. 그런데 알 리스와 잭 트라우트는 그렇지 않다고 말한다. 그들은 '마케팅은 제품의 싸움이 아니라 인식의 싸움이다'라고 강조하고 있다. '어떤 제품이 얼마나 좋은 제품이냐 하는 사실보다 소비자들의 머릿속에 어떻게 인식되느냐'가 더 중요하다는 뜻이다. 알 리스와 잭 트라우트는 한 가지 예를 들어 설명한다.

"코카콜라 회사에서 각 제품의 맛을 비교하기 위해 시음을 했다. 20

만 번에 달하는 시음 테스트를 한 결과 맛에서 뉴코크가 1위, 펩시콜라가 2위, 코카콜라 클래식이 3위임을 확인했다. 그런데 청량음료 시장의 실제 마케팅에서는 시음 테스트 3위인 코카콜라 클래식이 당당하게 1위를 차지했으며, 시음 테스트 1위인 뉴코크는 3위에 그쳤다. 그 이유가 무엇일까? 사람들은 믿고 싶은 것을 믿으며 맛보고 싶은 것을 맛보기 때문에 이런 결과가 나온 것이다. 다시 말해 청량음료 마케팅 역시 맛의 싸움이 아니라 인식의 싸움이었다. 코카콜라 클래식은 눈을 가리고 하는 시음 테스트에서는 3위였지만, 눈을 뜬 상태의 실제 판매에서는 1위였다. 이런 말도 안 되는 일이 발생한 것은 무엇을 의미하는가? 사람들은 이미 코카콜라 클래식을 맛있는 청량음료라고 생각하고 있다는 것이다. 그리고 마시면서도 정말 그렇게 느끼기까지 한다는 것이다."

이제 농산물의 경우를 생각해 보자. 제일 품질 좋은 쌀이 무슨 쌀이냐고 물으면 대부분의 사람은 이천 쌀이라고 대답한다. 쌀의 품질은 맛뿐만 아니라 그 속에 포함된 성분과 오염 정도 등 여러 가지가 있을 것이다. 그러나 사람들은 이런 내용은 생각도 하지 않고 그냥 이천 쌀이 제일 좋은 쌀이라고 믿고 있다.

이것저것 다 젖혀 두고, 밥맛으로만 좋은 쌀을 결정한다고 가정해 보자. 만일 눈을 가리고 시식회를 하게 되면 그 결과는 우리가 전혀 예측하지 못했던 쌀이 가장 맛있는 쌀로 선정될 가능성이 훨씬 더 크며 이천 쌀이 가장 맛있는 쌀로 선정될 가능성은 아주 적다.

그런데도 왜 이천 쌀이 제일 좋은 쌀로서 널리 알려져 있을까? 그 이유는 단 한 가지, 많은 소비자의 머릿속에 이천 쌀이 좋은 쌀로서 깊이 인식되어 있다는 이유 한 가지이다. 미원이 제일 좋은 조미료인 것으로 인식되어 있듯이 말이다.

다시 조미료 이야기로 돌아가자. 미원이 출시되고 한참의 세월이 흐른 뒤 제일제당에서 소위 차등화 전략으로 승부를 걸었다. 즉 '다시다'라고 하는 고급 조미료를 출시했다. 그리고 여기서 대박을 터뜨리는 수훈을 올렸다.

다시다가 고급 조미료로서 대성공을 거두자 이번에는 미원그룹에서 먼 산 쳐다보듯 가만히 있을 수 없었다. 다시다에 대응하기 위해 '쇠고기맛나'라는 고급 조미료를 출시했다. 그렇지만 이번에는 쇠고기맛나가 다시다에 참패를 당하고 말았다. 미풍이 미원에게 참패를 당했듯이 말이다. 고급 조미료는 다시다라고 하는 것이 소비자들의 머릿속에 깊이 인식되어 있었기 때문에 일어난 현상이다.

우리 고성군에서는 농약(화학비료, 합성농약, 제초제)을 전혀 사용하지 않고 사람의 몸에 좋은 한방영양제, 천혜녹즙 등과 같은 한약재를 천연농약(천연비료 포함)으로 사용하면서 최고급의 쌀을 생산했다. 말하자면 우리 고성군에서는 객관적으로 우리나라에서 가장 품질 좋은 쌀을 생산했다. 그러나 우리는 쌀의 판매는 '품질'이 아니며 '인식'이라는 것을 분명히 체험해야만 했다.

물론 고성군에서 생산된 생명환경 쌀은 일반 쌀보다 훨씬 비싼 가격에 판매되었다. 미국 시장에 진출도 했다. 그러나 생명환경 쌀이 차별화된 고급 쌀로 소비자들의 머릿속에 깊이 인식될 수 있도록 하는 데에는 성공할 수 없었다. 이천 쌀을 비롯한 기존 고급 쌀을 밀어내고 그 자리를 차지한다는 것은 결코 쉽지 않았다.

만일, 고성군이 이마트나 롯데마트 또는 홈플러스였다고 하면 생명환경 쌀을 비롯한 고성군의 농산물은 어떻게 되었을까? 나는 확신한다. 분명히 대박을 터뜨렸을 것이다. 조직적인 판매망을 갖추고 있고 많은 홍보비를 투자하면 고급농산물이라는 인식을 얻어낼 수 있기 때문이다. 그러나 우리 고성군은 소비자들의 인식을 바꿀 수 있는 판매 조직망도 없으며, 많은 돈을 홍보에 투자할 수 있는 상황도 아니지 않은가? 생명환경 쌀의 고급 브랜드화를 위한 투자에 한계가 있을 수밖에 없는 것이 엄연한 현실이었다.

그런데 만일 정부가 주도하여 생명환경농업을 전국으로 확산시킨다고 생각해 보자. 우리나라 농산물의 우수성과 안전성을 정부 차원에서 전 세계에 홍보하고 알릴 수 있을 것이다. 우리나라 농산물은 농약의 오염으로부터 자유로운 안전 먹거리 농산물, 고급 농산물로서 인식될 수 있을 것이다. 정부 차원에서 이런 일을 시도하는 것은 우리나라가 처음이 될 것이다. 다른 나라에 앞서 우리나라가 세계 최고급 농산물 시장을 선점하는 효과를 가져올 수 있을 것이다.

삶의 수준이 높아지면서 먹거리의 중요성이 점점 강조되고 있다. 이런 움직임은 우리나라뿐만 아니라 전 세계적으로 일어나고 있다. 세계 최고급 농산물의 대명사가 된 우리나라 농산물은 먹거리에 불안을 느끼는 세계의 많은 소비자가 가장 신뢰하는 안전 농산물이 될 수 있을 것이다. 우리나라 농산물은 판매에 아무런 걱정이 없을 것이다. 그것도 비싼 가격으로 말이다.

농촌 군수의 의지만으로는 이 커다란 목표를 추진해 나갈 수 없다.

적어도 정부에서 이 커다란 사업을 추진해야 한다. 우리 농촌과 농업을 위해서, 그리고 대한민국의 내일을 위해서이다.

생명환경농업은 우리 농업의 혁명 - 친환경농업의 문제점 해결

생명환경농업이라고 하는 생소한 이름에 대해 불편한 마음을 담아 이렇게 말하는 사람들이 있었다.

"군수님, 친환경농업이라고 하지 않고 왜 생명환경농업이라고 합니까? 친환경농업이라는 이름이 있는데, 따로 이름을 만들어 번거롭고 불편하게 할 필요가 있습니까?"

사실 이름을 그냥 친환경농업이라고 부를 수도 있다. 그러나 나는 내가 추진하는 농업을 친환경농업이라고 부르고 싶지 않았다. 그 이유는 이미 설명했듯이 친환경농업은 대단히 큰 문제점을 안고 있으며, 그 문제점 때문에 세상에 나온 지 40년이 훨씬 지났는데도 널리 확산되지 못하고 있기 때문이다. 만일 내가 추진하고자 하는 새로운 농업의 이름을 그냥 친환경농업이라고 하게 되면 사람들은 지금의 친환경농업을 머릿속에 떠올릴 것이며, 결코 새로운 형태의 혁신적인 농업으로 이해하려고 하지 않을 것이기 때문이다.

나는 화학농업은 절대적으로 반대하는 입장이다. 환경을 죽이고 인류 건강을 해치는 농업이기 때문이다. 친환경농업이 등장하게 된 이유는 화학농업의 이러한 문제점을 해결하기 위해서였다. 그러나 야심 찬 포부를 가지고 세상에 태어난 친환경농업은 현재 기진맥진해 있는 상태이다. 정부가 투여하는 링거 주사에 의지하여 생명을 연장해 가고 있는 실정이다. 그래서 나는 이 친환경농업을 다시 살려내어 건강한 농업으로 만들고 싶었다.

'생명'이란 단어는 '죽음'의 반대말로서 살아 있음을 의미한다. 그래서 나는 생명이란 단어를 포함시키고 싶었다. 화학농업으로 인해 죽어가고 있는 지구 환경과 인류 건강을 살려내는 그런 농업을 지향하고 싶었다. 그래서 이름을 '생명환경농업'으로 정했다.

농업은 인류가 이리저리 떠돌아다니는 유목 생활을 하다가 한 곳에 머물러 사는 정착 생활로 접어들면서부터 시작되었다. 유목시대에 우리 인류는 식물에 열려 있는 열매를 따서 먹었으며, 동물도 사냥하여 먹었다. 그러나 정착 생활에 접어들면서 인류는 식물을 집에서 키우기 시작했고 동물도 집에서 기르기 시작했다. 이때의 농업을 우리는 '원시농업'이라 일컫는다.

수천 년의 세월이 흐르면서 식물을 키우는 방법과 동물을 기르는 방법이 차츰차츰 발달해 갔다. 집에서 키우는 식물을 '농작물'이라 부르게 되었고, 집에서 기르는 동물을 '가축'이라 부르게 되었다. 농작물을 키우는 일을 '농사'라 불렀으며, 가축을 사육하는 것을 '축산'이라 불렀다. 이렇게 인류 역사와 함께 수천 년 동안 이어져 내려온 농사 방법을 '경종농업'이라 일컫는다. 논밭을 경작하면서 농작물을 재배하고 관리하는 농업이라는 뜻이다. 경종농업은 오랜 세월을 거치면서 인류의 경험과 지혜가 축적되어 만들어진 것이라 말할 수 있다.

경종농업의 가장 중요한 특징 중의 하나는 많은 일손이 필요하다는 것이다. 많은 사람이 모여 살면서 '마을'이라고 하는 공동체를 형성하게 된 이유가 바로 경종농업의 이러한 특징 때문이다. 흙을 갈고, 씨를 뿌리고, 물을 공급하고, 퇴비를 주고, 잡초를 제거하고, 수확하는 등 재배와 관리의 모든 과정에 많은 일손을 필요로 했다.

경종농업의 또 다른 특징은 자연을 거스르거나 대항하지 않고 자연에 순응하면서 자연과 함께 호흡한다는 것이다. 지금은 거의 사라지고 없는 '둠벙'은 그 대표적인 예다(그림 23). 둠벙은 땅밑을 흐르는 지하수가 모일 수 있도록 만들어진 작은 웅덩이로서, 농사에 아주 요긴하게 사용되었다. 자연을 아끼고 사랑하는 우리 조상들의 지혜와 슬기가 바로 둠벙에 가득 담겨 있다. 그러나 이 둠벙은 지금 거의 사라지고 없다.

지금은 둠벙의 역할을 거대한 저수지와 댐이 대신하고 있다. 그러나 저수지와 댐은 둠벙이 하는 역할을 모두 이루어 낼 수 없다. 둠벙이 가지는 생태 보고의 역할을 저수지와 댐이 모두 해낼 수 없다는 말이

그림 23 우리 조상들의 지혜가 담긴 둠벙

다. 둠벙에 관한 이야기는 다음 절에서 자세히 설명할 것이다.

경종농업이 자연에 순응하면서 자연과 함께 호흡한다는 사실은 잡초를 제거하는 '김매기'에서도 볼 수 있다. 농작물 사이에 생겨나는 여러 종류의 잡초를 사람이 직접 손으로 제거하는 것이 김매기이다. 김매기를 함으로써 잡초를 제거할 뿐만 아니라 흙을 부드럽게 하여 토양을 살아 숨 쉬게 한다. 김매기는 자연을 해치지 않으면서 농작물을 잡초로부터 보호해 준다.

그러나 이러한 경종농업에는 큰 단점이 있었다. '많은 일손이 필요하다'는 경종농업의 특징은 바로 경종농업의 커다란 단점이 되어버렸다. 경종농업의 이러한 단점을 해결하기 위해서 등장한 것이 '기계농업'이다. 농업에 여러 가지 기계들이 등장하여 사람의 일손을 대신하기 시작했다. 이러한 기계들은 농사에 필요한 일손을 상상을 초월할 정도로 많이 감소시킬 수 있었다. 모내기의 경우, 이앙기 한 대가 심는 모의 양은 사람 100명이 심는 양과 같다. 그러니까 이앙기 한 대가 등장함으로써 100명의 일손을 불필요하게 만들어 버린 셈이다. 경작을 위한 트랙터, 벼 베기와 탈곡을 동시에 하는 콤바인도 마찬가지였다.

기계농업이 등장한 시기와 거의 비슷한 시기에 또 하나의 농업이 등장했다. 그 농업이 바로 우리를 불행하게 만든 '화학농업'이다. 화학농업이 어떻게 우리를 불행하게 만들었는지 살펴보자.

먼저, 퇴비 사용의 경우를 생각해 보자. 경종농업에서는 자체 생산한 퇴비를 사용했다. 그 퇴비는 여러 종류의 잡초, 짚과 같은 농업 부산물, 음식 찌꺼기, 인분 및 축산 분뇨 등 여러 가지를 섞어 부숙시킨 것으로서, 토양을 살찌게 하며 살아 숨쉬게 했다. 그러나 화학농업에서는 자체 생산한 퇴비 대신 화학비료를 사용한다. 그 결과 자체 생산한 퇴비는 뒷전으로 밀려나고 말았다.

화학비료는 농작물의 생산량을 크게 증가시켰다. 바로 이 사실 때문에 농민들은 화학비료에 매료되어 버리고 말았다. 생산량 증가는 바로 수익 증가를 의미하는 것이기 때문에 농민들 입장에서는 당연히 좋아할 수밖에 없었다. 그러나 화학비료의 지속적인 사용은 토양을 죽음의 흙으로 만들어버렸다. 죽음의 흙에서는 농작물의 재배가 지속 가능하지 않으며, 따라서 우리를 불행하게 만드는 결과를 초래하고 말았다.

다음은, 병해충 방제의 경우를 생각해 보자. 경종농업에서는 별도로 농약을 사용하지 않았다. 사실 당시에는 병해충이 그렇게 심각한 문제점으로 부각되지 않았다. 그 이유는 토양이 살아 있었으며 따라서 토양 자체가 병해충에 대한 치유 능력을 가지고 있었기 때문이다. 또한 농작물 자체도 병해충에 대한 저항력이 강했기 때문이다. 멸구를 비롯한 일부 병해충이 발생하기는 했지만, 등유를 사용하여 사람이 직접 손으로 제거하는 정도의 작업을 했다.

그러나 화학농업의 경우에는 합성농약을 사용하기 때문에 토양을 완전히 죽음의 흙으로 만들어 버렸다. 토양이 죽어버렸기 때문에 토양 자체가 각종 병해충에 대한 치유 능력을 가질 수 없게 되었다. 각종 병해충에 대한 농작물의 저항력 역시 몹시 약해졌다. 오늘날 인스턴트 식품을 많이 섭취한 어린이가 몸집은 크지만 각종 질병에 대한 저항력이 약한 것과 마찬가지다. 화학농업을 한 마디로 농민과 병해충의 끝없는 전쟁이라고 하는 레이철 카슨의 말을 인용한 바 있다(제1장). 이 전쟁이 어떻게 일어나는지 살펴보자.

"어떤 병해충이 발생한다. 그 병해충을 방제할 수 있는 농약이 개발된다. 그 농약을 이겨낼 수 있는 병해충이 생겨난다. 그 병해충을 박멸할 수 있는 더 강한 농약이 개발된다. 더 강한 농약을 견뎌낼 수 있는 또 다른 병해충이 나타난다."

농민과 병해충의 이 전쟁은 승패가 나지 않는 전쟁으로서, 결국 화학농약의 화염에 계속 휩싸일 뿐이라는 것이 레이철 카슨의 설명이다. 이 전쟁으로 인해서 농약은 계속 강도가 세어지게 되며 농약의 살포량 역시 증가하게 된다. 그 결과 우리의 건강에 적신호가 켜지고 있으며, 지구 환경에도 어두운 그림자가 드리워지고 있다.

마지막으로, 잡초 제거의 경우를 생각해 보자. 경종농업의 경우, 잡초를 제거하는 도구는 사람의 손이었다. 앞서 언급한 바와 같이, 사람의 손을 이용한 잡초 제거 작업은 자연을 전혀 해치지 않았다. 농작물이 잘 성장할 수 있도록 잡초만 뽑아주었기 때문이다. 그러나 화학농업에서 사용하는 제초제는 사정이 전혀 다르다. 제초제를 사용하면 잡초는 아주 효과적으로 제거된다. 그러나 그 효과에 따르는 희생이 너무 크다. 그 희생을 이렇게 표현할 수 있다.

"제초제는 대지에 투하되는 폭탄과 같다."

제초제는 잡초만 죽이는 것이 아니라, 토양에 있는 모든 생물체를 박멸시켜 버린다. 지금 우리나라 개천과 강과 바다의 모든 생물을 사라지게 한 주범이 농업에 사용하는 제초제와 앞서 설명한 합성농약이다.

화학농업에서 사용하는 화학비료, 합성농약, 제초제는 이처럼 우리의 환경을 죽음의 골짜기로 몰아넣고 있다. 이 세 가지를 합해서 우리는 '농약'이라 통칭한다.

화학농업은 우리를 낳아준 우리 모두의 어머니인 대지에 대한 무자비한 해악 행위이다. 이 무서운 해악 행위에 대해서 우리는 당연히 대책을 세워야 할 것이다. 그런데 당장 눈앞의 이익에 눈이 멀어버린 우리는 그 해악 행위에 무감각해지고 말았다.

후쿠오카 마사노부의 '자연농법'은 이 무자비한 해악 행위에 대한 소리 없는 저항이었다. 그러나 후쿠오카의 이 농법은 우리 인류가 정착 생활을 하기 이전인 유목 생활의 방식 아닌가? 전혀 관리하지 않고 그냥 내버려 두라고 하니 말이다.

화학농업의 잔인함을 해결하기 위한 위대한 사명을 완수하기 위해서 탄생한 것이 바로 '친환경농업'이다. 그러나 친환경농업은 널리 확산되지 못하고 있다. 그 이유는 화학농업에 비해 경제적인 면에서 경쟁력이 많이 떨어지기 때문이다.

생명환경농업은 친환경농업이 가지고 있는 이러한 문제점을 해결해 낸 농업이다. 친환경농업의 '고비용 저수확'을 '저비용 다수확'으로 바꾸었기 때문이다. 생명환경농업을 우리 농업의 거대한 혁명이라고 말하는 이유이다(표 1).

표 1 농업의 발전 개요도

유목생활 → 원시농업 → 경종농업 →

기계농업 화학농업 → 자연농업 친환경농업 → 생명환경농업

03
우리나라는 물 부족 국가가 아니다

샘과 둠벙의 나라 대한민국

관정 사업을 하는 사람이 나에게 한 말이다.

"관정이 우리 환경을 크게 해치고 있다는 사실은 인정합니다. 그런데 관정을 파지 않고는 물을 얻을 수 있는 다른 방법이 없습니다."

지금까지 많이 강조했던, 게릿 하딘 교수의 공유지의 비극 원리가 여기에서도 적나라하게 드러난다. 관정을 파서 자기가 필요로 하는 물을 얻음으로써 얻게 되는 이익은 자기 혼자 가지게 된다. 그러나 관정으로 인한 환경 파괴 때문에 발생하는 피해는 자기 혼자 입는 것이 아니고 대한민국 국민이 모두 나누어 가지게 된다. 자기 입장에서 생각해 보면 관정을 파는 것이 훨씬 이익이라는 계산이 나온다.

공유지의 비극 원리에 의해서 관정은 계속 늘어나게 되고, 우리 국토는 파멸의 길로 빠르게 달려가고 있다. 관정으로 인해 국토 전체가 온

몸에 심한 상처를 입어 온전한 곳이 남아 있지 않다고 해야 할 것이다.

처음에는 관정을 비교적 얕은 깊이로 팠다. 그래도 물이 나왔기 때문이다. 그러나 관정의 숫자가 증가하면서 관정의 깊이는 점점 깊어져 가고 있다. 처음에 10m 깊이로 파던 것이 50m, 100m로 깊어지더니, 이제는 200m 깊이까지 파야 물이 나온다고 한다.

관정의 깊이가 깊어질수록 지하수의 평균 수위는 더 밑으로 내려간다. 지하수 수위가 내려가면 깊이가 얕은 기존 관정에서는 물이 나오지 않는다. 그래서 물을 얻기 위해 기존 관정을 버리고 더 깊게 새로운 관정을 파게 된다. 이 과정이 반복되면서 지하수의 수위는 계속 낮아지게 되며, 관정의 수는 계속 증가하게 된다(그림 24).

관정의 깊이가 깊어져 가고 있는 또 다른 이유는 흙 표면이 계속 사라져 가고 있으며, 따라서 빗물이 땅속으로 많이 스며들지 못해 풍부한 지하수를 만들 수 없다는 사실 때문이다.

옛날에는 아스팔트나 시멘트 포장보다 흙 표면이 훨씬 더 많았다. 우리 국토 면적의 70%를 차지하는 산에 내린 빗물은 황토물이 되어 일시에 하류 지역으로 흘러내리기도 했지만, 많은 양이 땅속으로 스며들어 계곡물과 지하수의 원천이 되었다. 자동차가 다니는 도로도 포장되지 않는 흙 표면이 대부분이었다. 들판과 산에는 포장도로가 아예 없었다. 논밭의 용수로와 배수로는 바닥이 흙으로 되어 있었다. 학교 운동장도 자연 그대로의 흙이었다. 공장을 비롯한 건물도 많지 않았다. 이처럼 흙 표면이 많았기 때문에 비가 오면 빗물이 땅속으로 쉽게 스며들 수 있었다. 땅속으로 스며든 빗물은 암석의 틈을 통해서 또는 모래나 자갈로 된 지층을 통해서 흐르게 된다. 이것을 우리는 지하수라고 일컫는다.

그림 24 관정을 파는 모습

그런데 지금은 어떤 상태인가? 흙 표면을 찾아보기 매우 어려운 상황이 되어버렸다. 산에는 수목이 지나치게 울창할 뿐만 아니라 지면에 낙엽이 겹겹이 쌓여 있기 때문에 비가 많이 내려도 땅속으로 스며들 공간이 없어 빗물이 수목과 낙엽을 타고 일시에 하류 지역으로 흘러가버린다. 차가 다니는 도로는 포장이 안 된 곳을 찾아보기 어렵다. 들판에 있는 농로마저 대부분 포장이 되어 있다. 심지어 논밭의 용수로와 배수로도 모두 시멘트 포장으로 변해버렸다. 산 중턱을 가로질러 군데군데에 나 있는 임도 역시 포장이 되어 있다. 학교 운동장은 대부분 자연 잔디가 아닌 인조 잔디로 덮여있다. 공장을 비롯한 건물들이 많이 들어서면서 흙 표면이 시멘트 표면으로 변해버렸다. 말하자면 빗물이 땅속으로 스며들 수 있는 공간이 송두리째 사라져버렸다. 따라서 빗물은 지면에 닿자마자 곧장 개천과 강과 바다로 흘러가 버릴 수밖에 없다. 일시에 개천과 강과 바다로 흘러가는 빗물은 큰 홍수가 되어 범람하면서 개천 둑과 강둑을 무너뜨리는 재앙을 일으킨다.

이러한 현상은 무엇을 의미하는가? 빗물이 땅속으로 스며들지 못해 지하수가 만들어지지 못한다는 뜻이다. 그 결과 얕은 지하수는 거의 사라져 버렸다. 지하수를 발견하기 위해서는 땅속 깊이 파고 들어가야 한다.

지하수는 높은 지역에서 낮은 지역으로 천천히 흐르다가 웅덩이 형태를 만들면서 한곳에 모이게 된다. 도랑이나 개천의 군데군데에 웅덩이가 있듯이, 지하수의 경우에도 그런 형태의 웅덩이가 군데군데에 만들어진다.

얕은 지하수가 흐르다가 사람들이 많이 거주하는 마을 근처에 만들어진 웅덩이를 '샘'이라 부르며, 주로 마시는 물로 사용한다(그림 25). 한편, 얕은 지하수가 흐르다가 논밭이 있는 들판에 만들어진 웅덩이를 '둠벙'이라 부르며, 주로 농사짓는 물로 사용한다(그림 23).

샘과 둠벙은 비가 오지 않는 가뭄 시에도 잘 마르지 않았으며, 미꾸라지와 송사리를 비롯한 여러 가지 생물의 안식처 역할을 했다. 이들 생물은 가뭄 시에는 샘과 둠벙에 모여 살면서 생명을 유지하다가 비가 오면 논과 개천으로, 그리고 다시 강과 바다로 이동해 갔다. 그리하여 한반도 전체의 생태계를 유지해 나갔다.

그림 25 우물(샘)의 겉모습

이런 생태적 특성은 우리나라의 지리적 특성 때문인 것 같다. 즉 낮은 언덕과 산, 수많은 골짜기, 도랑과 개천과 강이 있는 지리적 특성이 가질 수 있는 생태적 특성인 것 같다. 말하자면 샘과 둠벙은 우리나라 '생태계의 보고'로서 중요한 역할을 해 왔다. 아마 우리나라처럼 샘과 둠벙이 논, 도랑, 개천, 강, 바다와 서로 연결되어 생태계를 유지해 가는 나라도 흔하지 않을 것이다.

그러나 관정의 수가 많아지고 그 깊이가 깊어지면서 얕은 지하수는 사라지게 되었다. 또한, 흙 표면이 사라지고 아스팔트 포장과 시멘트 포장이 많아지게 됨으로써 얕은 지하수가 사라지는 현상을 더 재촉했다. 그 결과 샘과 둠벙이 사라져 버렸고, 우리나라만의 독특한 생태계의 특성도 자취를 감추었다. 말하자면, 우리나라 생태계의 보고가 사라져버린 것이다.

우리나라만의 독특한 지역 특성이 만들어 낸 생태계의 특성인 샘과 둠벙! 지금은 사라져 버린 샘과 둠벙을 영원한 역사의 유물로 만들어 버리고 말 것인가? 우리나라의 환경 문제를 논할 때 제일 중요한 것 중의 하나가 샘과 둠벙이라는 것이 내 생각이다. 그런데도 환경 문제에서 크게 다루어지지 않고 있는 것 또한 샘과 둠벙이다. 이렇게 질문할지도 모른다.

"우리나라의 환경 문제를 논할 때 샘과 둠벙이 제일 중요한 것 중의 하나인 이유가 무엇인가?"

이 질문에 대해서 나는 이렇게 대답하고 싶다.

"샘과 둠벙이 복원되었다는 말은 지하수의 수위가 높아졌다는 뜻이며 이는 우리 환경이 살아났다는 증거이기 때문이다."

가만히 생각해 보면 참으로 안타까운 일 아닌가? 우리나라의 환경 문제를 논할 때 가장 중요한 것 중의 하나가 샘과 둠벙인데, 그 샘과 둠벙이 환경 문제에서 다루어지지 않는다고 하는 사실 말이다.

그 이유가 무엇일까? 그 이유는 많은 사람이, 특히 많은 환경 전문가가 샘과 둠벙을 이제는 우리 곁에서 사라져버린 유물로서 생각하고 있기 때문이다. 말하자면, 샘과 둠벙을 다시 살려낸다는 것은 불가능하다고 생각하고 있다는 뜻이다.

생명환경농업이 녹색성장의 중심이어야 했다면 샘과 둠벙은 녹색성장의 심장이어야 했다. 말하자면 이명박 대통령의 녹색성장에는 중심도 빠져 있었고, 심장도 존재하지 않았다.

무엇이든 경쟁력을 가지기 위해서는 차별화와 차등화가 중요하다. 차별화는 남들과 다른 것, 남들이 하지 않는 것, 남들이 할 수 없는 것을 함으로써 경쟁력을 높이는 것을 말한다. 차등화란 차별화한 테마의 질과 격을 높여 그 효과를 더욱 크게 하는 것을 말한다.

우리나라가 세계적인 환경강국이 되기 위해서 어떤 테마로써 차별화하고 차등화할 수 있을까? 다른 나라와 다른 것, 다른 나라가 하지 않는 것, 다른 나라가 할 수 없는 것이 무엇인가? 그것은 바로 우리나라가 가진 샘과 둠벙이다. 사라져버린 샘과 둠벙을 다시 살려낼 수 있다고 하면 우리나라는 세계적인 환경강국이 될 수 있을 것이다.

다시 살아난 샘과 둠벙이 생태계 보고로서의 역할을 하는 대한민국! 생명환경농업으로 인해 논 습지가 생명을 되찾아 각종 희귀동물이 다시 나타나는 대한민국! 축사에서 전혀 악취가 나지 않으며 분뇨 처리를 할 필요가 없는 대한민국!

과연 어느 나라가 이런 장관을 연출해 낼 수 있단 말인가? 차별화의 대성공 아닌가? 이를 범국민운동으로 승화시킬 때 환경강국 대한민국은 국민의 힘으로 이루어 낸 세계 최초의 모범 사례가 될 것이다. 차등화의 대박 아닌가?

이명박 대통령은 4대강 사업을 추진하면서 22조 원이라고 하는 국가 예산을 투입했다. 물을 다스리는 데에는 가장 중요한 기본 원칙이 있다.

"물은 하류 지역에서 다스리는 것이 아니라 상류 지역에서 다스려야 한다."

그런데 4대강 사업에서는 물을 하류 지역에서 다스리려 했다. 일단 물을 다스리는 가장 중요한 기본 원칙을 위배하고 말았다.

강은 굽이굽이 흘러야 강이다. 강을 직선화하거나 바닥을 고르게 해서는 안 된다. 굽이가 있어야 하고 서로 다른 깊이가 있어야 한다는 뜻이다. 굽이마다 물이 흐르는 속도가 다르고 깊이마다 물이 정지하는 시간이 다르다. 그래야 강으로서의 역할을 할 수 있으며, 그래야 강이 살아 숨 쉴 수 있다.

만일 강을 직선화하거나 바닥을 고르게 해 버리면 강의 기능을 상실해 버린다. 지금 4대강에서 발생하고 있는 여러 가지 문제는 바로 이러한 강의 기능 상실 때문에 발생하고 있다. 만일, 이런 질문을 했다고 가정하자.

"22조 원의 예산을 4대강 사업에 사용하는 대신 샘과 둠벙을 복원하고 생명환경농업을 추진하기 위해서 사용했다고 하면 어떻게 되었을까?"

지금 4대강 사업으로 인해서 야기되는 모든 문제는 발생하지 않았을 것이다. 즉, 강물이 썩거나 녹조가 심하게 발생하는 일은 없었을 것이다. 4대강에 살던 그 많은 생물도 사라지지 않았을 것이다. 4대강 사업으로 인한 국민 분열도 당연히 없었을 것이다. 또, 이런 질문을 했다고 가정하자.

"21조 원이라는 예산을 문화 융성과 문화창조에 투입하는 대신, 샘과 둠벙의 복원 사업과 생명환경농업을 추진하기 위해서 사용했다고 하면 어떻게 되었을까? 다시 말해서 샘과 둠벙의 복원과 생명환경농업을 창조경제로 설정했으면 어떻게 되었을까?"

창조경제가 국정농단의 한 축이 되는 불행한 사태는 결코 발생하지 않았을 것이다.

그러나 4대강 사업으로 인한 문제점과 문화창조로 인한 불행한 사태가 발생하지 않았다는 사실보다 훨씬 더 중요한 것이 있다.

우리 농업에 혁명이 일어났을 것이며, 우리나라는 세계적인 농업 강국이 될 수 있었을 것이다. 샘과 둠병이 많이 복원되었을 것이며, 그 샘과 둠병은 생명환경농업과 결합하여 우리나라를 세계적인 환경강국으로 만들었을 것이다. 어디 그뿐인가? 이명박 대통령은 세계적인 녹색 운동가의 길로 들어설 수 있었을 것이다. 박근혜 대통령은 창조경제를 통해 우리 경제를 살려낸 역사적인 대통령이 될 수 있었을 것이다.

우리나라는 물 부족국가가 아니다

"우리나라는 '물 부족국가'가 아니라 '빗물관리 부족국가'입니다. 우리나라의 연평균 강수량 1,300㎜는 세계 연평균 강수량 800㎜보다 훨씬 많지 않습니까? 강수량이 일본보다는 적지만 중국, 미국, 캐나다의 2배 가까이 됩니다."

서울대 빗물연구센터 소장인 한무영 교수의 자신 있는 설명에 나는 깜짝 놀랐다. 우리나라가 물부족 국가가 아니라니! 내 귀를 의심하지 않을 수 없었다. 한 교수는 설명을 계속했다.

"문제는 '빗물 관리'입니다. 빗물만 잘 관리하면 우리나라는 물이 풍부한 나라가 될 수 있습니다. 그런데 안타깝게도 우리 국민은 빗물 관리에 대한 잘못된 개념을 가지고 있습니다."

'빗물 관리'란 말 역시 처음 듣는 생소한 말이었다. 나는 호기심에 가득찬 초등학생의 심정으로 질문했다.

"빗물을 어떻게 관리한단 말입니까?"

한 교수는 내 질문에 대답하지 않고 계속 설명을 이어나갔다.

"우선 빗물에 대한 생각을 바꿔야 합니다. 사람들은 빗물을 더럽고 오염된 것으로 생각하고 있습니다. 그것은 대단히 잘못된 생각입니다. 빗물은 아주 깨끗한 물입니다. 맨 처음 내리는 빗물은 공기 중의 오염물질을 약간 포함할 수 있습니다. 그러나 내린 지 20분 정도 지난 후부터의 빗물은 아주 깨끗한 물입니다."

"빗물은 산성이라고 하지 않습니까? 비를 직접 맞으면 몸에 안 좋다고 하던데요. 산성비를 맞으면 대머리가 된다는 말도 있지 않습니까?"

한 교수는 내 말을 완강하게 부정했다.

"그렇지 않습니다. 빗물은 아주 약한 산성입니다. Ph 5.6 정도이죠. 그러나 땅에 내리자마자 중성으로 변합니다. 저는 하늘에서 내리는 빗물을 직접 손바닥으로 받아 마십니다. 너무 깨끗하니까 속이 시원하고 마음도 상쾌해집니다."

"그러면 왜 사람들은 산성비라고 말합니까?"

"산성비를 맞으면 대머리가 된다거나 피부병에 걸린다는 등 잘못된 이야기가 나오면서 '생명의 빗물'을 '죽음의 빗물'로 만들어 버렸습니다. 그것을 저는 '산성비 괴담'이라 부릅니다. 산성의 강도를 살펴볼까요. 우리가 마시는 오렌지 주스는 빗물보다 100배, 콜라는 빗물보다 500배 더 강한 산성입니다. 머리 감을 때 사용하는 샴푸와 린스는 빗물보다 100배나 더 강한 산성입니다. 유황 온천의 물도 빗물보다 100배 더 강한 산성이죠. 그런데 우리는 아주 강한 산성의 오렌지 주스와 콜라를 아무 두려움 없이 마시고 있습니다. 아주 강한 산성의 샴푸와 린스로 머리를 감고 있으며, 아주 강한 산성의 유황 온천에서 목욕도 합니다. 그런 것들에 비하면 빗물의 산성은 정말 별것 아닌 산성, 아무것도 아닌 산성입니다."

너무 충격적인 이야기였다. 나는 다시 물었다.

"그런데 누가 왜 그 생명의 빗물을 산성비로 만들고 죽음의 빗물로 만들었습니까?"

"산성비 이야기가 나온 것은 물 문제 때문이 아니었습니다. 대기 오염에 대한 경고였다고 생각합니다. 그 덕택에 오늘날 공장에서 내뿜는 연기와 자동차의 배기가스에 대한 규제가 엄격해졌죠."

나는 다시 초등학생으로 돌아간 느낌으로 물었다.

"교수님, 빗물은 깨끗한 물이라고 하셨는데 믿어지지 않습니다. 정말 빗물은 그냥 손바닥으로 받아서 마셔도 될 만큼 깨끗합니까?"

한 교수는 안타깝다는 듯이 나를 바라보면서 말했다.

"군수님, 구름 주스(Cloud Juice)를 들어보셨습니까? 호주에서 판매되는 고급 생수 말입니다. 빗물로 만든 고급 생수죠. 병에 순수 빗물(Pure Rainwater)이라고 적혀 있습니다(그림 26). 호주에서 비행기를 타면 비즈니스석과 일등석에서만 이 물을 먹을 수 있습니다."

"아, 그렇습니까? 그럼 내리는 빗물을 바로 받아서 마셔도 된다는 뜻이네요."

"그렇습니다. 빗물을 드시면 아주 깨끗한 물을 드시는 것입니다."

우리가 빗물에 대해서 알고 있는 상식 중에서 잘못된 것이 너무 많다는 것이 한 교수의 설명이다. 말하자면 우리는 빗물에 대해서 잘못된 편견과 고정관념을 가지고 있다는 말이다.

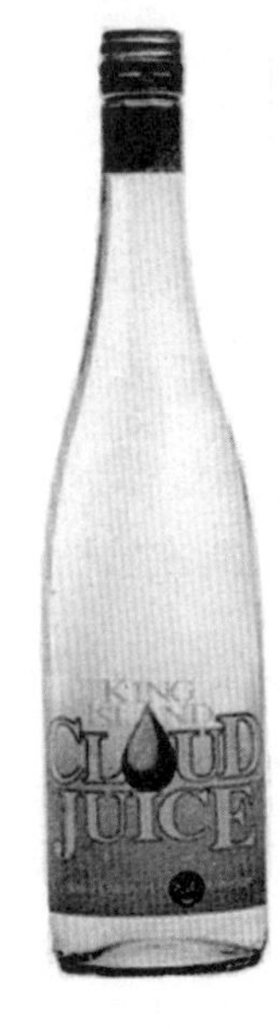

그림 26
호주에서
생산되는
빗물로 만든
고급 생수
(Cloud Juice)

나는 다시 물었다.

"교수님, 아까 제가 한 질문에 대해서 대답해 주셔야죠. 빗물 관리란 무엇을 말하는 것입니까?"

"예, 빗물 관리란 말은 말 그대로 빗물을 잘 관리하는 것입니다. 지금 우리는 빗물을 하류 지역으로 빨리 흘러가 버리게 해야 한다고 생각하지 않습니까? 그것은 '빗물 관리' 가 아니고 '빗물 버리기' 입니다."

단독 주택, 아파트, 공장, 운동장, 학교, 논밭 등 우리 생활 주변의 모든 배수시설이 그런 목적으로 만들어져 있다. 배수로를 통해서 빗물이 하류 지역으로 빨리 흘러가 버릴 때 우리는 '배수가 양호하다'고 말한다. 반대로 빗물이 배수로를 통해서 하류 지역으로 빨리 흘러가 버리지 않으면 '배수가 불량하다'고 말한다. 이런 상황을 한 교수는 '빗물 버리기'라고 표현했다. 나는 전혀 새로운 지식의 세계로 들어서는 기분이었다.

"그러면 빗물은 어떻게 관리해야 합니까?"

"빗물은 하류 지역으로 빨리 흘러가 버리게 하는 것이 아니라 그 반대여야 합니다. 즉, 하류 지역으로 빨리 흘러가 버리지 않도록 해야 합니다. 그것이 빗물 관리입니다."

순간 나는 말을 잘못 들었다는 생각이 들었다.

"빗물이 하류 지역으로 빨리 흘러가 버리지 않도록 한단 말입니까? 말하자면 배수가 잘 안 되도록 한단 말입니까?"

"그렇습니다. 빗물은 상류 지역에서 '모으고, 땅속으로 스며들게 하고, 천천히 흘러가게 해야' 합니다."

나는 고개를 옆으로 저었다. 한 교수는 지금까지 내가 알고 있던 상식과는 정반대의 말을 하고 있었기 때문이다. 한 교수는 내 반응을 천천히 살피면서 다시 말을 이어나갔다.

"한 번 생각해 보십시오. 비가 조금만 많이 오면 홍수가 나고, 비가 조금만 오지 않으면 가뭄이 오는 이유가 무엇입니까? 바로 빗물 관리를 잘못하고 있기 때문입니다. 빗물이 하류 지역으로 일시에 흘러가 버리기 때문에 비가 조금만 와도 홍수 피해가 납니다. 따라서 지하수가 만들어질 수 없으며, 그 결과 비가 조금만 오지 않아도 가뭄 피해가 생깁니다.

만일, 빗물 관리를 잘했다고 가정합시다. 즉 상류 지역에서 빗물을 모으고, 땅속으로 스며들게 하고, 천천히 흘러가게 한다고 가정합시다. 비가 웬만큼 많이 와도 홍수 피해가 나지 않습니다. 빗물이 일시에 흘러내려 가지 않고 천천히 흘러내려 가면서 땅속으로 스며들기 때문입니다. 또한 비가 오지 않는 경우에도 가뭄 피해가 적습니다. 지하수가 많이 만들어졌기 때문입니다. 얼마나 효과적인 빗물 관리입니까?

한 마디로 빗물 관리는 상류 지역에서 해야 합니다. 우리는 지금 상류 지역에서는 빗물 관리를 아예 하지 않고 하류 지역에서 물을 관리하려고 합니다. 예산도 많이 들고 효과도 훨씬 작습니다."

잠깐 호흡을 가다듬은 후 한 교수는 다시 말했다.

"한 가지 쉬운 예를 말씀드리겠습니다. 비가 많이 오면 서울 시내 도로에 물이 흘러넘칩니다. 그 물이 가정집 안방까지 흘러들어 갑니다. 비가 내리자마자 하류 지역으로 일시에 흘러가 버리기 때문입니다. 만일 비가 많이 내릴 때 서울 시내 주택, 아파트, 학교, 공장, 체육시설 등 모든 곳에서 빗물을 커다란 통이나 오목한 지형에 모은다고 가정합시다. 그리고 산, 언덕, 운동장, 공원, 정원, 도로의 중앙분리대 등에도 오목한 지형을 만들어 빗물이 천천히 흐르게 하고 땅속으로 스며들게 한다고 가정합시다. 일시에 흘러내려 가는 빗물이 훨씬 적어지게 될 것입니다. 그렇게 되면 도로에 빗물이 흘러넘치는 일은 없어지게 될 것이며, 빗물이 가정집 안방까지 흘러들어 가는 현상도 사라지게 될 것입니다."

한 교수가 말해준 빗물 이야기는 빗물에 대한 나의 상식을 모두 뒤집어엎어 버렸다. 지금 우리는 빗물에 대해서 엄청난 오해를 하고 있다는 사실을 깨달았다. 한 교수는 빗물에 대한 진실을 알리기 위해 한 사람의 학자로서, 한 대학의 교수로서 많은 노력을 했다고 한다. 그러나 빗물에 대한 편견과 고정관념을 타파하기에는 너무 힘들었다고 한다. 토목학자이며 서울대 교수인 한 교수는 대규모 댐 건설이나 대형 토목사업에 관여하는 등 소위 토목 마피아로서 살아갈 수 있었을 것이다. 그러나 2,000년에 발생한 큰 가뭄이 그의 인생을 바꿔놓았다고 말했다.

"2,000년 가뭄 때였지요. 가뭄이 심각해지자 늘 그랬듯이 전문가들이 가뭄에 대한 대책을 내놓기 시작했습니다. 제 전공이 '수처리'이니 당연히 가뭄에 대한 대책을 내놓아야지요. 그런데 갑자기 앞이 캄캄해졌습니다. 처리할 물이 없는 데 무슨 대책이 있겠습니까? 그때 한 권의 책을 읽게 되었습니다. 일본의 무라세 박사가 쓴 '빗물을 모아 쓰는 방법을 알려드립니다'라는 책이었습니다. 이 책의 중요한 내용은 빗물을 통해서 물 문제를 해결하자는 것입니다. 갑자기 제 눈이 떠지는 것 같았습니다."

잠시 말을 멈춘 한 교수는 호흡을 가다듬은 후 다시 말을 이었다.

"댐과 같은 대규모 시설이 아닌 소규모 단위로 물 문제가 해결될 수 있다는 사실을 깨달았습니다. 물이 어디서 와서 어디로 가는지에 대한 간단한 자연의 이치도 모르면서 그동안 어려운 방법만 파고들었습니다. 논문 편 수나 맞추는 이기적인 공부가 아니라, 사람을 위한 공부가 어떤 것인지 어렴풋하게나마 알게 되더라고요(그림 27)."

나는 한 교수를 존경스럽게 바라보면서 말했다.

"교수님, 2012년 경남 고성군에서 개최하는 공룡엑스포를 통해서 빗물의 진실을 널리 알리도록 합시다. '공룡이 들려주는 빗물 이야기'를 엑스포의 주제로 합시다."

학자들에 의하면 우리 한반도에서 공룡이 멸종한 것은 대략 6천만 년 전이라고 한다. 한반도에 살았던 공룡은 '환경 재앙'에 의해서 멸종되었다. 그들이 살았다는 것을 발자국 흔적으로만 남겨 놓은 채 말이다.

빗물은 모든 물의 근원이다. 물은 환경에서 가장 중요한 요소이다. 물이 깨끗하다는 것은 환경이 좋다는 뜻이다. 반대로 물이 더럽다는 것은 환경이 좋지 않다는 뜻이다. 물이 환경에서 가장 중요한 요소라는 말은 빗물이 환경에서 가장 중요하다는 뜻이기도 하다. 환경에서 가장 중요한 빗물, 하늘에서 내린 그 빗물이 환경 재앙에 의해 한반도에서 사라진 공룡을 깨어나게 한다. 빗물에 의해서 깨어난 공룡이 우리들에게 빗물이 얼마나 중요한가를 전해 준다. 이제 공룡들이 들려주는 재미있고 흥미진진한 빗물 이야기 속으로 들어가 보자.

그림 27 한무영 교수가 쓴 책 『빗물과 당신』의 표지

"빗물은 우리에게 더없이 귀중한 보물이다. 그런 빗물은 우리의 가장 친숙한 친구여야 한다. 그런데, 지금까지 우리는 빗물을 멀리하려 했다. 그래서 빗물을 하류 지역으로 빨리 흘러가 버리도록 했다. 우리 주위의 모든 설계가 그렇게 되어 있다. 아주 잘못된 생각이다. 모든 물의 어머니인 빗물은 가능한 한 우리 곁에 더 많은 시간 머물도록 해야 한다. 빗물은 쉴 새 없이 외친다.

'나는 머무르고 싶다. 나는 땅속으로 스며들고 싶다. 나는 천천히 흐르고 싶다.'

그런데, 우리는 쉬지 않고 부르짖는다.

'빗물을 하류 지역으로 빨리 흘러가 버리도록 해야 한다. 배수를 더 잘해야 한다.'

우리는 이처럼 빗물을 멀리했다. 그래서 빗물도 우리를 멀리했다. 그 결과 우리나라는 물부족국가가 되었다. 우리가 빗물을 멀리하니 빗물이 화가 나서 우리를 괴롭혔다. 비가 많이 오면 홍수가 되어 우리의 생명을 앗아가고 우리의 재산을 빼앗아갔다. 비가 오지 않으면 가뭄을 일으켜 우리의 마음을 타게 했다.

모든 물의 어머니인 빗물을 가까이하면 우리나라는 물이 풍부한 나라가 된다. 우리가 빗물을 가까이하면 빗물도 우리를 사랑한다. 비가 많이 와도 큰 홍수를 일으키지 않는다. 비가 오지 않아도 큰 가뭄을 일으키지 않는다. 우리가 환경 재앙으로 인해 멸종되지 않으려면 빗물과 친해야 한다."

2012년 공룡세계엑스포에서 공룡들이 들려준 홍미진진한 빗물 이야기는 지금도 내 귀에 생생하다.

맺음말

KBS 환경스페셜은 방영되지 않았으며, 우리 국민이 생명환경농업(생명환경축산 포함)의 놀라운 비밀을 알 수 있는 기회도 사라지고 말았다. 그리고 수년의 세월이 흘렀다. 이제 이 책을 통해서 생명환경농업의 숨겨진 비밀과 효과를 밝히고 나니 한결 마음이 개운하다.

'농사를 짓기 위해서는 반드시 농약을 사용해야 한다'는 것은 모든 농민의 머릿속에 뿌리 깊이 박혀 있는 고정관념이다. 이 고정관념 때문에 우리 국민의 건강은 큰 피해를 보고 있으며 우리의 환경은 파멸되어 가고 있다. '농업은 경쟁력이 없다'는 것은 농민뿐만 아니라 우리 국민 모두의 머릿속에 깊이 박혀 있는 고정관념이다. 이 고정관념 때문에 농업은 젊은이들이 가장 근무하기 싫어하는 기피 산업으로 인식되어 버렸다.

농업에 대한 이러한 고정관념들을 깨뜨릴 수 있는 것이 내가 이 책에서 소개한 생명환경농업이다. 생명환경농업은 기존 친환경농업의 문제점을 해결한 우리 농업의 거대한 혁명이다. 농업의 국제 경쟁력을 높이고 우리의 환경을 살리고 우리의 건강을 지켜낼 수 있는 대한민국의 희망이다. 젊은이들이 기피하는 농업을 젊은이들이 선호하는 '신산업'으로 바꿀 수 있는 우리 시대의 트로이 목마이다.

우리는 모두 축산 시설은 혐오시설이라고 생각하고 있다. 축사에서는 가축 분뇨의 악취가 당연히 발생하며, 축산 분뇨는 축분 처리시설에 의해서 처리해야 한다고 생각하고 있다. 구제역과 조류인플루엔자(AI)는 발생할 수밖에 없으며, 살아 있는 가축을 생매장하는 것은 어쩔 수 없는 일이라 생각하고 있다. 그러나 이 모든 것은 진실이 아니며 우리가 가지고 있는 고정관념일 뿐이다. 구제역과 AI는 현대식 밀폐형 축사로 인해 우리에게 닥친 인재이지 결코 어쩔 수 없는 천재가 아니다.

생명환경축산은 기존의 밀폐형 축사를 개방형 축사로 바꾸고 시멘트 바닥을 미생물 바닥으로 바꾼 우리 축산의 거대한 혁명이다. 생명환경축사에서는 악취가 전혀 나지 않고 축산 분뇨를 별도로 처리할 필요도 없다. 더욱 놀라운 것은 구제역이나 AI와 같은 가축 질병의 발생이 근본적으로 차단된다. 생명환경축산은 오늘날 우리 축산이 안고 있는 모든 문제점을 해결해 주고 우리 축산의 경쟁력을 높여 주는 대한민국의 트로이 목마이다.

IT산업은 이제 그 마지막 정점을 향해가고 있다. 아니 마지막 정점을 찍어야 한다. IT는 우리에게서 일자리를 빼앗아갔으며, 우리가 앉아 있어야 할 자리에 컴퓨터를 앉혀 놓았고, 우리 사회를 극심한 양극화의 사회로 만들어버렸다. IT는 우리에게서 인간성마저도 앗아가고 있다. 이제 IT가 우리를 행복하게 해 주고 우리에게 일자리를 제공해 줄 것이라고 하는 잘못된 망상에서 벗어나야 한다.

그런데 정말 큰 일이 일어날 것 같다. 정부, 정치권, 언론이 모두 4차 산업혁명을 부르짖고 있으니 하는 말이다. IT 산업이 정점을 찍어야 한다고 말하는 나의 주장과 정반대의 주장을 하고 있지 않은가? 정부, 정치권, 언론에 진심으로 요구한다. 4차 산업혁명에 쏟는 그 열정을 LT산업으로 돌려주기 바란다. LT산업은 우리에게 엄청나게 많은 일자리를 제공해 주고, 우리 인간이 앉아 있어야 할 자리도 되찾아주고, 우리의 인간성도 회복시켜 주고, 사회 양극화도 해소시켜 줄 수 있기 때문에 드리는 간절한 부탁이다. 지난 대선 때 공약이었지만 지켜지지 못한 경제 민주화도 이루어질 수 있기 때문에 드리는 진솔한 부탁이다.

LT산업으로의 진입은 4차 산업혁명을 뛰어넘는 또 하나의 산업혁명이기 때문에 나는 이를 5차 산업혁명이라 일컫고 싶다. LT산업에 의한 5차 산업혁명은 4차 산업혁명이 안고 있는 모든 문제점을 깨끗하게 해결해 줄 것이다. 그리하여 '국민이 다 함께 행복한 대한민국'을 만들 수 있을 것이다.